塔式起重机附着装置设计手册

严尊湘　编著

中国建筑工业出版社

图书在版编目（CIP）数据

塔式起重机附着装置设计手册/严尊湘编著. —北
京：中国建筑工业出版社，2018.7
ISBN 978-7-112-22322-0

Ⅰ. ①塔… Ⅱ. ①严… Ⅲ. ①塔式起重机-设计-
手册 Ⅳ. ①TH213.302.2-62

中国版本图书馆 CIP 数据核字（2018）第 123658 号

责任编辑：张　磊　周世明
责任设计：李志立
责任校对：姜小莲

塔式起重机附着装置设计手册

严尊湘　编著

*

中国建筑工业出版社出版、发行（北京海淀三里河路 9 号）

各地新华书店、建筑书店经销

霸州市顺浩图文科技发展有限公司制版

北京市密东印刷有限公司印刷

*

开本：787×1092 毫米　1/16　印张：12　字数：295 千字

2018 年 8 月第一版　　2018 年 8 月第一次印刷

定价：**39.00** 元

ISBN 978-7-112-22322-0

（32197）

前　言

随着我国建筑施工技术的发展，高层建筑增多，施工现场使用的塔式起重机普遍安装为附着式工作状态。

附着装置是塔式起重机的重要结构件，起到抵抗外力、提高塔身强度、保持塔式起重机稳定的重要作用。附着装置由附着框、附着杆、附墙座3部分组成。附着框、附墙座可以多次重复使用。附着杆则需要因地制宜，根据建筑物的外形、塔式起重机至建筑物的距离、附着杆受力大小设计制作，是非标准件。

目前多数建筑施工企业、塔式起重机租赁安装企业普遍缺少附着装置的专业设计人员，往往由塔式起重机安装人员在现场实量尺寸，凭经验制作加工。由附着装置原因引发的事故偶有发生。

目前我国现行的塔式起重机标准、规范中，尚未对附着装置的设计计算方法做出详细规定。有关塔式起重机的技术书籍中，对附着装置设计计算方法的介绍也极其简单，因此附着装置的设计制作质量良莠不齐，其安全状况堪忧。

塔式起重机附着装置的设计涉及机械、钢结构、钢筋混凝土结构、微机应用等多专业知识，受专业知识局限性的限制，附着装置的设计往往困惑不少设计人员。

本人一直在基层企业从事塔式起重机技术管理工作，承担过大量的附着装置设计工作，对设计计算方法做了一些研究，编制了设计计算程序。现借助本书，将本人积累的一些研究成果和实践经验奉献给社会。

本书内容由9章组成：

第1章　概述，讲述塔式起重机附着装置的作用和结构型式、行业标准对附着装置设计的规定、塔式起重机基础位置与附着装置的关系、塔身最大自由端高度的计算、附着装置设计和安装工作中存在的一些问题。

第2章　塔身对附着框作用荷载的计算，讲述塔式起重机塔身对附着装置作用荷载的计算方法。

第3章　附着框的设计计算，讲述附着框的构造要求和设计计算方法。

第4章　附着杆轴向内力的计算，分别讲述了3杆附着方式、4杆附着方式轴向内力的计算方法。由于计算附着杆轴向内力需要先计算力臂长度，这将涉及大量烦琐的三角函数。为避开这些烦琐的力臂长度计算，本书首先提出了在受力分析计算图上直接量取力臂长度的方法。用这种方法可以获得很精确的轴向内力计算结果。

第5章　附着杆的设计计算，讲述了附着杆的构造要求，以及实腹式、双肢格构式、4肢格构式附着杆的设计计算方法。

第6章　附墙座的设计计算，讲述了附墙座的构造要求及设计计算方法。

第7章　建筑结构强度的验算及加强，根据JGJ 196—2010《建筑施工塔式起重机安装、使用、拆卸安全技术规程》的要求，附着装置设计时，应对支承处的建筑主体结构进行验算。本章讲述了对建筑主体结构的验算方法和对建筑主体结构的加固处理方法。

第8章　非常规附着方案实例，介绍了几例非常规附着方案，供读者在遇到类似案例时参考。

第9章　计算机应用及设计计算书样本，介绍了编制附着装置设计计算程序的方法和技巧，并提供了附着杆轴向内力计算和各种附着杆的设计计算书样本，供读者在编制计算程序和撰写设计计算书时参考。

本书附录1提供了钢材、焊缝、螺栓的强度设计值，附录2提供了型钢规格及截面特性表，附录3提供了组合截面特性表，附录4提供了轴心受压构件截面分类及稳定系数，附录5提供了螺纹连接的相关数据，附录6钢筋和混凝土强度设计值。这些设计参数，为设计人员在从事设计工作时提供了方便，避免再查阅其他手册。

本书编写过程中，陆志远、徐俊奇等同志提供了支持和帮助，作者在此表示感谢。

由于作者水平有限，书中内容难免存在缺陷和错误，敬请读者予以指正。电子邮箱：45314248@qq.com。

严尊湘

2018年5月15日于江苏镇江

目　　录

1 概　　述

1.1 塔机附着装置的作用和结构型式

目前建筑施工现场使用的塔式起重机（以下简称"塔机"），大多数是水平臂小车变幅自升式塔机。自升式塔机未安装附着装置之前，称为独立式工作状态；安装附着装置以后，称为附着式工作状态。如图 1-1 所示。

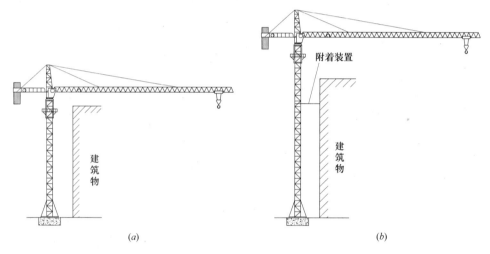

图 1-1　水平臂小车变幅自升式塔机
(*a*) 独立式工作状态；(*b*) 附着式工作状态

塔机最初安装为独立式工作状态。当在建建筑物的高度达到可以安装第 1 道附着装置的高度以后，塔机的塔身与建筑物之间用附着装置连接，塔机利用自身配备的液压顶升机构升高；建筑物的高度达到可以安装第 2 道附着装置的高度以后，安装第 2 道附着装置，塔机再继续升高……直至塔机达到最终安装高度，完成建筑施工任务。建筑物的高度不同，塔机的最终安装高度也不同，可以安装 1 道附着装置，也可以安装若干道附着装置。

塔机附着装置由附着框、附着杆和附墙座三部分组成。其作用是减小塔身的计算长度，将作用于塔身的弯矩、水平力和扭矩传递到建筑结构上，增强塔身的抗弯、抗扭能力。常见的附着杆布置方式有两种：3 杆附着方式和 4 杆附着方式，如图 1-2 所示。

图 1-2 中，两个附墙座之间的中心距离 B、塔身中心线至建筑物的垂直距离 L，是两个重要尺寸。塔机用户在确定塔机安装位置时，应尽可能依据这两个尺寸确定塔机的位置。当由于建筑结构的原因，塔机位置大于说明书中的 L 尺寸时，B 尺寸应随 L 尺寸的变化而变化，使附着杆与建筑物之间的夹角保持在 60°左右为宜。

附着框是刚架构件，应有足够的强度和刚度，紧紧地抱箍在塔身上，不应松动。

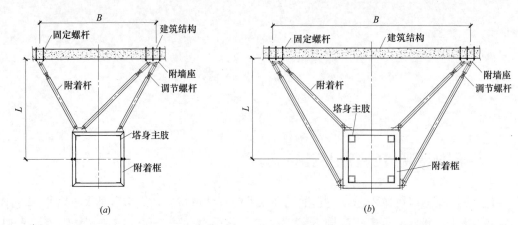

图 1-2　常见的两种附着方式

(a) 3 杆附着方式；(b) 4 杆附着方式

　　附着杆应使用销轴与附着框、附墙座连接。销轴与销孔的配合不应存在明显的间隙。附着杆不得直接焊接在建筑结构上。也不可以使用螺栓代替销轴。

　　附墙座应使用预埋螺栓或穿墙螺杆固定在建筑物的框架梁、框架柱、剪力墙上，不宜安装在构造柱、连系梁上，禁止安装在填充墙体上。固定附墙座的螺杆不得少于 4 根。

　　图 1-2 是塔机使用说明书中提供的附着方式，是一种理想方式。由于塔机基础的位置受建筑结构、建筑物轮廓形状、相邻塔机之间安全距离、塔机降节拆除等多种因素的限制，大多数的塔机附着装置都难以按这种理想方式安装。必须结合建筑结构、塔机位置，设计合适的附着方式。也就是说，塔机附着装置是非标准件，附着方案必须因地制宜，做到每台塔机每次安装编制一次附着方案。

　　附着方案包括：设计计算书、图纸、必要的文字说明。图纸包括装配图和零件图，工人可以根据图纸制作和安装附着装置。使附着装置的制作、安装工作处于受控状态。

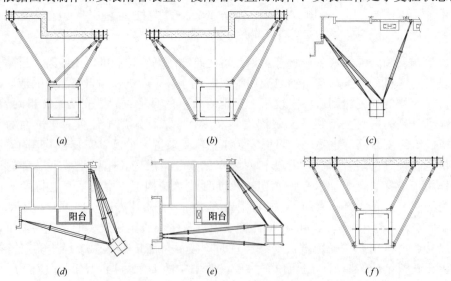

图 1-3　附着杆系结构稳定性判断

(a)～(e) 稳定结构；(f) 非稳定结构

　　附着装置的附着杆系必须是稳定的几何不变体系。即在不考虑弹性变形的条件下，体系的几何形状和位置是不可改变的。因此附着杆系必须含有三角形的单元，只有三角形可以保持几何形状不变。

　　建筑结构是刚性体，即使两附墙座不在同一墙面上，两附墙座之间的距离不会发生变化，因此可以把两附墙座之间的连线视为三角形的一条边。图 1-3 (a)~(e) 所示的附着杆系均含有三角形单元，因此是稳定结构；图 1-3 (f)，塔身两侧的附着杆互相平行，不形成三角形，是非稳定结构。

1.2　行业标准对塔机附着装置设计的规定

　　《建筑施工塔式起重机安装、使用、拆卸安全技术规程》JGJ 196—2010 中 3.3 条，对塔机附着装置的设计、制作有如下规定：

　　3.3.1　当塔式起重机作附着使用时，附着装置的设置和自由端高度等应符合使用说明书的规定。

　　3.3.2　当附着水平距离、附着间距等不满足使用说明书要求时，应进行设计计算、绘制制作图和编写相关说明。

　　3.3.3　附着装置的构件和预埋件应由原制造厂家或由具有相应能力的企业制作。

　　3.3.4　附着装置设计时，应对支承处的建筑主体结构进行验算。

1.3　塔机基础位置与附着装置的关系

　　在确定塔机基础位置时，应同步考虑塔机附着装置如何安装的问题，避免出现无法安装塔机附着装置的尴尬局面。在确定塔机位置时，应遵循以下几点原则：

　　(1) 在保证塔机拆除时能正常降节作业的前提下，塔机基础位置，应尽可能按说明书中给定的 L、B 尺寸设置，靠近建筑物，避免附着杆加长。

　　(2) 对于分高、低跨的建筑物，塔机位置应靠近高跨，附着装置安装在高跨结构上。如果附着装置安装在低跨结构上，有可能受塔身自由端高度的限制，施工无法继续进行。

　　(3) 当一台塔机用于多栋建筑物的施工时，塔机基础位置应选择在高的建筑物附近。在塔身自由端高度许可范围内，能完成其他几栋建筑物的施工。

　　(4) 应考虑两只附墙座在建筑结构上均有安装的位置，且附着杆不被建筑结构的梁、墙、柱阻挡。尽量避免出现附着装置非常规安装。

　　(5) 无论塔机处于独立状态或附着状态，塔机起重臂必须能够 360°全方位随风转动，不被相邻塔机或建筑物阻挡。

　　因塔机位置选择不当，造成附着装置难以按常规方式安装的案例，将在本书第 8 章中介绍。

1.4　塔身最大自由端高度的计算

　　塔机的附着间距和自由端高度（亦称"悬臂高度"），不允许超出塔机使用说明书中的规定。自由端高度超长，使塔身存在折断的风险。

有些塔机使用说明书中，明确规定了附着装置之间的竖向间距，但对塔身自由端的高度却无明确规定，使土建施工人员、塔机安装人员执行时概念模糊。

当塔机使用说明书中对塔身自由端高度无明确规定时，可以按公式（1-1）计算塔身自由端高度，按公式（1-2）验算自由端高度是否满足施工需要。

$$H_{N+1} \leqslant 0.7H_0 \tag{1-1}$$

$$h_q = H_{N+1} - h_a > h_g \tag{1-2}$$

式中　H_0——塔机最大独立高度时，塔机基础顶面至起重臂下弦杆的高度（m）；

　　　　H_{N+1}——塔机附着状态时，塔机最上一道附着装置至起重臂下弦杆的允许最大高度，即塔身最大自由端高度（m）；

　　　　h_q——塔身自由端的有效起升高度（m）；

　　　　h_a——吊钩支承面至起重臂下弦杆的最小安全距离，通常为 1.5～2.0m；

　　　　h_g——施工需要的自由端工作高度（m）。

计算公式中的代号如图 1-4 所示。

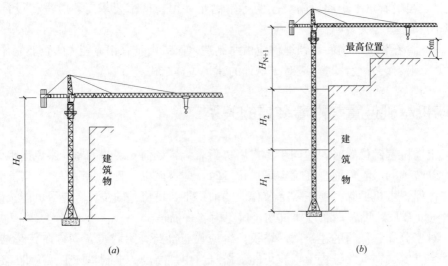

图 1-4　塔身自由端高度和工作高度的计算

【例 1-1】　Z 市游戏谷工程 1 号楼，由 2 层地下汽车库、北楼、西楼、南楼 4 个分项目组成。北楼局部 10 层，屋面结构标高 38.95m；西楼 2 层，屋面结构标高 14.75m；南楼局部 11 层，屋面结构标高 39.65m。

为了使塔机作业覆盖范围兼顾到北楼，土建施工人员计划在图 1-5（a）所示位置安装 1 台 QTZ63（5610）塔机。塔机位置远离南楼、北楼。当问及附着装置如何安装时，方案设计人员说是将附着装置安装在西楼上。如果采用该土建施工人员设计的（a）图方案，塔机自由端高度是否可以满足这个工程的施工需要？

解：该型号塔机最大独立高度时，基础顶面至起重臂下弦杆的高度 $H_0 = 42$m，吊钩支承面至起重臂下弦杆的安全距离按 $h_a = 2.0$m 计算。西楼屋面结构标高 14.75m，附着装置的标高约 14.40m。南楼屋面结构标高 39.65m，屋面至吊钩之间的工作高度按 6m 控制。

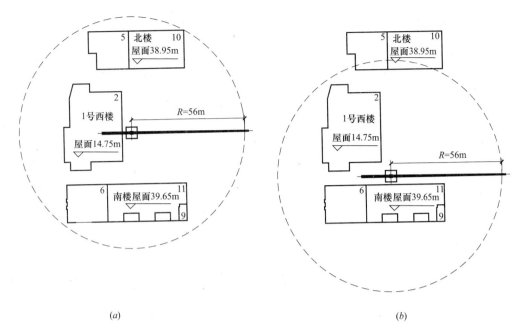

图 1-5 Z 市游戏谷 1 号楼塔机安装位置的两种方案
（*a*）最初方案；（*b*）修改后的方案

塔身最大自由端高度：$H_{N+1} \leqslant 0.7H_0 = 0.7 \times 42 = 29.4 \text{m}$，
自由端有效起升高度：$h_q = H_{N+1} - h_a = 29.4 - 2 = 27.4 \text{m}$
施工需要的自由端工作高度：$h_g = 39.65 - 14.40 + 6 = 31.25 \text{m}$
$h_q = 27.40 \text{m} < h_g = 31.25 \text{m}$，塔身自由端高度不满足施工需要。

否定图 1-5（*a*）所示的方案，将这台塔机调整到图 1-5（*b*）所示的位置，附着装置安装在南楼上。图（*b*）所示的方案不仅解决了塔身自由端超长的安全隐患，而且方便了塔机拆除时的降节工作。

至于塔机作业面覆盖不到北楼的问题，则将 2 号楼的塔机同步位移到北楼的北侧，这里不再赘述。

1.5 附着装置设计中存在的一些问题

目前塔机附着装置特别是附着杆的设计，多由塔机使用单位、租赁单位或者安装单位，根据施工现场实际状况自行设计。

国家标准、行业标准目前对附着装置的设计计算尚无明确、详细的规定。由于设计人员的设计水平不一，因此出现了一些不正确的设计方案。下面分析几种常见的不正确的设计方案，希望能引起附着装置设计人员的重视。

1.5.1 在附着杆两端增加了万向接头

某塔机制造公司设计、制造的塔机附着装置，在附着杆的两端增加了万向接头，如图 1-6 所示。

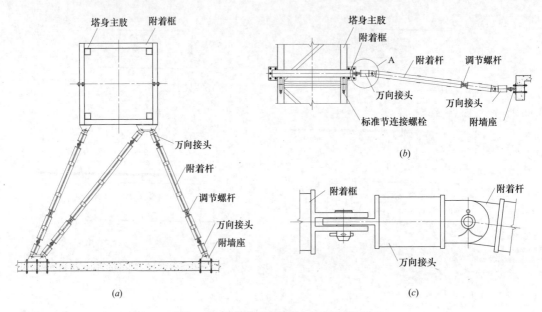

图 1-6　在附着杆两端增加了万向接头

（*a*）平面图　（*b*）立面图　（*c*）A 放大

这样设计的初衷也许是，当附着框与附墙座不在同一高度时，可以调节附着杆两端的高度。但是，这样的附着杆受拉时则伸长，受压时则缩短。从力学角度分析，在一定范围内，既不能承受轴向拉力更不能承受轴向压力，起不到固定塔身位置的作用，失去了附着杆的基本功能。因此这种附着杆必须禁止使用！

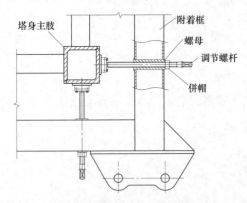

图 1-7　配有调节螺杆的附着框

1.5.2　用调节螺杆将附着框支承在塔身上

某塔机制造公司设计制造的塔机附着框，在附着框与塔身之间增加了 8 根调节螺杆，如图 1-7 所示。

这样的设计思路是，用调节螺杆将附着框紧紧地顶撑在塔身主肢上，消除附着框与塔身主肢之间的间隙。

但是从受力分析看，调节螺杆不仅承受轴向荷载，而且还承受着附着框的重力荷载和塔机回转时产生的扭矩荷载，这两个力的方向垂直于调节螺杆中心线，使调节螺杆承受弯矩和剪力，因此这种附着框上调节螺杆折断的事故时有发生。一旦一根螺杆折断，附着框便不再紧紧地抱箍在塔身上，使附着装置瞬间失去应有的作用。

再者，附着框处于露天工作环境，即使不使用时往往也是露天存放，塔机产权单位对调节螺杆往往又缺少保养，大多数的调节螺杆均严重腐蚀，失去了调节作用，形同虚设。

图 1-8 为一台 QTZ40 塔机附着框调节螺杆折断，安装人员在附着框上焊接一根角钢抵在塔身主肢上凑合使用的照片。这些不起眼的小事往往有可能成为引发安全事故的大事。

图 1-8 调节螺杆折断，安装人员焊一根角钢抵在塔身主肢上

1.5.3 附着杆与附着框连接接头的结构型式不匹配

附着杆与附着框之间采用销轴连接。附着框上的销座通常设计为双耳板，附着杆上设计为单耳板，连接方式如图 1-9（a）所示。

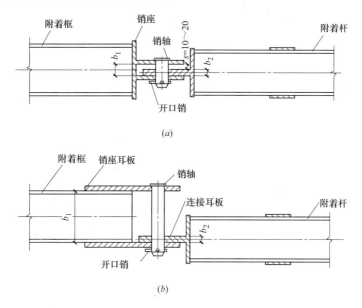

（a）

（b）

图 1-9 附着杆与附着框的连接方式示意

（a）通常的连接方式；（b）不匹配的连接方式

受建筑结构和塔身标准节连接螺栓位置的限制，有时附着框与附墙座不能处于同一高度，如图 1-6（b）所示，因此双耳板之间的净尺寸 b_1 应略大于单耳板的厚度 b_2，其间隙 $s=b_1-b_2=10\sim20$mm 为宜。

有些附着框不设置销座底板，将两块耳板直接焊接在附着框的上、下两个面上，两块耳板之间的净尺寸较大。塔机用户制作的附着杆，如果仍然采用单耳板的结构型式，于是出现了 b_1 尺寸远大于 b_2 尺寸的现象。在重力作用之下，附着杆的单耳板搁置在附着框下面的一块耳板上，如图 1-9（b）所示。

从受力角度分析，图 1-9（a）所示的连接方式，附着杆对附着框的反作用力，由上、下两块耳板共同分担，下面一块耳板承担的作用力略大于上面一块耳板；销轴双面受剪，下面一个剪切面的剪应力略大于上面一个剪切面。

图 1-9（b）所示连接方式，附着杆对附着框的作用荷载几乎全部作用在下耳板上；销轴的下剪切面也几乎承担了全部的剪切力，完全改变了原设计的力学模式。存在着下耳板被拉断、销轴被剪断的风险。

塔机用户在设计制作附着杆时，应根据附着框的接头型式，将附着杆的接头也设计成双耳板型式。两块耳板之间焊接一段衬管，避免耳板因碰撞变形。使附着框上两块耳板内边之间的净尺寸，略大于附着杆上两块耳板外边之间的尺寸，保持间隙 $s=b_1-b_2=10\sim20\mathrm{mm}$。如图 1-10 所示。

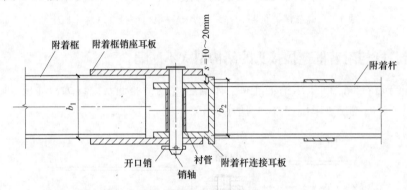

图 1-10 附着杆接头形式应与附着框匹配

1.5.4 附着杆的长细比和稳定性不符合钢结构设计规定

随着塔机臂架的旋转，附着杆有时承受拉力有时承受压力，应按压弯构件设计计算。依据《钢结构设计规范》GB 50017—2003 中 5.3.8 条的规定，其容许长细比应不大于150。但是，目前塔机附着杆长细比不满足要求的现象较为普遍，存在较大的安全隐患。

举例：J 市某工程 B28 号楼安装了 1 台 QTZ50 塔机，塔机附着装置安装方案如图 1-11 所示。

原塔机制造厂家为这套附着装置专门设计了附着杆，附着杆材料选用 $\phi121\times8$ 无缝钢管。施工单位和当地建筑安全监督部门发现设计存在问题，组织专业人员重新进行了设计。

附着杆 1 的计算长度 $L_1=8348\mathrm{mm}$，最大轴向力设计值 $N_{1\max}=122.0\mathrm{kN}$。$\phi121\times8$ 无缝钢管的截面面积 $A=28.40\mathrm{cm}^2$，每米质量 $G=22.29\mathrm{kg/m}$，截面惯性矩 $I=455.57\mathrm{cm}^4$，截面模量 $W=75.30\mathrm{cm}^3$，截面回转半径 $i=4.01\mathrm{cm}$。

由于附着杆承受自重荷载和风荷载，因此按压弯构件计算。经计算，附着杆 1 的长细比 $\lambda=208.4$，稳定性 $\sigma_x=398.9\mathrm{N/mm}^2$，$\sigma_y=337.1\mathrm{N/mm}^2$。这组数据均大于许用值，存在极大的安全风险。

重新设计，附着杆 1 选用 $\phi168\times5.5$ 无缝钢管。其截面面积 $A=28.08\mathrm{cm}^2$，每米质量 $G=22.04\mathrm{kg/m}$，截面惯性矩 $I=927.85\mathrm{cm}^4$，截面模量 $W=110.46\mathrm{cm}^3$，截面回转半径 $i=5.75\mathrm{cm}$。经计算，附着杆 1 的长细比 $\lambda=145.2$，$\sigma_x=165.8\mathrm{N/mm}^2$，$\sigma_y=161.3\mathrm{N/mm}^2$，满足要求。

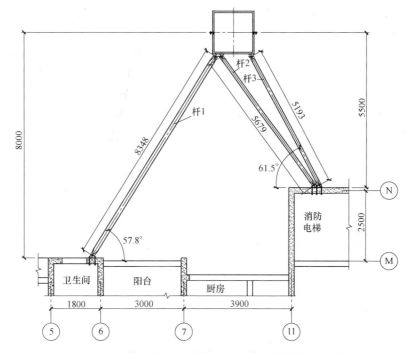

图 1-11　J 市某工程 B28 号楼 QTZ50 塔机附着装置安装图

对比上述两种管材的重量数据可以发现，后一种管材的重量略轻一些。在设计附着杆时，宜选用外径较大壁厚相对较薄的管材，以充分利用材料的力学特性。

1.5.5　附着杆调节螺杆过于细长

在附着杆上设置调节螺杆，用于微调附着杆的长度。但是有些调节螺杆过于细长，应力集中易弯曲，成为附着杆的强度薄弱段。

举例：Y 市某工程 16 号楼安装了 1 台 QTZ63 塔机。用 2 根 16a 普通槽钢拼焊成 160×160 的双肢格构式附着杆。附着杆上配置 M60 调节螺杆，如图 1-12（a）所示。

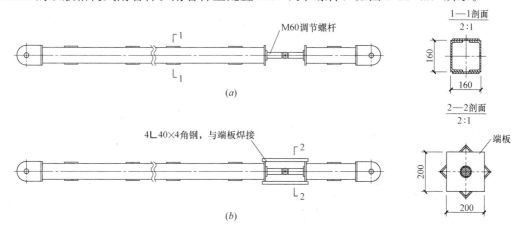

图 1-12　附着杆调节螺杆处的加强

（a）未加强前的附着杆；（b）调节螺杆部位的加强

9

双肢 16a 普通槽钢，截面面积 $A = 43.91\text{cm}^2$，截面惯性矩 $I_x = 1732\text{cm}^4$，$I_y = 1840\text{cm}^4$，截面模量 $W_x = 217\text{cm}^3$，$W_y = 230\text{cm}^3$，回转半径 $i_x = 6.28\text{cm}$，$i_y = 6.47\text{cm}$。

M60 螺杆，螺纹有效直径 $d_1 = 54.046\text{mm}$，有效截面面积 $A_e = 22.94\text{cm}^2$，截面惯性矩 $I = 41.88\text{cm}^4$，截面模量 $W = 15.50\text{cm}^3$，回转半径 $i = 1.35\text{cm}$。

比较上述两组数据可以看出，M60 螺杆的材料截面特性比双肢 16a 槽钢的截面特性小得多，调节螺杆成为附着杆上的薄弱环节。这也是有些附着杆在调节螺杆处弯折的原因。当遇到暴风侵袭的恶劣天气时，调节螺杆的失稳将造成整个附着杆系的破坏。

针对图 1-12 (a) 中存在的调节螺杆偏细问题，采取了局部加强措施。将塔身垂直度调整到允许偏差范围内后，用 4 根 $\llcorner$ 40×4 等边角钢焊接在调节螺杆两端的端板上，进行临时加强，如图 1-12 (b) 所示。

调节螺杆加强以后，螺杆和角钢的总截面面积 $A = 35.30\text{cm}^2$，截面惯性矩 $I = 866.25\text{cm}^4$，截面模量 $W = 66.53\text{cm}^3$，回转半径 $i = 4.95\text{cm}$。提高了调节螺杆部位的压弯强度。

螺纹牙形有多种：普通螺纹（三角形螺纹）、矩形螺纹、梯形螺纹、锯齿形螺纹等。附着杆调节螺杆的螺纹宜选用梯形螺纹。在设计附着杆时，还应对调节螺杆的强度进行验算，验算方法将在第 5 章中介绍。

1.5.6　销孔至耳板边缘的尺寸偏小

某建筑工地 1 台 QTZ40 塔机附着框如图 1-13 所示。

这个附着框的销孔直径 40mm，销孔中心至耳板边缘尺寸 40mm，这尺寸偏小，存在耳板被破坏的风险。

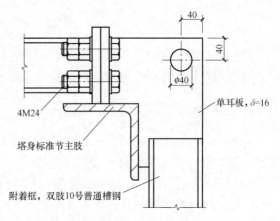

图 1-13　销孔至耳板边缘的尺寸偏小

1.5.7　附墙座固定螺杆的数量不足

一个附墙座至少需要用 4 根螺杆固定在建筑物上。某工地的一台 QTZ40 塔机，单销附墙座、双销附墙座均只有 2 根固定螺杆，存在固定螺杆被拉断的风险。

1.6　附着装置安装中存在的一些问题

下面是附着装置几种常见的不正确安装方式，希望引起塔机安装人员的重视。

1.6.1　塔身自由端高度超长

塔身自由端高度超长的情况时有发生。发生塔身自由端高度超长的原因，多与塔机安装位置不当相关。由于附着装置的安装位置偏低，为了完成施工任务，因此违规加高塔身，冒险作业。

确定塔机基础位置方案时，土建施工人员应会同塔机管理人员，共同商定塔机的安装位置，避免将来出现塔身自由端高度不能满足施工需要的尴尬局面。

1.6.2　单耳板与单耳板连接

附着杆与附着框或者附墙座的连接，附着框、附墙座宜采用双耳板，附着杆选用单耳板，如图 1-9（a）所示。某建筑工地的一台 QTZ40 塔机，安装人员将 2 根附着杆分别安装在附着框的上、下耳板上，形成单耳板与单耳板连接，连接方式如图 1-14 所示。

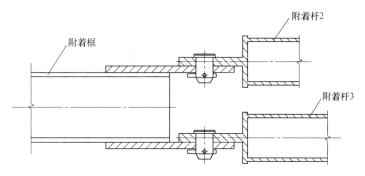

图 1-14　附着杆与附着框单耳板连接

这种连接方法，附着杆的轴向力由附着框上的一块耳板承担，销轴受力状态由双面受剪变成了单面受剪。在拉力、压力的交替作用下，销孔将遭到破坏，存在销轴脱落的风险。

1.6.3　将附墙座安装在未加强处理的连系梁、构造柱上

附着装置的附墙座可以安装在建筑物的框架梁、框架柱、剪力墙上，如图 1-15（a）所示；尽量避免安装在构造柱、连系梁上，如图 1-15（b）所示。当附墙座必须安装在构造柱、连系梁上时，则需要对其进行加强处理。

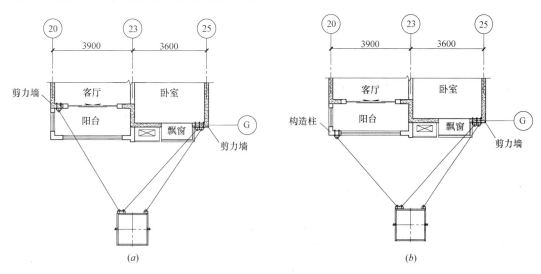

图 1-15　正确选择附墙座在建筑物上的安装位置
（a）附墙座安装在剪力墙上；（b）不宜将附墙座安装在构造柱上

1.6.4　随意接长附着杆

当塔机距离建筑物较远，附着杆的长度不满足要求时，不应简单地将附着杆接长使用。因为接长的附着杆长细比变大，杆件压弯强度降低。

图 1-16　不规范的附着杆接长方法

图 1-16 是某工地塔机附着杆照片，从照片中可以看出，这根附着杆存在两处不规范：一是用料不规范，原来附着杆材料是方管，现在接上去的材料是几小段槽钢，而且不在一条直线上；二是未安装附墙座，将附着杆直接焊接在楼面预埋铁件上，存在极大的安全隐患。

1.6.5　随意加长附墙座耳板的长度

附墙座是力学意义上的铰座，其作用是将附着杆的作用力传递到建筑结构上。附墙座销孔中心至附墙座底板的尺寸，大于附着杆连接耳板轮廓半径 20～30mm 为宜，如图1-17（a）所示。

某工地安装的一台 QTZ40，附着杆的长度不足。他们没有重新设计制作附着杆，而

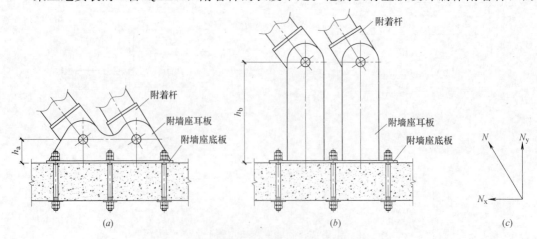

图 1-17　附着杆与附墙座的连接及受力分析
（a）正确连接方式；（b）错误连接方法；（c）附墙座受力分析示意

是将附墙座的耳板做得很长，替代附着杆的长度，如图 1-17（b）所示。

（b）图中的做法是错误的，也是危险的。从受力角度分析，附着杆对附墙座的作用力 N 可以分解为垂直于附墙座底板的分力 N_y 和平行于附墙座底板的分力 N_x。N_x 对附墙座底面产生力矩作用，（a）图中的力矩值 $M_a = N_x h_a$，（b）图中的力矩值 $M_b = N_x h_b$。由于 h_b 值数倍于 h_a，因此 M_b 值也数倍于 M_a 值。在如此大的力矩作用之下，附墙座的固定螺栓可能被拉断，附墙座耳板与底板之间的连接焊缝也可能遭到破坏。

1.6.6 随意加长附着杆耳板的长度

与加长附墙座耳板的方法类似，也有塔机安装人员用加长附着杆耳板长度的方法，解决附着杆长度不足的问题。

正常的附着杆耳板较短，仅起连接作用，主要承受轴向力和剪力。耳板加长以后，在附着杆自重荷载和风荷载的作用下，耳板承受的弯矩值加大，存在弯折风险。

1.6.7 将附着杆直接焊接在楼面的预埋件上

附着杆与附墙座正确的连接方式如图 1-18（a）所示。但是有些塔机安装人员图省事，将附着杆直接焊接在楼面预埋铁件上，如图 1-18（b）所示。

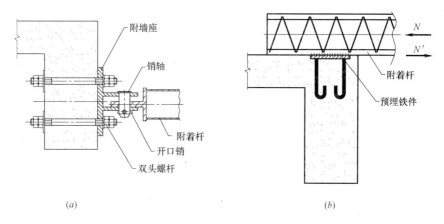

（a）   （b）

图 1-18　附着杆与主体结构的连接方式
（a）正确；（b）不正确

图 1-18（b）所示的连接方式，附着杆的作用力 N 与建筑结构的反作用力 N' 虽然大小相等、方向向反，但不在同一条作用线上，附着杆的作用力通过缀条传递到格构式附着杆下面的 2 根主肢上，缀条承受较大的剪力，易造成附着杆失稳破坏。

1.6.8 不规范的附着装置安装方式

图 1-19 照片显示的附着装置安装方式很省事。仅仅是将塔机塔身与建筑物之间用一根槽钢拉了起来，能否承受塔机的作用荷载？心中根本无数。

1.6.9 在建筑结构上随意钻孔，造成质量事故

安装附墙座，目前多采用在建筑结构上钻孔，用双头螺杆固定附墙座。钻孔前，塔机

图 1-19　不规范的附着杆安装方式

安装人员应与土建施工人员联系，使孔位避开混凝土结构件上的主要受力钢筋。图 1-20 (a) 中，塔机安装人员为了使附着杆不被 A 轴线的阳台边梁阻挡，附墙座的安装位置偏下，螺栓孔打断了 B 轴线框架梁的底层钢筋，使梁底出现了裂纹，造成质量事故，如图 1-21 所示。

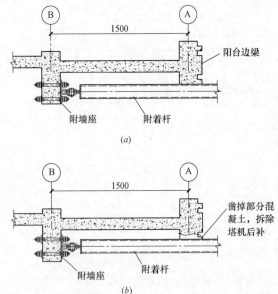

图 1-20　钻孔不得破坏建筑结构中主要受力钢筋
(a) 螺栓孔位偏下主筋断了；(b) 正确安装方法示意

图 1-21　梁中纵向钢筋被钻
孔打断，梁底出现裂纹

　　当遇到图 1-20 (a) 所示的情况时，可以凿掉阳台边梁下面的一部分混凝土，待拆除塔机以后再进行修补，如图 1-20 (b) 所示。

2 塔身对附着框作用荷载的计算

设计塔机附着装置，首先必须知道塔机作用于附着框上荷载的大小。塔机对附着框的作用荷载有水平力 H 和扭矩 M_d。

作用于附着框的水平力 H 主要由：起重力矩、风荷载、回转离心力、变幅小车起（制）动惯性力、作用于吊物上的风荷载，对附着装置的作用效应叠加组成。扭矩 M_d 是回转机构作回转运动时，塔身上产生的抵抗矩。塔机非工作状态时，回转机构停止工作，扭矩 $M_d = 0$。

2.1 水平力的计算

根据塔机的安装高度不同，塔机可以安装 1 道附着装置，也可以安装若干道附着装置。

当塔机安装 1 道附着装置时，塔身结构相当于超静定的外伸梁，塔机对附着装置的作用荷载最大。当塔机安装 2 道及 2 道以上附着装置时，塔身自由端类似于悬臂梁，最上一道附着装置承受的荷载大于下面几道附着装置承受的荷载，但小于只安装 1 道附着装置时的作用荷载。因此，我们计算塔机对附着装置的作用荷载时，可以按仅安装了 1 道附着装置时的受力模式进行计算。此时塔身上承受的作用荷载如图 2-1 所示。

图中 M——作用于塔身上的弯矩（N·m）；

q_w——作用于塔身（含顶升套架、回转过渡节、塔顶等）上的均布风荷载（N/m）；

P——作用于塔身结构上的集中荷载，含回转离心力、小车起（制）动惯性力、作用于吊物上的风荷载（N）；

R_B——附着装置对塔身的支承反力（N）；

R_C——基础对塔身的支承反力（N）；

h_1——基础顶面至附着装置之间的高度（m），按实际安装高度取值；

h_2——附着装置至塔顶顶端之间的高度（m），按最大极限高度取值；

h_3——塔机最大自由端高度，即附着装置至起重臂下弦杆之间的高度（m），按最大极限高度取值；

h——基础顶面至塔顶顶端的高度（m），$h = h_1 + h_2$；

M_d——回转扭矩（N·m）。

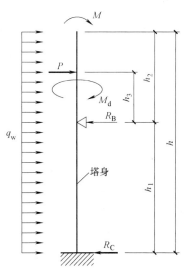

图 2-1 塔机附着状态
时塔身受力示意

2.1.1 计算附着装置对作用于塔身上风荷载的反作用力

（1）计算作用于塔身上的均布风荷载

依据《塔式起重机设计规范》GB/T 13752—2017，工作状态作用于塔身（含塔顶、回转过渡节、顶升套架、塔身等，下同）结构上的风荷载按公式（2-1）计算，非工作状态的风荷载按公式（2-2）计算。

$$P_W = p_w C A \qquad (2-1)$$

$$P_{WN} = K_h p_n C A \qquad (2-2)$$

式中　P_W——工作状态时，作用于塔身结构上的风荷载（N）；

　　　p_w——工作状态计算风压（N/m²），按 $p_w=250$N/m² 取值；

　　　C——空气动力系数，按 $C=2.0$ 取值；

　　　A——塔身特征面积（m²），综合考虑了结构充实率、挡风系数等因素，塔身特征面积按 $A=0.50bh$ 计算，b 为塔身截面宽度，h 为基础顶面至塔顶顶端的高度；

　　　P_{WN}——非工作状态时，作用于塔身结构上的风荷载（N）；

　　　K_h——风压高度变化系数，按塔机使用说明书中规定的附着状态最大起升高度，按表 2-1 取值；

　　　p_n——非工作状态时的计算风压（N/m²），按表 2-2 取值。

风压高度变化系数 K_h　　　　　　　　　　　　表 2-1

项目	$K_h = \left[\dfrac{(h/10)^{0.14}+0.4}{1.4}\right]^2$														
高度 h m	≤10	10~ 20	20~ 30	30~ 40	40~ 50	50~ 60	60~ 70	70~ 80	80~ 90	90~ 100	100~ 110	110~ 120	120~ 130	130~ 140	140~ 150
K_h	1.00	1.09	1.21	1.29	1.36	1.42	1.47	1.52	1.56	1.60	1.63	1.67	1.70	1.73	1.75
高度 h m	150~ 160	160~ 170	170~ 180	180~ 190	190~ 200	200~ 210	210~ 220	220~ 230	230~ 240	240~ 250	250~ 260	260~ 270	270~ 280	280~ 290	290~ 300
K_h	1.78	1.80	1.83	1.85	1.87	1.89	1.91	1.93	1.95	1.97	1.99	2.01	2.02	2.04	2.05

注：计算非工作状态风载荷时，可沿高度划分成 10m 高的等风压段，以各段中点高度的系数 K_h（即表列数字）乘以计算风压；也可以取结构顶部的计算风压作为塔式起重机全高的定值风压。

非工作状态计算风压和计算风速　　　　　　　　　　　表 2-2

地　区	计算风压 p_n^b N/m²	与 p_n 相应的计算风速 v_n^c m/s
内陆[a]	500~600	28.3~31.0
沿海[a]	600~1000	31.0~40.0
台湾省及南海诸岛	1500	49.0

注：a　非工作状态计算风压的取值，内陆的华北、华中和华南地区宜取小值，西北、西南、东北和长江下游等地区宜取大值；沿海以上海为界，上海可取 800N/m²，上海以北取小值，以南取大值。可根据当地气象资料提供的 10m 高处 50 年一遇的 10min 时距平均暴风风速 v_b 来算出计算风速 v_n/v_n（h）和计算风压 p_n/p_n（h）。

　　　b　海上航行的塔式起重机，可取 $p_n=1800$N/m²，但不再考虑风压高度变化，即取 $K_h=1$。

　　　c　沿海地区、台湾省及南海诸岛港口大型塔式起重机抗风防滑系统及锚定装置的设计，所用的计算风速 v_n 不应小于 55m/s（v_b 不应小于 39.3m/s）

将相关数据代入公式（2-1）、（2-2），工作状态作用于塔身上的均布风荷载按公式（2-3）计算，非工作状态作用于塔身上的均布风荷载按公式（2-4）计算。

$$q_w = p_w CA/h = 250 \times 2.0 \times 0.5bh/h = 250b \qquad (2\text{-}3)$$

$$q_{wN} = K_h p_n CA/h = K_h p_n \times 2.0 \times 0.5bh/h = K_h p_n b \qquad (2\text{-}4)$$

式中　q_W、q_{WN}——分别为塔机工作状态、非工作状态时，作用于塔身上的均布风荷载（N/m）；

　　　　b——塔身截面宽度（m）；

　　　　K_h——风压高度变化系数，按塔机使用说明书中规定的附着状态最大起升高度，按表 2-1 取值；

　　　　p_n——非工作状态时的计算风压（N/m²），按表 2-2 取值。

（2）计算附着装置对风荷载的反作用力

附着装置对风荷载的反作用力，工作状态时按公式（2-5）计算，非工作状态时按公式（2-6）计算。

工作状态：
$$R_{BW} = \frac{q_w h_1}{8} \left(3 + 8\frac{h_2}{h_1} + 6\frac{h_2^2}{h_1^2} \right) \qquad (2\text{-}5)$$

非工作状态：
$$R_{BWN} = \frac{q_{wN} h_1}{8} \left(3 + 8\frac{h_2}{h_1} + 6\frac{h_2^2}{h_1^2} \right) \qquad (2\text{-}6)$$

式中　R_{BW}、R_{BWN}——分别为塔机工作状态、非工作状态时，附着装置对塔身风荷载的反作用力（N）；

　　　　q_w、q_{wN}——分别为塔机工作状态、非工作状态时，作用于塔身的均布风荷载（N）；

　　　　h_1——基础顶面至附着装置之间的高度（m），按实际安装高度取值；

　　　　h_2——附着装置至塔顶顶端之间的高度（m），按最大极限高度取值。

2.1.2　计算附着装置对集中荷载 P 的反作用力

图 2-1 中的集中荷载 P，包含塔机作回转运动时产生的回转离心力 P_L、变幅小车起（制）动时产生的惯性力 P_G、作用于吊物上的风荷载 P_{WQ}。集中荷载 P 的作用点位于起重臂下弦杆与塔身的连接铰点处。塔机非工作状态时，集中荷载 $P_N = 0$。

（1）回转离心力

塔机工作状态时的回转离心力 P_L 按公式（2-7）计算。

$$P_L = \frac{n^2 (\sum G_i R_i + Q_{max} L_{max})}{894} \qquad (2\text{-}7)$$

式中　P_L——塔机回转部位及吊物，回转运动时产生的离心力（N）；

　　　　n——塔机回转速度（r/min）；

　　　　G_i——塔机回转支承装置以上各转动部件的重力（N）；

　　　　R_i——各回转部件的重心至塔机回转中心线的水平距离，起重臂方向为正，平衡臂方向为负（m）；

　　　　Q_{max}——塔机额定最大起重量（N）；

　　　　L_{max}——与额定最大起重量相对应的允许最大工作幅度（m）。

由于塔机各回转部件（含吊物）重力与重心距离乘积的代数和 $\sum G_i R_i + Q_{max} L_{max}$，近似等于额定起重力矩 M_Q 的 $1/2$，因此可以将公式（2-7）近似地简化成公式（2-8）。

$$P_L = \frac{n^2(\sum G_i R_i + Q_{max} L_{max})}{894} \approx \frac{n^2 M_Q}{2 \times 894} \tag{2-8}$$

式中　n——塔机回转速度（r/min）；

　　　M_Q——塔机额定起重力矩（N·m），从塔机使用说明书中查得，1t·m≈10kN·m。

（2）变幅小车起（制）动惯性力

塔机工作状态时的变幅小车起（制）动惯性力 P_G 按公式（2-9）计算。

$$P_G = \frac{(G_C + Q_{max})v}{60gt} \tag{2-9}$$

式中　P_G——塔机变幅小车、吊钩取物装置及吊物，在变幅小车起（制）动时产生的惯性力（N）；

　　　G_C——变幅小车和吊钩取物装置的重力（N）；

　　Q_{max}——塔机额定最大起重量（N）；

　　　v——塔机变幅小车运行速度（m/min）；

　　　g——重力加速度（m/s²），按 $g \approx 9.81 m/s^2$ 取值；

　　　t——变幅小车起（制）动时间，按 4～6s 取值。

（3）作用于吊物上的风荷载

作用于吊物上的风载荷，按公式（2-10）计算。非工作状态时作用于吊物上的风荷载为零。

$$P_{WQ} = p_w C_Q A_Q \tag{2-10}$$
$$A_Q = 0.0005 m_H$$

式中　P_{WQ}——风力对吊物（含吊钩）的作用荷载（N）；

　　　p_w——工作状态计算风压（N/m²），按 $p_w = 250 N/m^2$ 取值；

　　　C_Q——作用于吊物上风荷载的空气动力系数，按 $C_Q = 2.4$ 取值；

　　　A_Q——吊物在垂直于风向的平面上的投影面积（m²），当计算结果小于 0.8m² 时，取 $A_Q = 0.8 m^2$；

　　　m_H——塔机额定最大起升荷载的质量（kg）。

（4）计算附着装置对集中荷载 P 的反作用力

集中荷载 P 等于以上 3 个力之和，按公式（2-11）计算。附着装置对集中荷载 P 的反作用力，工作状态时按公式（2-12）计算，非工作状态时为零。

$$P = P_L + P_G + P_{WQ} = \frac{n^2 M_Q}{2 \times 894} + \frac{(G_C + Q_{max})v}{60gt} + p_w C_Q A_Q \tag{2-11}$$

$$R_{BP} = \frac{P}{2}\left(2 + 3\frac{h_3}{h_1}\right) \tag{2-12}$$

式中　P——作用于塔身结构上的集中荷载（N）；

　　　P_L——塔机回转部位和吊物，作回转运动时产生的离心力（N）；

　　　P_G——塔机变幅小车、吊钩取物装置及吊物，在变幅小车起（制）动时产生的惯性力（N）；

　　P_{WQ}——风力对吊物（含吊钩）的作用荷载（N）；

R_{BP}——附着装置对塔身集中荷载的反作用力（N）；

h_1——基础顶面至附着装置之间的高度（m），按实际安装高度取值；

h_3——塔机最大自由端高度，即附着装置至起重臂下弦杆之间的高度（m）。

2.1.3 计算附着装置对弯矩 *M* 的反作用力

（1）计算作用于塔身上的弯矩

塔机工作状态时，作用于塔身结构上的前倾力矩，约为额定起重力矩的 1/2，按公式（2-13）计算。非工作状态时，结构自重力矩为负值，指向平衡臂方向，约为额定起重力矩的 1/2，按公式（2-14）计算。

工作状态：
$$M \approx \frac{1}{2} M_Q \tag{2-13}$$

非工作状态：
$$M_N \approx -\frac{1}{2} M_Q \tag{2-14}$$

式中　M、M_N——分别为塔机工作状态、非工作状态时，作用于塔身结构上弯矩（N·m）；

　　　　M_Q——塔机额定起重力矩（N·m）。

（2）计算附着装置对弯矩的反作用力

附着装置对弯矩的反作用力，工作状态时按公式（2-15）计算，非工作状态时按公式（2-16）计算。

工作状态：
$$R_{BM} = \frac{3M}{2h_1} = \frac{3M_Q}{4h_1} \tag{2-15}$$

非工作状态：
$$R_{BMN} = \frac{3M_N}{2h_1} = -\frac{3M_Q}{4h_1} \tag{2-16}$$

式中　R_{BM}、R_{BMN}——分别为塔机工作状态、非工作状态时，附着装置对弯矩的反作用力（N）；

　　　　M、M_N——分别为塔机工作状态、非工作状态时，作用于塔身结构上弯矩（N·m）；

　　　　M_Q——塔机额定起重力矩（N·m）；

　　　　h_1——基础顶面至附着装置之间的高度（m），按实际安装高度取值。

2.1.4 计算作用于附着装置上的水平力 *H*

综合以上计算公式，塔身对附着装置的水平力 H 等于附着装置对塔身的支承反力 R_B，工作状态时按公式（2-17）计算，非工作状态时按公式（2-18）计算。

工作状态：
$$H = R_{BW} + R_{BP} + R_{BM}$$
$$= \frac{q_w h_1}{8}\left(3 + 8\frac{h_2}{h_1} + 6\frac{h_2^2}{h_1^2}\right) + \frac{P}{2}\left(2 + 3\frac{h_3}{h_1}\right) + \frac{3M_Q}{4h_1} \tag{2-17}$$

非工作状态：
$$H_N = R_{BWN} + R_{BMN} = \frac{q_{wN} h_1}{8}\left(3 + 8\frac{h_2}{h_1} + 6\frac{h_2^2}{h_1^2}\right) - \frac{3M_Q}{4h_1} \tag{2-18}$$

式中　H、H_N——分别为塔机工作状态、非工作状态时，塔身作用于附着框上的水平力（N）；

q_W、q_{WN}——分别为塔机工作状态、非工作状态时，作用于塔身的均布风荷载（N/m）；

P——塔机工作状态时，作用于塔身的集中荷载（N）；

M_Q——塔机额定起重力矩（N·m）；

h_1——基础顶面至附着装置之间的高度（m），按实际安装高度取值；

h_2——附着装置至塔顶顶端之间的高度（m），按最大极限高度取值；

h_3——塔机最大自由端高度，即附着装置至起重臂下弦杆之间的高度（m），按最大极限高度取值。

2.2 扭矩的计算

塔机的等效回转稳态阻力矩包含：正常工作状态下的等效风阻力矩、回转摩擦阻力矩、等效坡道阻力矩。塔机回转机构电动机的功率，依据等效回转稳态阻力矩选择。依据《塔式起重机设计规范》GB/T 13752—2017，回转电机的功率按公式（2-19）计算。

$$P_e = \frac{M_{eq} \times n}{9550\eta} \tag{2-19}$$

式中 P_e——回转机构电动机的等效回转功率（kW）；

M_{eq}——等效回转稳态阻力矩（N·m）；

n——塔机回转速度（r/min）；

η——回转机构的总传动效率，按 0.85～0.90 取值。

扭矩是塔机回转运动时，塔身上产生的反作用矩。如果用等效稳态回转阻力矩的方法进行计算，计算过程将十分烦琐。较简单的计算方法，可以根据回转电动机的功率及塔机回转速度，逆向推算。将公式（2-19）转换成公式（2-20）。

$$M_d \approx M_{eq} = \frac{9550 P_e \cdot \eta}{n} \tag{2-20}$$

式中 M_d——塔身回转扭矩（N·m）；

P_e——回转机构电动机的等效回转功率（kW）；

η——回转机构的总传动效率，按 0.85～0.90 取值；

n——塔机回转速度（r/min）。

塔机非工作状态时，回转机构停止运行，回转扭矩 $M_d = 0$。

2.3 计算例题

【例 2-1】 一台 QTZ63 塔机，额定起重力矩 $M_Q = 630$kN·m，塔机附着状态最大起升高度 140m，回转电动机功率 $P_e = 2 \times 3.7$kW，塔机回转速度 $n = 0.6$r/min，塔身宽度 $b = 1.6$m，变幅小车和吊钩重力 $G_C = 4.3$kN，额定最大起升荷载质量 $Q_{max} = 6000$kg，小车变幅速度 $v = 40$m/min，起（制）动时间 $t = 4$s。

塔机基础顶面至附着装置的高度 $h_1 = 23.8$m，附着装置至塔顶顶端高度 $h_2 = 36.4$m，塔机最大自由端高度 $h_3 = 29.4$m，基础顶面至塔顶顶端的高度 $h = h_1 + h_2 = 60.2$m。塔机安装在内陆地区。求塔身作用于附着装置上的水平力 H 和扭矩 M_d。

解：取工作状态风压值 $p_w=250\text{N/m}^2$，非工作状态风压值 $p_n=600\text{N/m}^2$，风压高度变化系数 $K_h=1.75$。

工作状态均布风荷载：$q_w=250b=250\times1.6=400\text{N/m}$

非工作状态均布风荷载：$q_{wN}=K_hp_nb=1.75\times600\times1.6=1680\text{N/m}$

工作状态时，作用于塔身上的集中荷载：

$$P=\frac{n^2M_Q}{2\times894}+\frac{(G_C+Q_{max})v}{60gt}+p_wC_QA_Q$$

$$=\frac{0.6^2\times630\times10^3}{2\times894}+\frac{(4.3+60)\times10^3\times40}{60\times9.81\times4}+250\times2.4\times0.0005\times6000=3019\text{N}$$

工作状态时，作用于塔身上的弯矩：

$$M=\frac{1}{2}M_Q=\frac{1}{2}\times630=315\text{kN}\cdot\text{m}$$

非工作状态时，作用于塔身上的弯矩：

$$M_N=-\frac{1}{2}M_Q=-\frac{1}{2}\times630=-315\text{kN}\cdot\text{m}$$

工作状态时，作用于附着装置上的水平力：

$$H=\frac{q_wh_1}{8}\left(3+8\frac{h_2}{h_1}+6\frac{h_2^2}{h_1^2}\right)+\frac{P}{2}\left(2+3\frac{h_3}{h_1}\right)+\frac{3M_Q}{4h_1}$$

$$=\frac{400\times23.8}{8}\times\left(3+8\times\frac{36.4}{23.8}+6\times\frac{36.4^2}{23.8^2}\right)+\frac{3019}{2}\times\left(2+3\times\frac{29.4}{23.8}\right)+\frac{3\times630\times10^3}{4\times23.8}$$

$$=63297\text{N}=63.30\text{kN}$$

非工作状态时，作用于附着装置上的水平力：

$$H_N=R_{BWN}+R_{BMN}=\frac{q_{wN}h_1}{8}\left(3+8\frac{h_2}{h_1}+6\frac{h_2^2}{h_1^2}\right)-\frac{3M_Q}{4h_1}$$

$$H_N=\frac{q_{wN}h_1}{8}\left(3+8\frac{h_2}{h_1}+6\frac{h_2^2}{h_1^2}\right)-\frac{3M_Q}{4h_1}$$

$$=\frac{1680\times23.8}{8}\times\left(3+8\times\frac{36.4}{23.8}+6\times\frac{36.4^2}{23.8^2}\right)-\frac{3\times630\times10^3}{4\times23.8}=126438\text{N}=126.44\text{kN}$$

取 $\eta=0.90$，计算回转扭矩：

$$M_d=\frac{9550Pe\cdot\eta}{n}=\frac{9550\times7.4\times0.90}{0.6\times1000}=106.01\text{kN}\cdot\text{m}$$

【例 2-2】 将例 2-1 中的塔机附着装置安装高度降低一个楼层，即 $h_1=20.9\text{m}$，其余数据不变。比较两个例题中水平力 H 值的变化。

解：工作状态时，作用于附着装置上的水平力：

$$H=\frac{q_wh_1}{8}\left(3+8\frac{h_2}{h_1}+6\frac{h_2^2}{h_1^2}\right)+\frac{P}{2}\left(2+3\frac{h_3}{h_1}\right)+\frac{3M_Q}{4h_1}$$

$$=\frac{400\times20.9}{8}\times\left(3+8\times\frac{36.4}{20.9}+6\times\frac{36.4^2}{20.9^2}\right)+\frac{3019}{2}\times\left(2+3\times\frac{29.4}{20.9}\right)+\frac{3\times630\times10^3}{4\times20.9}$$

$$=68710\text{N}=68.71\text{kN}$$

非工作状态时，作用于附着装置上的水平力：

$$H_N = \frac{q_{WN}h_1}{8}\left(3 + 8\frac{h_2}{h_1} + 6\frac{h_2^2}{h_1^2}\right) + \frac{3M_Q}{4h_1}$$

$$= \frac{1680 \times 20.9}{8} \times \left(3 + 8 \times \frac{36.4}{20.9} + 6 \times \frac{36.4^2}{20.9^2}\right) - \frac{3 \times 630 \times 10^3}{4 \times 20.9} = 131589N = 131.59kN$$

通过以上两个例题的计算结果可以发现，作用于附着装置上的水平力 H 与附着装置的安装高度相关。例题 2 中工作状态和非工作状态的水平力，分别比例题 1 中的水平力增加了 8.5% 和 4.1%。

在实际工作中，宜将附着装置安装在塔机使用说明书允许的相对较高位置，不可随意降低附着装置的安装高度。

3 附着框的设计计算

塔机附着装置的附着框用型钢、钢板组焊成框形结构。制作时，做成两个半环或 4 根独立的钢梁，环端或梁端设置连接法兰，用螺栓连接。在塔身上完成安装后，形成一个完整的方框，将塔身的 4 根主肢紧紧地抱箍在一起。常见的附着框型式如图 3-1 所示。

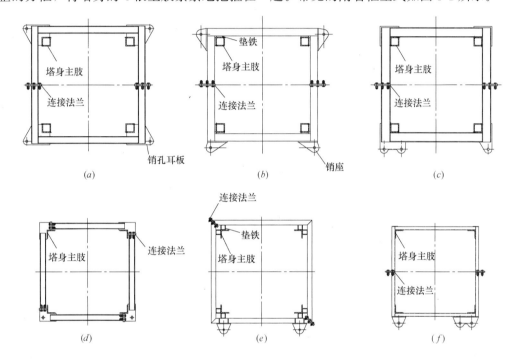

图 3-1 常见的几种附着框型式

(a)(b) 4 杆附着框；(c)(d)(e)(f) 3 杆附着框

附着框的设计计算包括钢梁、连接法兰、销座的强度计算。销座的强度计算与附墙座的强度计算相同，在第 6 章中介绍。

3.1 构造要求

（1）附着框的中心线应与塔身中心线重合。

（2）附着框内边尺寸应严格控制。尺寸大了不能抱紧塔身，尺寸小了无法安装。完成制作后，应在地面的塔身标准节上试组装。

（3）附着框上、下两个面的结构型式应相同，将附着框翻转 180°也能正常安装。

（4）法兰螺栓孔位的设置应符合附表 5-2 的要求。

（5）销座或销孔耳板应设置在附着框的转角位置。

（6）双销销座上销孔的位置，可以是上下排列，也可以是左右排列，如图 3-2 所示。为保持附着杆系的三角形不变体系，左右排列的两个销孔之间的孔距不宜过大，能满足两根相交的附着杆不互相干涉即可。

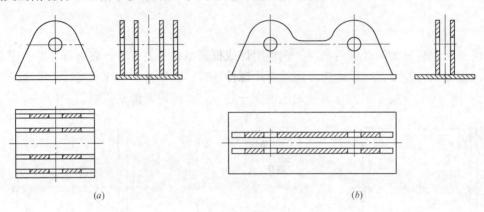

图 3-2　附着框销座的销孔布置方式
（a）销孔上下布置；（b）销孔左右布置

3.2　附着框钢梁强度计算

当塔机臂架处于 x 中心线位置时，附着框的受力状态如图 3-3 所示。

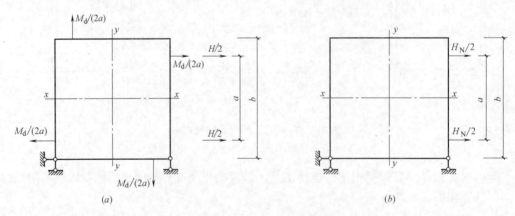

图 3-3　附着框受力状态示意
（a）工作状态；（b）非工作状态

图中的 a 为塔身相邻两根主肢中心线或重心线之间的间距，b 为附着框对边钢梁中心线或重心线之间的间距。$M_d/(2a)$ 为塔机工作状态时，扭矩 M_d 通过塔身主肢，传递给附着框的作用力，$H/2$ 为塔机工作状态时，水平力 H 对附着框的作用力；$H_N/2$ 为塔机非工作状态时，水平力 H_N 对附着框的作用力。

附着框是由 4 根钢梁组成的刚架结构。钢梁受力状态如图 3-4 所示，作用于钢梁的弯矩、剪力按工作状态、非工作状态分别计算。

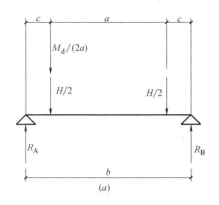

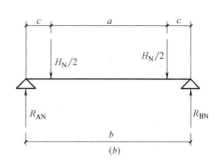

图 3-4　附着框钢梁受力示意

（a）工作状态；（b）非工作状态

3.2.1　计算作用于钢梁上的弯矩、剪力标准值

（1）塔机工作状态

塔机工作状态时，作用于附着框钢梁上的最大弯矩、最大剪力标准值按公式（3-1）、（3-2）计算。

$$M_G = \frac{1}{4}H(b-a) + \frac{M_d}{8ab}(b^2 - a^2) \tag{3-1}$$

$$V_G = \frac{1}{2}H + \frac{M_d}{4ab}(b+a) \tag{3-2}$$

式中　M_G——塔机工作状态时，作用于附着框钢梁上的最大弯矩标准值（N·m）；

　　　　V_G——塔机工作状态时，作用于附着框钢梁上的最大剪力标准值（N）；

　　　　H——塔机工作状态时，塔身作用于附着框上的水平力（N）；

　　　　M_d——塔机回转扭矩（N·m）；

　　　　a——塔身相邻两根主肢中心线或重心线之间的间距（mm）；

　　　　b——附着框对边钢梁中心线或重心线之间的间距（mm）。

（2）塔机非工作状态

塔机非工作状态时，作用于附着框钢梁上的最大弯矩、最大剪力标准值按公式（3-3）、（3-4）计算。

$$M_N = \frac{1}{4}H_N(b-a) \tag{3-3}$$

$$V_N = \frac{1}{2}H_N \tag{3-4}$$

式中　M_N——塔机非工作状态时，作用于附着框钢梁上的最大弯矩标准值（N·m）；

　　　　V_N——塔机非工作状态时，作用于附着框钢梁上的最大剪力标准值（N）；

　　　　H_N——塔机非工作状态时，塔身作用于附着框上的水平力（N）；

　　　　a——塔身相邻两根主肢中心线或重心线之间的间距（mm）；

　　　　b——附着框对边钢梁中心线或重心线之间的间距（mm）。

3.2.2 验算钢梁的强度

附着框的钢梁通常用槽钢制作。在计算钢梁的剪应力时，应根据槽钢卧置或立置状态，按不同的公式计算。

（1）槽钢卧置

当附着框的钢梁槽钢卧置，即腹板处于水平位置时，由于槽钢的腹板厚度较薄，作用于腹板上剪应力不均匀分布，最大剪应力集中在腹板的中性轴处。

钢梁的截面正应力、剪应力、局部压应力分别按公式（3-5）、（3-6）、（3-7）计算，并按公式（3-8）验算折算应力。

$$\sigma = \frac{M}{W} \leqslant f \tag{3-5}$$

$$\tau = \frac{VS}{It_w} \leqslant f_v \tag{3-6}$$

$$\sigma_c = \frac{F}{t_w l_z} \leqslant f \tag{3-7}$$

$$\sqrt{\sigma^2 + \sigma_c^2 - \sigma\sigma_c + 3\tau^2} \leqslant f \tag{3-8}$$

式中　σ、τ、σ_c——作用于钢梁上的正应力、剪应力、局部压应力（N/mm²）；

　　　　M——弯矩设计值（N·m），按 $M = \gamma_f M_G$，$M = \gamma_f M_N$ 分别计算；

　　　　V——剪力设计值（N），按 $V = \gamma_f V_G$，$V = \gamma_f V_N$ 分别计算；

　　　　F——集中荷载设计值（N），工作状态按 $F = \gamma_f(H + M_d/a)/2$ 计算；非工作状态按 $F = \gamma_f H_N/2$ 计算；

　　　　γ_f——总安全系数，根据《塔式起重机设计规范》GB/T 13752—2017 第4.4.5条，取 $\gamma_f = 1.22$；

　　　　I——钢梁的毛截面惯性矩（mm⁴），查附表 2-3 或附表 2-4 采用；

　　　　W——钢梁的截面模量（mm³），查附表 2-3 或附表 2-4 采用；

　　　　S——钢梁的半截面面积矩（mm³），查附表 2-3 或附表 2-4 采用；

　　　　t_w——钢梁的腹板厚度（mm），查附表 2-3 或附表 2-4 采用；

　　　　l_z——集中荷载在槽钢腹板计算高度边缘的假定分布长度（mm），按公式 $l_z = a_z + 5(t + r)$ 计算；

　　　　a_z——集中荷载沿梁跨度方向的支承长度（mm），塔身主肢为方管时，取方管的截面边长；塔身主肢为圆管或角钢时，取 $a_z = 50$mm；

　　　　t——槽钢翼缘平均厚度（mm）；

　　　　r——槽钢内圆弧半径（mm）；

　　　　f——钢材的抗拉、抗压、抗弯强度设计值（N/mm²），按附表 1-1 选用；

　　　　f_v——钢材的抗剪强度设计值（N/mm²），按附表 1-1 选用。

（2）槽钢立置

当制作附着框钢梁的槽钢立置，即腹板处于竖向位置时，附着框的截面剪应力改为按公式（3-9）计算，不再计算局部压应力，并按公式（3-10）验算折算应力。

$$\tau = \frac{V}{A} \leqslant f_v \tag{3-9}$$

$$\sqrt{\sigma^2 + 3\tau^2} \leqslant f \qquad (3\text{-}10)$$

式中 A——钢梁的截面面积（mm^2），查附表 2-3 或附表 2-4 采用。

【例 3-1】 一台 QTZ63 塔机，工作状态时，塔身作用于附着框的水平力 $H = 63.30kN$，扭矩 $106.01kN \cdot m$；非工作状态时，塔身作用于附着框的水平力 $H_N = 126.44kN$。

附着框钢梁用双拼 16a 普通槽钢制作，槽钢卧置腹板处于水平位置。钢梁中心线之间的尺寸 $b = 1800mm$。塔身主肢为双肢角钢拼焊的方管，方管截面边长 140mm。塔身主肢之间的中心距 $a = 1460mm$。验算附着框钢梁的强度是否满足要求。

解： 查附表 1-1，16a 普通槽钢，Q235 钢，$f = 215N/mm^2$，$f_v = 125N/mm^2$。

查附表 2-3，16a 普通槽钢腹板厚度 $d = 6.5mm$，翼缘平均厚度 $t = 10mm$，内圆弧半径 $r = 10mm$，半截面面积矩 $S_x = 63.9cm^3$。

查附表 3-1，两个 16a 普通槽钢的组合截面面积 $A = 43.91cm^2$，截面惯性矩 $I_x = 1732.4cm^4$，截面模量 $W_x = 216.56cm^3$。

两个槽钢的半截面面积矩 $S = 2S_x = 2 \times 63.9 = 127.8cm^3$

两个槽钢的腹板厚度 $t_w = 2d = 2 \times 6.5 = 13mm$

集中荷载在腹板计算高度边缘的假定分布长度 $l_z = a_z + 5(t + r) = 140 + 5 \times (10 + 10) = 240mm$

（1）塔机工作状态

弯矩标准值：

$$M_G = \frac{1}{4}H(b-a) + \frac{M_d}{8ab}(b^2 - a^2)$$

$$= \frac{1}{4} \times 63.30 \times (1.80 - 1.46) + \frac{106.01}{8 \times 1.46 \times 1.80} \times (1.80^2 - 1.46^2) =$$

$10.97kN \cdot m$

弯矩设计值 $M = \gamma_f M_G = 1.22 \times 10.97 = 13.38kN \cdot m$

剪力标准值：

$$V_G = \frac{1}{2}H + \frac{M_d}{4ab}(b+a) = \frac{1}{2} \times 63.30 + \frac{106.01}{4 \times 1.46 \times 1.80} \times (1.80 + 1.46) = 64.53kN$$

剪力设计值 $V = \gamma_f V_G = 1.22 \times 64.53 = 78.73kN$

集中荷载设计值：

$$F = \gamma_f(H + M_d/a)/2 = 1.22 \times (63.30 + 106.01/1.46)/2 = 82.90kN$$

截面正应力：

$$\sigma = \frac{M}{W} = \frac{13.38 \times 10^6}{216.56 \times 10^3} = 61.78N/mm^2 \leqslant f = 215N/mm^2，满足要求。$$

截面剪应力：

$$\tau = \frac{VS}{It_w} = \frac{78.73 \times 10^3 \times 127.8 \times 10^3}{1732.4 \times 10^4 \times 13} = 44.68N/mm^2 \leqslant f_v = 125N/mm^2，满足要求。$$

局部压应力：

$$\sigma_c = \frac{F}{t_w l_z} = \frac{82.90 \times 10^3}{13 \times 240} = 26.57N/mm^2 \leqslant f = 215N/mm^2，满足要求。$$

折算应力：

$$\sqrt{\sigma^2+\sigma_c^2-\sigma\sigma_c+3\tau^2}=\sqrt{61.78^2+26.57^2-61.78\times26.57+3\times44.68^2}$$
$$=94.18\text{N/mm}^2\leqslant f=215\text{N/mm}^2，满足要求。$$

（2）塔机非工作状态

弯矩标准值 $M_N=\dfrac{1}{4}H_N(b-a)=\dfrac{1}{4}\times126.44\times(1.8-1.46)=10.75\text{kN}\cdot\text{m}$

弯矩设计值 $M=\gamma_f M_N=1.22\times10.75=13.12\text{kN}\cdot\text{m}$

剪力标准值 $Q_N=\dfrac{1}{2}H_N=\dfrac{1}{2}\times126.44=63.22\text{kN}$

剪力设计值 $V=\gamma_f Q_N=1.22\times63.22=77.13\text{kN}$

集中荷载设计值 $F=\gamma_f H_N/2=1.22\times126.44/2=77.13\text{kN}$

截面正应力：

$$\sigma=\frac{M}{W}=\frac{13.12\times10^6}{216.56\times10^3}=60.58\text{N/mm}^2\leqslant f=215\text{N/mm}^2，满足要求。$$

截面剪应力：

$$\tau=\frac{VS}{It_w}=\frac{77.13\times10^3\times127.8\times10^3}{1732.4\times10^4\times13}=43.77\text{N/mm}^2\leqslant f_v=125\text{N/mm}^2，满足要求。$$

局部压应力：

$$\sigma_c=\frac{F}{t_w l_z}=\frac{77.13\times10^3}{13\times240}=24.72\text{N/mm}^2\leqslant f=215\text{N/mm}^2，满足要求。$$

折算应力：

$$\sqrt{\sigma^2+\sigma_c^2-\sigma\sigma_c+3\tau^2}=\sqrt{60.58^2+24.72^2-60.58\times24.72+3\times43.77^2}$$
$$=92.36\text{N/mm}^2\leqslant f=215\text{N/mm}^2，满足要求。$$

【例 3-2】 一台 QTZ40 塔机，工作状态时，塔身作用于附着框的水平力 $H=$ 40.28kN，扭矩 $M_d=63.03\text{kN}\cdot\text{m}$；非工作状态时，塔身作用于附着框的水平力 $H_N=$ 78.28kN。

附着框用单肢 16a 普通槽钢制作。槽钢立置，腹板朝向框内紧贴塔身。塔身主肢为∟140×14 单肢角钢，塔身横截面外边缘之间的尺寸 1400mm。验算附着框钢梁的强度是否满足要求。

解： 查附表 1-1，16a 普通槽钢，Q235 钢，$f=215\text{N/mm}^2$，$f_v=125\text{N/mm}^2$。

查附表 2-3，16a 普通槽钢截面面积 $A=21.95\text{cm}^2$，截面模量 $W_y=16.3\text{cm}^3$，重心距 $Z_0=17.9\text{mm}$（取 18mm），附着框对边钢梁重心线之间的间距 $b=1400+2\times18=$ 1436mm。

由于塔身主肢是单肢角钢，力的作用点近似地按重心线位置计算。查附表 2-4，∟140×14 角钢的重心距 $Z_0=39.8\text{mm}$（取 40mm），$a=1400-2\times40=1320\text{mm}$。

（1）塔机工作状态

弯矩标准值：

$$M_G=\frac{1}{4}H(b-a)+\frac{M_d}{8ab}(b^2-a^2)$$

$$= \frac{1}{4} \times 40.28 \times (1.436 - 1.32) + \frac{63.03}{8 \times 1.32 \times 1.436} \times (1.436^2 - 1.32^2)$$

$$= 2.50 \text{kN} \cdot \text{m}$$

弯矩设计值 $M = \gamma_f M_G = 1.22 \times 2.50 = 3.05 \text{kN} \cdot \text{m}$

剪力标准值：

$$V_G = \frac{1}{2} H + \frac{M_d}{4ab}(b+a) = \frac{1}{2} \times 40.28 + \frac{63.03}{4 \times 1.32 \times 1.436} \times (1.436 + 1.32) = 43.05 \text{kN}$$

剪力设计值 $V = \gamma_f V_G = 1.22 \times 43.05 = 52.52 \text{kN}$

截面正应力：

$\sigma = \dfrac{M}{W} = \dfrac{3.05 \times 10^6}{16.3 \times 10^3} = 187.12 \text{N/mm}^2 \leqslant f = 215 \text{N/mm}^2$，满足要求。

截面剪应力：

$\tau = \dfrac{V}{A} = \dfrac{52.52 \times 10^3}{21.95 \times 10^2} = 23.93 \text{N/mm}^2 \leqslant f_v = 125 \text{N/mm}^2$，满足要求。

折算应力：

$\sqrt{\sigma^2 + 3\tau^2} = \sqrt{187.12^2 + 3 \times 23.93^2} = 191.66 \text{N/mm}^2 \leqslant f = 215 \text{N/mm}^2$，满足要求。

（2）塔机非工作状态

弯矩标准值 $M_N = \dfrac{1}{4} H_N(b-a) = \dfrac{1}{4} \times 78.28 \times (1.436 - 1.32) = 2.27 \text{kN} \cdot \text{m}$

弯矩设计值 $M = \gamma_f M_N = 1.22 \times 2.27 = 2.77 \text{kN} \cdot \text{m}$

剪力标准值 $V_N = \dfrac{1}{2} H_N = \dfrac{1}{2} \times 78.28 = 39.14 \text{kN}$

剪力设计值 $V = \gamma_f V_N = 1.22 \times 39.14 = 47.75 \text{kN}$

截面正应力：

$\sigma = \dfrac{M}{W} = \dfrac{2.77 \times 10^6}{16.3 \times 10^3} = 169.94 \text{N/mm}^2 \leqslant f = 215 \text{N/mm}^2$，满足要求。

截面剪应力：

$\tau = \dfrac{V}{A} = \dfrac{47.75 \times 10^3}{21.95 \times 10^2} = 21.75 \text{N/mm}^2 \leqslant f_v = 125 \text{N/mm}^2$，满足要求。

折算应力：

$\sqrt{\sigma^2 + 3\tau^2} = \sqrt{169.94^2 + 3 \times 21.75^2} = 174.07 \text{N/mm}^2 \leqslant f = 215 \text{N/mm}^2$，满足要求。

3.3 附着框连接法兰的计算

为了将附着框套到塔身上去，需要将附着框做成半环形状，两个半环之间用法兰连接。大多数的连接法兰设置在框的中间位置，如图 3-1 中（a）（b）（c）（f）所示；也有的设置在对角位置，如图 3-1 中（e）所示。

制作法兰的钢材牌号与钢梁相同。钢板厚度不宜小于钢梁型钢翼缘厚度的 1.5 倍，且不小于 12mm。螺栓孔位的布置应符合附表 5-2 中的要求。

3.3.1 计算法兰上的作用力

施加在法兰上作用力的大小，与塔机臂架的方向、工作状态或非工作状态相关。图 3-5 画了 4 种工况的受力示意图：（a）臂架垂直于法兰平面，工作状态；（b）臂架垂直于法兰平面，非工作状态；（c）臂架平行于法兰平面，工作状态；（d）臂架平行于法兰平面，非工作状态。

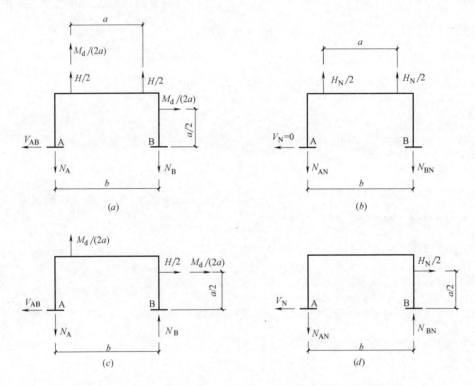

图 3-5 附着框半环受力状态示意

（a）臂架垂直于法兰平面，工作状态；（b）臂架垂直于法兰平面，非工作状态；
（c）臂架平行于法兰平面，工作状态；（d）臂架平行于法兰平面，非工作状态

图 3-5 中，A 法兰的受力大于 B 法兰，因此仅验算 A 法兰的焊缝和螺栓强度即可。A 法兰 4 种工况的受力计算公式见表 3-1。

3.3.2 连接焊缝强度的计算

钢梁与法兰的连接焊缝为周围角焊缝。焊缝的最小焊脚尺寸不得小于 $1.5\sqrt{t}$（只进不舍），t 为法兰钢板的厚度。最大焊脚尺寸不宜大于钢梁型钢腹板厚度的 1.2 倍。

为避免焊缝转角处截面突变，产生应力集中，焊缝转角处应连续施焊。连续施焊的焊缝计算长度按实际长度计算，焊缝转角处不再减去焊脚尺寸 h_f。

作用于法兰上的拉力 N 使 4 条焊缝受拉，如图 3-6（a）所示，作用于法兰上的剪力 V 使左右两侧的焊缝受拉，上下两侧的焊缝受剪，如图 3-6（b）所示。

附着框连接法兰受力计算公式　　　　　表 3-1

工况	受力状态		拉力 N_A	剪力 V_{AB}
I	臂架垂直于法兰平面	工作状态	$N_A=\dfrac{H}{2}+\dfrac{M_d}{4ab}(b+2a)$	$V_{AB}=\dfrac{M_d}{2a}$
II		非工作状态	$N_{AN}=\dfrac{H_N}{2}$	$V_{ABN}=0$
III	臂架平行于法兰平面	工作状态	$N_A=\dfrac{H\cdot a}{4b}+\dfrac{M_d}{4ab}(b+2a)$	$V_{AB}=\dfrac{H}{2}+\dfrac{M_d}{2a}$
IV		非工作状态	$N_{AN}=\dfrac{H_N\cdot a}{4b}$	$V_{ABN}=\dfrac{H_N}{2}$

式中　N_A、N_{AN}——分别为塔机工作状态、非工作状态时，作用于 A 法兰上的拉力（N）；

　　　V_{AB}、V_{ABN}——分别为塔机工作状态、非工作状态时，作用于法兰上的剪力（N），这个力由 A、B 两个法兰共同承担，每个法兰承担 1/2 的力；

　　　H——塔机工作状态时，塔身作用于附着框上的水平力（N）；

　　　M_d——塔机回转扭矩（N·m）；

　　　H_N——塔机非工作状态时，塔身作用于附着框上的水平力（N）；

　　　a——塔身相邻两根主肢中心线或重心线之间的间距（mm）；

　　　b——附着框对边钢梁中心线或重心线之间的间距（mm）。

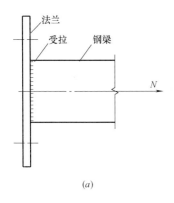
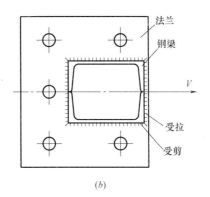

(a)　　　　　　　　　　　　　　　(b)

图 3-6　法兰焊缝受力示意

(a) 拉力 N 对焊缝的作用；(b) 剪力 V 对焊缝的作用

拉力 N 对焊缝的拉应力按公式（3-11）计算，剪力 V 对焊缝的剪应力按公式（3-12）计算，拉应力 σ_f 和剪应力 τ_f 的共同作用应力应满足公式（3-13）的要求。

$$\sigma_f=\frac{N}{2h_e(l_{wz}+l_{wc})}\leqslant\beta_f f_f^b \tag{3-11}$$

$$\tau_f=\frac{V}{2h_e(\beta_f l_{wz}+l_{wc})}\leqslant f_f^b \tag{3-12}$$

$$\sqrt{\left(\frac{\sigma_f}{\beta_f}\right)^2+\tau_f^2}\leqslant f_f^b \tag{3-13}$$

式中　σ_f——按焊缝有效截面计算，垂直于焊缝长度方向的应力（N/mm²）；

　　　τ_f——按焊缝有效截面计算，沿焊缝长度方向的剪应力（N/mm²）；

　　　N——作用于法兰上的拉力设计值（N），$N=\gamma_f N_A$，$N=\gamma_f N_{AN}$；

V——作用于法兰上的剪力设计值（N），$V=\frac{1}{2}\gamma_f V_{AB}$，$V=\frac{1}{2}\gamma_f V_{ABN}$；

γ_f——总安全系数，取 $\gamma_f=1.22$；

h_e——角焊缝的计算厚度（mm），$h_e=0.7h_f$，h_f 为焊脚尺寸；

β_f——正面角焊缝的强度设计值增大系数，取 $\beta_f=1.22$；

l_{wz}——正面角焊缝计算长度（mm），转角处连续施焊，按实际长度计算，不再减去 h_f；

l_{wc}——侧面角焊缝计算长度（mm），转角处连续施焊，按实际长度计算，不再减去 h_f；

f_f^b——角焊缝的强度设计值（N/mm²），查附表 1-2 采用。

3.3.3 连接螺栓的强度计算

在拉力 N 的作用下，连接螺栓的抗拉承载力按公式（3-14）计算；在剪力 V 的作用下，连接螺栓的抗剪承载力按公式（3-15）计算，承压承载力按公式（3-16）验算；螺栓强度条件按公式（3-17）校核。

$$N_t=\frac{N}{n}\leqslant N_t^b \tag{3-14}$$

$$N_v=\frac{V}{n}\leqslant N_v^b \tag{3-15}$$

$$N_v\leqslant N_c^b \tag{3-16}$$

$$\sqrt{\left(\frac{N_v}{N_v^b}\right)^2+\left(\frac{N_t}{N_t^b}\right)^2}\leqslant 1 \tag{3-17}$$

式中 N_t——单个螺栓承担的拉力（N）；

N——作用于法兰上的拉力设计值（N），$N=\gamma_f N_A$，$N=\gamma_f N_{AN}$；

n——1 只法兰上的连接螺栓数量；

N_t^b——单个螺栓的抗拉承载力设计值（N），查附表 5-1 采用；

N_v——单个螺栓承担的剪力（N）；

V——作用于法兰上的剪力设计值（N），$V=\frac{1}{2}\gamma_f V_{AB}$，$V=\frac{1}{2}\gamma_f V_{ABN}$；

N_v^b——单个螺栓的抗剪承载力设计值（N），查附表 5-1 采用；

N_c^b——单个螺栓的承压承载力设计值（N），$N_c^b=dtf_c^b$；

t——法兰钢板厚度（mm）。

【例 3-3】 例 3-1 中的 QTZ63 塔机，法兰构造如图 3-6 所示。法兰材料选用 Q235B，钢板厚度 $t=16$mm。手工电弧焊，E43 型焊条。每个法兰用 5 根 4.8 级 M24 螺栓连接。设计法兰的连接焊缝，并验算连接螺栓的承载力是否满足要求。

解： 查附表 1-2，角焊缝的抗拉、抗压和抗剪强度设计值 $f_f^b=160$N/mm²。

查附表 1-3，构件 Q235 钢，承压强度设计值 $f_c^b=305$N/mm²；查附表 5-1，M24 螺栓抗拉承载力设计值 $N_t^b=57.50$kN，抗剪承载力设计值 $N_v^b=63.33$kN。

(1) 验算焊缝强度

最小焊脚尺寸 $=1.5\sqrt{t}=1.5\times\sqrt{16}=6$mm，最大焊脚尺寸 $=1.2\times6.5$（16a 普通槽钢

的腹板厚度）＝7.8mm，取焊脚尺寸 $h_f=7$mm。角焊缝计算厚度 $h_e=0.7h_f=0.7\times7=4.9$mm。

根据 16a 槽钢的 h、b 尺寸计算焊缝长度。左右两侧正面角焊缝计算长度 $l_{wz}=2b=2\times63=126$mm，上下两侧侧面角焊缝计算长度 $l_{wc}=h=160$mm。

（a）工况 Ⅰ：

$$N=\gamma_f\left[\frac{1}{2}H+\frac{M_d}{4ab}(b+2a)\right]$$

$$=1.22\times\left[\frac{1}{2}\times63.30+\frac{106.01}{4\times1.46\times1.80}\times(1.80+2\times1.46)\right]=96.7\text{kN}$$

$$V=\frac{1}{2}\gamma_f V_{AB}=\frac{1}{2}\gamma_f\cdot\frac{M_d}{2a}=\frac{1}{2}\times1.22\times\frac{106.01}{2\times1.46}=22.1\text{kN}$$

$$\sigma_f=\frac{N}{2h_e(l_{wz}+l_{wc})}=\frac{96.7\times10^3}{2\times4.9\times(126+160)}$$

$$=34.5\text{N/mm}^2\leqslant\beta_f f_f^b=1.22\times160=195.2\text{N/mm}^2，满足要求。$$

$$\tau_f=\frac{V}{2h_e(\beta_f l_{wz}+l_{wc})}=\frac{22.1\times10^3}{2\times4.9\times(1.22\times126+160)}$$

$$=7.2\text{N/mm}^2\leqslant f_f^b=160\text{N/mm}^2，满足要求。$$

$$\sqrt{\left(\frac{\sigma_f}{\beta_f}\right)^2+\tau_f^2}=\sqrt{\left(\frac{34.5}{1.22}\right)^2+7.2^2}$$

$$=29.2\text{N/mm}^2\leqslant f_f^b=160\text{N/mm}^2，满足要求。$$

（b）工况 Ⅱ：

$$N=\gamma_f N_{AN}=\gamma_f\frac{H_N}{2}=1.22\times126.44/2=77.1\text{kN}$$

$$V=\frac{1}{2}\gamma_f V_{ABN}=0$$

$$\sigma_f=\frac{N}{2h_e(l_{wz}+l_{wc})}=\frac{77.1\times10^3}{2\times4.9\times(126+160)}$$

$$=27.5\text{N/mm}^2\leqslant\beta_f f_f^b=1.22\times160=195.2\text{N/mm}^2，满足要求。$$

$$\sqrt{\left(\frac{\sigma_f}{\beta_f}\right)^2+\tau_f^2}=\sqrt{\left(\frac{27.5}{1.22}\right)^2+0^2}$$

$$=22.5\text{N/mm}^2\leqslant f_f^b=160\text{N/mm}^2，满足要求。$$

（c）工况 Ⅲ：

$$N=\gamma_f\left[\frac{H\cdot a}{4b}+\frac{M_d}{4ab}(b+2a)\right]$$

$$=1.22\times\left[\frac{63.30\times1.46}{4\times1.80}+\frac{106.01}{4\times1.46\times1.80}\times(1.80+2\times1.46)\right]=73.7\text{kN}$$

$$V=\frac{1}{2}\gamma_f V_{AB}=\frac{1}{2}\gamma_f\left(\frac{H}{2}+\frac{M_d}{2a}\right)=\frac{1}{2}\times1.22\times\left(\frac{63.30}{2}+\frac{106.01}{2\times1.46}\right)=41.5\text{kN}$$

$$\sigma_f=\frac{N}{2h_e(l_{wz}+l_{wc})}=\frac{73.7\times10^3}{2\times4.9\times(126+160)}$$

$$=26.3\text{N/mm}^2\leqslant\beta_f f_f^b=1.22\times160=195.2\text{N/mm}^2，满足要求。$$

$$\tau_f = \frac{V}{2h_e(\beta_f l_{wz} + l_{wc})} = \frac{41.5 \times 10^3}{2 \times 4.9 \times (1.22 \times 126 + 160)}$$

$$= 13.5 \text{N/mm}^2 \leqslant f_f^b = 160 \text{N/mm}^2, \text{满足要求。}$$

$$\sqrt{\left(\frac{\sigma_f}{\beta_f}\right)^2 + \tau_f^2} = \sqrt{\left(\frac{26.3}{1.22}\right)^2 + 13.5^2}$$

$$= 25.4 \text{N/mm}^2 \leqslant f_f^b = 160 \text{N/mm}^2, \text{满足要求。}$$

(d) 工况Ⅳ：

$$N = \gamma_f N_{AN} = \gamma_f \frac{H_N \cdot a}{4b} = 1.22 \times \frac{126.44 \times 1.46}{4 \times 1.80} = 31.3 \text{kN}$$

$$V = \frac{1}{2}\gamma_f V_{ABN} = \frac{1}{2}\gamma_f \frac{H_N}{2} = \frac{1}{2} \times 1.22 \times \frac{126.44}{2} = 38.6 \text{kN}$$

$$\sigma_f = \frac{N}{2h_e(l_{wz} + l_{wc})} = \frac{31.3 \times 10^3}{2 \times 4.9 \times (126 + 160)}$$

$$= 11.2 \text{N/mm}^2 \leqslant \beta_f f_f^b = 1.22 \times 160 = 195.2 \text{N/mm}^2, \text{满足要求。}$$

$$\tau_f = \frac{V}{2h_e(\beta_f l_{wz} + l_{wc})} = \frac{38.6 \times 10^3}{2 \times 4.9 \times (1.22 \times 126 + 160)}$$

$$= 12.6 \text{N/mm}^2 \leqslant f_f^b = 160 \text{N/mm}^2, \text{满足要求。}$$

$$\sqrt{\left(\frac{\sigma_f}{\beta_f}\right)^2 + \tau_f^2} = \sqrt{\left(\frac{11.2}{1.22}\right)^2 + 12.6^2}$$

$$= 15.6 \text{N/mm}^2 \leqslant f_f^b = 160 \text{N/mm}^2, \text{满足要求。}$$

（2）验算连接螺栓的承载力

（a）工况Ⅰ：

$$N_t = \frac{N}{n} = \frac{96.7}{5} = 19.34 \text{kN} \leqslant N_t^b = 57.50 \text{kN}, \text{满足要求。}$$

$$N_v = \frac{V}{n} = \frac{22.1}{5} = 4.42 \text{kN} \leqslant N_v^b = 63.33 \text{kN}, \text{满足要求。}$$

$$N_c^b = dt f_c^b = 24 \times 16 \times 305 \times 10^{-3} = 117.1 \text{kN}$$

$$N_v = 4.42 \text{kN} \leqslant N_c^b = 117.1 \text{kN}, \text{满足要求。}$$

$$\sqrt{\left(\frac{N_v}{N_v^b}\right)^2 + \left(\frac{N_t}{N_t^b}\right)^2} = \sqrt{\left(\frac{4.42}{63.33}\right)^2 + \left(\frac{19.34}{57.50}\right)^2} = 0.34 \leqslant 1, \text{满足要求。}$$

（b）工况Ⅱ：

$$N_t = \frac{N}{n} = \frac{77.1}{5} = 15.42 \text{kN} \leqslant N_t^b = 57.50 \text{kN}, \text{满足要求。}$$

$$N_v = \frac{V}{n} = \frac{0}{5} = 0 \leqslant N_v^b = 63.33 \text{kN}, \text{满足要求。}$$

$$\sqrt{\left(\frac{N_v}{N_v^b}\right)^2 + \left(\frac{N_t}{N_t^b}\right)^2} = \sqrt{\left(\frac{0}{63.33}\right)^2 + \left(\frac{15.42}{57.50}\right)^2} = 0.27 \leqslant 1, \text{满足要求。}$$

（c）工况Ⅲ：

$$N_t = \frac{N}{n} = \frac{73.7}{5} = 14.74 \text{kN} \leqslant N_t^b = 57.50 \text{kN}, \text{满足要求。}$$

$$N_v = \frac{V}{n} = \frac{41.5}{5} = 8.30 \text{kN} \leqslant N_v^b = 63.33 \text{kN}, \text{满足要求。}$$

$N_v = 8.30 \text{kN} \leqslant N_c^b = 117.1 \text{kN}$，满足要求。

$$\sqrt{\left(\frac{N_v}{N_v^b}\right)^2 + \left(\frac{N_t}{N_t^b}\right)^2} = \sqrt{\left(\frac{8.30}{63.33}\right)^2 + \left(\frac{14.74}{57.50}\right)^2} = 0.29 \leqslant 1$$，满足要求。

（d）工况 IV：

$$N_t = \frac{N}{n} = \frac{31.3}{5} = 6.26 \text{kN} \leqslant N_t^b = 57.50 \text{kN}$$，满足要求。

$$N_v = \frac{V}{n} = \frac{38.6}{5} = 7.72 \text{kN} \leqslant N_v^b = 63.33 \text{kN}$$，满足要求。

$N_v = 7.72 \text{kN} \leqslant N_c^b = 117.1 \text{kN}$，满足要求。

$$\sqrt{\left(\frac{N_v}{N_v^b}\right)^2 + \left(\frac{N_t}{N_t^b}\right)^2} = \sqrt{\left(\frac{7.72}{63.33}\right)^2 + \left(\frac{6.26}{57.50}\right)^2} = 0.16 \leqslant 1$$，满足要求。

4 附着杆轴向内力的计算

附着装置的附着框、附墙座可以多次重复使用，附着杆则需要根据塔机与建筑物的相对位置，每次安装前都要设计计算，特别是超长附着杆的设计计算。

设计附着杆，首先需要计算出附着杆的长度和轴向内力最大值。如果用手工计算，往往先将计算模式简化，计算过程中还需要涉及很多三角函数知识，费时费力，得出的计算结果与实际状况存在较大的误差。

在计算机已非常普及的今天，只需要按施工现场的实际状况，按比例精确绘制一幅受力分析计算图，力学计算过程中需要的力臂长度、附着杆长度、与墙面的夹角等数据，都可以从图中直接量取，精确程度可以达到以毫米为单位的小数点后 8 位。其误差值可以说是微乎其微了。

本章将介绍怎样用 Auto CAD 软件配合 Excel 软件，快速完成附着杆轴向内力的计算方法。

4.1 绘制附着杆受力分析计算图

附着杆的轴向内力可以用平面汇交力系的力矩平衡方程求得。使用力矩平衡方程进行计算，必须先获得已知外力和欲求内力的力臂长度。在受力分析计算图中，力臂长度可以精确地直接量取。

附着杆受力分析计算图，不同于普通的受力示意图。普通受力示意图不一定按比例绘制，但受力分析计算图则必须按比例准确绘制。图画得越精确，量取的尺寸越精确，内力计算的结果也越精确。附着杆受力分析计算图的绘制步骤如下：

（1）复制、截取一份电子版的建筑结构平面图，保留有用的图线，删除掉不需要的元素，使图面保持清晰，制成受力分析计算基图。如图 4-1 (a) 所示。

（2）在现场建筑物上选择处于棱角位置的 A、B 两点，在塔身上选择靠近建筑物的 C、D 两个角，测量 AC、AD、BD 三个尺寸，和塔身截面宽度尺寸 CD，做好记录，如图 4-1 (b) 所示。

为了便于拉尺，避免高空坠落风险，测量这 3 个尺寸宜在地面进行。

（3）在受力分析计算基图上，分别以 A、B 两点（现场实量尺寸时选择的点）为圆心，以现场实量的尺寸 AD=6100、BD=6120 为半径画圆，两圆的交点即为 D 点；再以 A、D 两点为圆心，以尺寸 AC=4750、CD=1600 为半径画圆，两圆的交点即为 C 点。连接 C、D 两点画一条线段，以 CD 线段为正方形的一条边，画一个正方形。这个正方形就是塔身截面的边缘线，画出塔身的十字中心线，标注为 x、y 中心线，如图 4-1 (b) 所示。

（4）以十字中心线的交点为基准点，将与实物尺寸（特别是销孔的位置应准确）一致

36

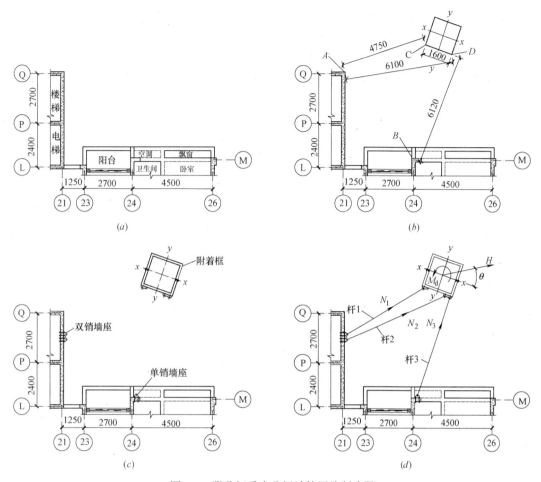

图 4-1　附着杆受力分析计算图绘制步骤

的附着框"套"在塔身上。将与实物尺寸一致的两个附墙座粘贴在图 4-1（c）所示的建筑结构上。

（5）用直线连接附着框、附墙座上相应的销孔中心，在这 3 条线段上画上箭头，箭头方向指向附着框，箭头附近标注 N_1、N_2、N_3，表示杆 1、杆 2、杆 3 的轴向内力。在塔身中心点位置画上水平力 H 和扭矩 M_d。扭矩 M_d 的方向为逆时针方向，力 H 与 x 中心线之间的夹角 θ 是变量，取值范围 0～360°（0～2π）。至此完成附着杆受力分析计算图的绘制，如图 4-1（d）所示。

4.2　3 杆附着杆系最大轴向内力的计算

3 杆附着杆系是静定结构。3 个未知的轴向内力，可以用平面汇交力系的 3 个力矩平衡方程求得。

将杆 2、杆 3 的延长线交于 J23 点，杆 1、杆 3 的延长线交于 J13 点，杆 1、杆 2 的延长线交于 J12 点。分别以这 3 个点为矩心，建立力矩平衡方程，其表达式如下：

$$\begin{cases} \sum M_{J23}=0: r_{1x}H\cos\theta + r_{1y}H\sin\theta \pm M_d + r_1 N_1 = 0 \\ \sum M_{J13}=0: r_{2x}H\cos\theta + r_{2y}H\sin\theta \pm M_d + r_2 N_2 = 0 \\ \sum M_{J12}=0: r_{3x}H\cos\theta + r_{3y}H\sin\theta \pm M_d + r_3 N_3 = 0 \end{cases}$$

将力矩平衡方程变换成函数形式，附着杆的轴向内力按公式（4-1）计算。

$$\left. \begin{array}{l} N_1 = -(r_{1x}H\cos\theta + r_{1y}H\sin\theta \pm M_d)/r_1 \\ N_2 = -(r_{2x}H\cos\theta + r_{2y}H\sin\theta \pm M_d)/r_2 \\ N_3 = -(r_{3x}H\cos\theta + r_{3y}H\sin\theta \pm M_d)/r_3 \end{array} \right\} \qquad (4\text{-}1)$$

式中　　　　　　　　　　　N_1、N_2、N_3——分别为杆1、杆2、杆3的轴向内力（N），

计算结果正值时为压力，负值时为拉力；

H——塔机作用于附着装置上的水平力（N）；

θ——塔机起重臂与塔身 x 中心线之间的夹角（°）；

M_d——塔身回转扭矩（N·m），逆时针方向时，为正号；顺时针方向时，为负号；

r_{1x}、r_{1y}、r_1、r_{2x}、r_{2y}、r_2、r_{3x}、r_{3y}、r_3——力臂长度（mm），在图4-2的受力分析计算图中直接量取。

力矩作逆时针方向旋转时，力臂数据取正值；力矩作顺时针方向旋转时，力臂数据取负值。图4-2中，力 $H\cos\theta$、$H\sin\theta$、N_1 的力矩方向均绕着 J_{23} 点作顺时针方向旋转，因此取负值。

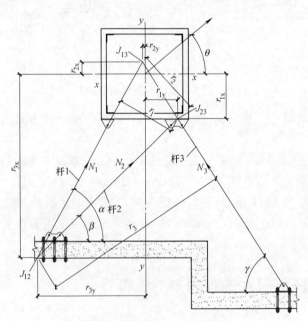

图4-2　附着杆受力分析计算图

量取力臂长度时，一定要使用 Auto CAD 的"捕捉"功能，否则无法精确量取尺寸。"捕捉"功能的使用方法见相关的 Auto CAD 教材。

为了求得 N_1、N_2、N_3 这3个轴向内力的最大值，可对公式（4-1）求导：

$$N_1{}' = (r_{1x}H\sin\theta - r_{1y}H\cos\theta)/r_1 \left.\right\}$$
$$N_2{}' = (r_{2x}H\sin\theta - r_{2y}H\cos\theta)/r_2 \right\} \quad (4\text{-}2)$$
$$N_3{}' = (r_{3x}H\sin\theta - r_{3y}H\cos\theta)/r_3 \left.\right\}$$

令 $N_1{}'=0$，$N_2{}'=0$，$N_3{}'=0$，整理后，得：

$$\theta_1 = \arctan(r_{1y}/r_{1x}) \left.\right\}$$
$$\theta_2 = \arctan(r_{2y}/r_{2x}) \right\} \quad (4\text{-}3)$$
$$\theta_3 = \arctan(r_{3y}/r_{3x}) \left.\right\}$$

公式（4-3）的计算结果将有 2 个得数，将这 2 个得数分别代入公式（4-4）将求得极大值和极小值，极小值并不是我们所需要的，但是只有求解以后才能知道哪个是极大值，哪个是极小值。

$$N_1 = -(r_{1x}H\cos\theta_1 + r_{1y}H\sin\theta_1 \pm M_d)/r_1 \quad (4\text{-}4a)$$
$$N_2 = -(r_{2x}H\cos\theta_2 + r_{2y}H\sin\theta_2 \pm M_d)/r_2 \quad (4\text{-}4b)$$
$$N_3 = -(r_{3x}H\cos\theta_3 + r_{3y}H\sin\theta_3 \pm M_d)/r_3 \quad (4\text{-}4c)$$

【例 4-1】 1 台 QTZ63 塔机，与建筑物的相对位置如图 4-3 所示。塔身对附着框的作用荷载见表 4-1。计算附着杆的轴向内力最大值 N_{1max}、N_{2max}、N_{3max}。

1 台 QTZ63 塔机对附着框的作用荷载 表 4-1

	水平力 H(kN)	扭矩 M_d(kN·m)
工作状态	63.30	106.01
非工作状态	126.44	0.00

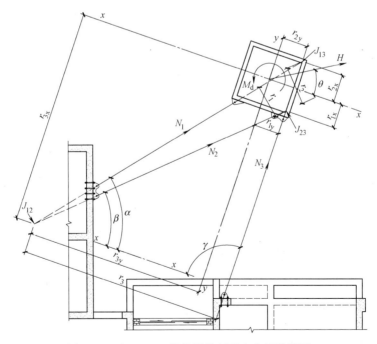

图 4-3 1 台 QTZ63 塔机附着杆受力分析计算图

解：在图 4-3 中量得：$r_{1x}=-744$mm，$r_{1y}=-801$mm，$r_1=-1036$mm，$r_{2x}=+853$mm，$r_{2y}=-805$mm，$r_2=+1175$mm，$r_{3x}=-6558$mm，$r_{3y}=+5545$mm，$r_3=+$

6330mm。（说明：这组数据未写出小数点后面的数据，实际工作时最多可取到小数点后面 8 位数；正数前面写上"＋"号是为了增加对正、负号的重视，避免疏忽。）

依据公式（4-3）：

$$\theta_1 = \arctan\left(\frac{r_{1y}}{r_{1x}}\right) = \arctan\left(\frac{-801}{-744}\right), \theta_{11} = 47.08°, \theta_{12} = 227.08°$$

$$\theta_2 = \arctan\left(\frac{r_{2y}}{r_{2x}}\right) = \arctan\left(\frac{-805}{853}\right), \theta_{21} = 316.66°, \theta_{22} = 136.66°$$

$$\theta_3 = \arctan\left(\frac{r_{3y}}{r_{3x}}\right) = \arctan\left(\frac{5545}{-6558}\right), \theta_{31} = 319.78°, \theta_{32} = 139.78°$$

将 θ 值分别代入公式（4-4）。

塔机工作状态，扭矩逆时针方向：

$$N_1 = -(r_{1x}H\cos\theta_{11} + r_{1y}H\sin\theta_{11} + M_d)/r_1$$
$$= -(-744 \times 63.30 \times \cos47.08° - 801 \times 63.30 \times \sin47.08° + 106.01 \times 10^3)/(-1036)$$
$$= 35.51\text{kN}$$

$$N_1 = -(r_{1x}H\cos\theta_{12} + r_{1y}H\sin\theta_{12} + M_d)/r_1$$
$$= -(-744 \times 63.30 \times \cos227.08° - 801 \times 63.30 \times \sin227.08° + 106.01 \times 10^3)/(-1036)$$
$$= 169.08\text{kN}$$

$$N_2 = -(r_{2x}H\cos\theta_{21} + r_{2y}H\sin\theta_{21} + M_d)/r_2$$
$$= -(853 \times 63.30 \times \cos316.66° - 805 \times 63.30 \times \sin316.66° + 106.01 \times 10^3)/1175$$
$$= -153.38\text{kN}$$

$$N_2 = -(r_{2x}H\cos\theta_{22} + r_{2y}H\sin\theta_{22} + M_d)/r_2$$
$$= -(853 \times 63.30 \times \cos136.66° - 805 \times 63.30 \times \sin136.66° + 106.01 \times 10^3)/1175$$
$$= -27.02\text{kN}$$

$$N_3 = -(r_{3x}H\cos\theta_{31} + r_{3y}H\sin\theta_{31} + M_d)/r_3$$
$$= -(-6558 \times 63.30 \times \cos319.78° + 5545 \times 63.30 \times \sin319.78° + 106.01 \times 10^3)/6330$$
$$= 69.13\text{kN}$$

$$N_3 = -(r_{3x}H\cos\theta_{32} + r_{3y}H\sin\theta_{32} + M_d)/r_3$$
$$= -(-6558 \times 63.30 \times \cos139.78° + 5545 \times 63.30 \times \sin139.78° + 106.01 \times 10^3)/6330$$
$$= -102.62\text{kN}$$

塔机工作状态，扭矩顺时针方向：

$$N_1 = -(r_{1x}H\cos\theta_{11} + r_{1y}H\sin\theta_{11} - M_d)/r_1$$
$$= -(-744 \times 63.30 \times \cos47.08° - 801 \times 63.30 \times \sin47.08° - 106.01 \times 10^3)/(-1036)$$
$$= -169.08\text{kN}$$

$$N_1 = -(r_{1x}H\cos\theta_{12} + r_{1y}H\sin\theta_{12} - M_d)/r_1$$
$$= -(-744 \times 63.30 \times \cos227.08° - 801 \times 63.30 \times \sin227.08° - 106.01 \times 10^3)/(-1036)$$
$$= -35.51\text{kN}$$

$$N_2 = -(r_{2x}H\cos\theta_{21} + r_{2y}H\sin\theta_{21} - M_d)/r_2$$
$$= -(853 \times 63.30 \times \cos316.66° - 805 \times 63.30 \times \sin316.66° - 106.01 \times 10^3)/1175$$
$$= 27.02\text{kN}$$

$$N_2 = -(r_{2x}H\cos\theta_{22} + r_{2y}H\sin\theta_{22} - M_d)/r_2$$
$$= -(853 \times 63.30 \times \cos136.66° - 805 \times 63.30 \times \sin136.66° - 106.01 \times 10^3)/1175$$
$$= 153.38kN$$

$$N_3 = -(r_{3x}H\cos\theta_{31} + r_{3y}H\sin\theta_{31} - M_d)/r_3$$
$$= -(-6558 \times 63.30 \times \cos319.78° + 5545 \times 63.30 \times \sin319.78° - 106.01 \times 10^3)/6330$$
$$= 102.62kN$$

$$N_3 = -(r_{3x}H\cos\theta_{32} + r_{3y}H\sin\theta_{32} - M_d)/r_3$$
$$= -(-6558 \times 63.30 \times \cos139.78° + 5545 \times 63.30 \times \sin139.78° - 106.01 \times 10^3)/6330$$
$$= -69.13kN$$

塔机非工作状态：

$$N_1 = -(r_{1x}H_N\cos\theta_{11} + r_{1y}H_N\sin\theta_{11})/r_1$$
$$= -(-744 \times 126.44 \times \cos47.08° - 801 \times 126.44 \times \sin47.08°)/(-1036)$$
$$= -133.40kN$$

$$N_1 = -(r_{1x}H_N\cos\theta_{12} + r_{1y}H_N\sin\theta_{12} + M_d)/r_1$$
$$= -(-744 \times 126.44 \times \cos227.08° - 801 \times 126.44 \times \sin227.08°)/(-1036)$$
$$= 133.40kN$$

$$N_2 = -(r_{2x}H_N\cos\theta_{21} + r_{2y}H_N\sin\theta_{21})/r_2$$
$$= -(853 \times 126.44 \times \cos316.66° - 805 \times 126.44 \times \sin316.66°)/1175$$
$$= -126.20kN$$

$$N_2 = -(r_{2x}H_N\cos\theta_{22} + r_{2y}H_N\sin\theta_{22})/r_2$$
$$= -(853 \times 126.44 \times \cos136.66° - 805 \times 126.44 \times \sin136.66°)/1175$$
$$= 126.20kN$$

$$N_3 = -(r_{3x}H_N\cos\theta_{31} + r_{3y}H_N\sin\theta_{31})/r_3$$
$$= -(-6558 \times 126.44 \times \cos319.78° + 5545 \times 126.44 \times \sin319.78°)/6330$$
$$= 171.53kN$$

$$N_3 = -(r_{3x}H_N\cos\theta_{32} + r_{3y}H_N\sin\theta_{32})/r_3$$
$$= -(-6558 \times 126.44 \times \cos139.78° + 5545 \times 126.44 \times \sin139.78°)/6330$$
$$= -171.53kN$$

将以上各杆的计算结果填写到表 4-2 中。

附着杆轴向内力最大值计算结果 （kN）　　　　　　　　　　　　　表 4-2

名　称	附着杆 1	附着杆 2	附着杆 3
工作状态,扭矩逆时针方向 N_i	35.51/169.08	-153.38/-27.02	69.13/-102.62
工作状态,扭矩顺时针方向 N_i	-169.08/-35.51	27.02/153.38	102.62/-69.13
非工作状态 N_i	-133.40/133.40	-126.20/126.20	171.53/-171.53
附着杆轴向压力最大值 N_{imax}	169.08 （工逆,$\theta=227.08°$）	153.38 （工顺,$\theta=136.66°$）	171.53 （非工,$\theta=-40.22°$）

从表 4-2 中，我们可以发现这样一些规律：

（1）表中的正值是压力，负值是拉力。最大压力与最大拉力的绝对值相等，θ 角度相差 180°。

（2）每根附着杆的压力最大值，有可能出现在塔机工作状态扭矩逆时针方向、顺时针方向，也可能出现在塔机非工作状态。为了求得每根附着杆上的最大轴向内力，应按这 3 种状态分别计算。

以上计算过程很烦琐，用 Excel 软件编写一个小程序，输入相关的数据，瞬间便可获得计算结果。编程方法将在本书第 9 章中介绍。图 4-4 是 Excel 表格的屏幕截图。

	A	B	C	D	E
1	计算项目及公式	单位	杆1	杆2	杆3
2	1.扭矩和水平力				
3	工作状态水平力 $H=$	kN	63.30	63.30	63.30
4	非工作状态水平力 $H_N=$	kN	126.44	126.44	126.44
5	工作状态扭矩 $M_d=$	kN.m	106.01	106.01	106.01
6	非工作状态扭矩 $M_{dN}=$	kN.m	0.00	0.00	0.00
7	2.在受力分析计算图中，量取力臂长度尺寸				
8	力臂 $r_{ix}=$	mm	-744	853	-6558
9	力臂 $r_{iy}=$	mm	-801	-805	5545
10	力臂 $r_i=$	mm	-1036	1175	6330
11	3.计算附着杆轴向内力最大值				
12	$\theta_{i1}=\arctan(-r_{iy}/r_{ix})$	rad	0.822	-0.756	-0.702
13	$\theta_{i1}=\arctan(-r_{iy}/r_{ix})$	rad	3.963	2.385	2.440
14	工逆：$N_{in}=-(r_{ix}H\cos\theta_{i1}+r_{iy}H\sin\theta_{i1}+M_d)/r_i$	kN	35.51	-153.38	69.13
15	工逆：$N_{in}=-(r_{ix}H\cos\theta_{i2}+r_{iy}H\sin\theta_{i2}+M_d)/r_i$	kN	169.08	-27.02	-102.62
16	工顺：$N_{is}=-(r_{ix}H\cos\theta_{i1}+r_{iy}H\sin\theta_{i1}-M_d)/r_i$	kN	-169.08	27.02	102.62
17	工顺：$N_{is}=-(r_{ix}H\cos\theta_{i2}+r_{iy}H\sin\theta_{i2}-M_d)/r_i$	kN	-35.51	153.38	-69.13
18	非工：$N_{iN}=-(r_{ix}H_N\cos\theta_{i1}+r_{iy}H_N\sin\theta_{i1})/r_1$	kN	-133.40	-126.20	171.53
19	非工：$N_{iN}=-(r_{ix}H_N\cos\theta_{i2}+r_{iy}H_N\sin\theta_{i2})/r_1$	kN	133.40	126.20	-171.53
20	最大值 $N_{imax}=MAX(N_{in},\ N_{is},\ N_{iN})$	kN	169.08	153.38	171.53

图 4-4　Excel 表格截图（3 附着杆最大轴向内力计算）

4.3　4 杆附着杆系最大轴向内力的计算

4 杆附着方式有 4 根附着杆，是超静定结构。附着杆最大轴向内力的计算方法，比 3 杆附着方式的计算过程复杂得多。通常采用力法方程计算。力法基本方程是：

$$X_1\delta_1+\Delta_P=0$$

$$X_1=-\frac{\Delta_P}{\delta_1}$$

式中　X_1——欲求的约束反力，称为基本未知力；

Δ_P——由于荷载的作用，沿 X_1 方向产生的位移，简称载变位；

δ_1——当 $X_1=1$ 时，在 X_1 作用点产生的沿 X_1 方向的位移，简称单位变位。

4.3.1　计算附着杆轴向内力的步骤

（1）假设将杆 1 断开，计算外力作用下其他 3 杆的内力

假设将杆 1 断开，其他 3 杆的受力分析计算图如图 4-5 所示。

图 4-5 中，在外力 H 和 M_d 的作用下，杆 2、杆 3、杆 4 的轴向内力按公式（4-5）计算。

$$\left.\begin{array}{l}T_2=-(r_{2x}H\cos\theta+r_{2y}H\sin\theta\pm M_d)/r_2\\T_3=-(r_{3x}H\cos\theta+r_{3y}H\sin\theta\pm M_d)/r_3\\T_4=-(r_{4x}H\cos\theta+r_{4y}H\sin\theta\pm M_d)/r_4\end{array}\right\}\qquad(4-5)$$

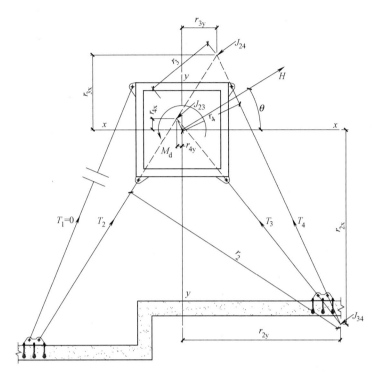

图 4-5　断开杆 1，外力作用下的其他 3 杆受力分析计算图

式中　　　　　　　　　　　　T_2、T_3、T_4——假设将杆 1 断开，在 H 和 M_d 两个外力作
用下，杆 2、杆 3、杆 4 的轴向内力（N）；

H——塔身作用于附着装置上的水平力（N）；

θ——塔机起重臂与塔身 x 中心线之间的夹角（°）；

M_d——塔机回转扭矩（N·m），扭矩逆时针方向
时，取正号；顺时针方向时，取负号；

r_{2x}、r_{2y}、r_2、r_{3x}、r_{3y}、r_3、r_{4x}、r_{4y}、r_4——力臂长度（mm），在图 4-5 中量取。

（2）在基本未知力 $X_1 = 1$ 作用下，计算其他 3 杆的内力

将杆 1 去掉，代之以基本未知力 $X_1 = 1$，其他 3 杆的受力分析计算图如图 4-6 所示。

在基本未知力 $X_1 = 1$ 作用下，杆 2、杆 3、杆 4 的轴向内力按公式（4-6）计算。

$$\left.\begin{array}{l} T_2^0 = -X_1 r_{12}/r_2 \\ T_3^0 = -X_1 r_{13}/r_3 \\ T_4^0 = -X_1 r_{14}/r_4 \end{array}\right\} \tag{4-6}$$

式中　T_2^0、T_3^0、T_4^0——在基本未知力 $X_1 = 1$ 作用下，杆 2、杆 3、杆 4 的轴向内力
（无计量单位）；

r_{12}、r_{13}、r_{14}——力臂长度，分别为延长线交点 J_{34}、J_{24}、J_{23} 至杆 1 的垂线长
度（mm），在图 4-6 中直接量取；

r_2、r_3、r_4——力臂长度，分别为延长线交点 J_{34}、J_{24}、J_{23} 至杆 2、杆 3、杆
4 的垂线长度（mm），在图 4-6 中直接量取。

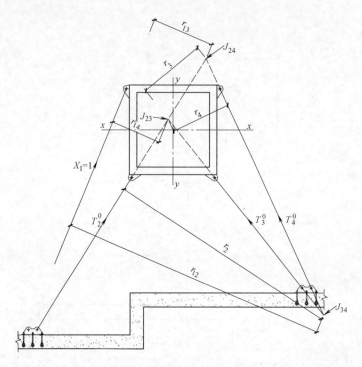

图 4-6　在基本未知力 $X_1^0 = 1$ 作用下，其他 3 杆受力分析计算图

(3) 计算载变位、单位变位及附着杆 1 的轴向内力

在外力作用下，沿 X_1 方向产生的载变位，按公式（4-7）计算；在 $X_1 = 1$ 的作用下，在 X_1 作用点产生的沿 X_1 方向的单位变位，按公式（4-8）计算。

$$\Delta_P = \sum \frac{T_i^0 T_i l_i}{E_i A_i} = \frac{T_1^0 T_1 l_1}{E_1 A_1} + \frac{T_2^0 T_2 l_2}{E_2 A_2} + \frac{T_3^0 T_3 l_3}{E_3 A_3} + \frac{T_4^0 T_4 l_4}{E_4 A_4} \tag{4-7}$$

$$\delta_1 = \sum \frac{(T_i^0)^2 l_i}{E_i A_i} = \frac{(T_1^0)^2 l_1}{E_1 A_1} + \frac{(T_2^0)^2 l_2}{E_2 A_2} + \frac{(T_3^0)^2 l_3}{E_3 A_3} + \frac{(T_4^0)^2 l_4}{E_4 A_4} \tag{4-8}$$

式中　Δ_P——由于荷载的作用，沿 X_1 方向产生的位移，简称载变位（mm）；

　　　δ_1——当 $X_1 = 1$ 时，在 X_1 作用点产生的沿 X_1 方向的位移，简称单位变位（mm/N）；

　　　T_i^0——在基本未知力 $X_1 = 1$ 作用下，各杆的轴向内力（N）；

　　　T_i——在 H 和 M_d 两个外力作用下，各杆的轴向内力（N）；

　　　E_i——钢材的弹性模量（N/mm²）；

　　　A_i——附着杆的截面面积（mm²），格构式杆件是指主肢材料的截面面积之和；

　　　l_i——各附着杆的计算长度（mm），指附着杆两端销孔中心之间的尺寸。

由于钢材的弹性模量相同，即 $E_1 = E_2 = E_3 = E_4$，可以将 E_i 从力法方程的分子、分母中同时约去。当 4 根附着杆所用材料的截面面积不同时，根据力法基本方程，基本未知力按公式（4-9）计算。

$$X_1 = -\frac{\Delta_P}{\delta_1} = -\frac{T_1^0 T_1 l_1 / A_1 + T_2^0 T_2 l_2 / A_2 + T_3^0 T_3 l_3 / A_3 + T_4^0 T_4 l_4 / A_4}{(T_1^0)^2 l_1 / A_1 + (T_2^0)^2 l_2 / A_2 + (T_3^0)^2 l_3 / A_3 + (T_4^0)^2 l_4 / A_4} \tag{4-9}$$

当 4 根附着杆所用材料的截面面积相同时，$A_1 = A_2 = A_3 = A_4$，可以将公式（4-9）中，分子、分母上的 A_i 同时约去，基本未知力计算公式可进一步简化成公式（4-10）。

$$X_1 = -\frac{\Delta_P}{\delta_1} = -\frac{T_1^0 T_1 l_1 + T_2^0 T_2 l_2 + T_3^0 T_3 l_3 + T_4^0 T_4 l_4}{(T_1^0)^2 l_1 + (T_2^0)^2 l_2 + (T_3^0)^2 l_3 + (T_4^0)^2 l_4} \tag{4-10}$$

(4) 计算各杆总的轴向内力

各附着杆总的轴向内力按公式（4-11）计算。

$$\left.\begin{array}{l} N_1 = X_1 \\ N_2 = T_2^0 X_1 + T_2 \\ N_3 = T_3^0 X_1 + T_3 \\ N_4 = T_4^0 X_1 + T_4 \end{array}\right\} \tag{4-11}$$

4.3.2 计算附着杆最大轴向内力

4 杆附着方式，附着杆的最大轴向内力无法用求导的方法解得。但是可以用 Excel 软件，编制相应的计算程序，来解决这个问题。

计算附着杆轴向内力时，塔机有 3 种工作状态：工作状态逆时针方向、工作状态顺时针方向、非工作状态。再将塔机臂架旋转的圆周均分为 $n(n \geq 8)$ 等份，每等份 $2\pi/n$，分别以 $\theta = 0$、$2\pi/n$、$4\pi/n$……$2(n-1)\pi/n$，代入公式（4-5）进行计算，然后从 $3 \times n = 3n$ 个计算结果中，选出最大值。这个最大值就是这根附着杆轴向内力的近似最大值。n 数值越大，也就是圆周的等份数越多，最大值的计算结果越精确。

这么多的计算工作量，人工计算是难以完成的。但在 Excel 表格中，只要在一列单元格中编制计算公式，其他的 $n-1$ 列计算公式只要"复制"、"粘贴"到相应的单元格中，计算工作瞬间即可完成。

【例 4-2】 1 台 QTZ40 塔机，与建筑物的相对位置如图 4-7 所示。采用 4 杆附着方式，塔身对附着框的作用荷载见表 4-3，4 根附着杆的材料、截面尺寸相同。计算 4 根附着杆的最大轴向内力值 $N_{1\max}$、$N_{2\max}$、$N_{3\max}$、$N_{4\max}$。

1 台 QTZ40 塔机对附着框的作用荷载 表 4-3

	水平力 H(kN)	扭矩 M_d(N·m)
工作状态	40.28	63.03
非工作状态	78.28	0.00

解：为了求出 4 根附着杆的最大轴向内力，计算工作量巨大，可以用 Excel 软件编制的计算程序进行计算。但是为了向读者演示这种超静定结构的计算方法，现取 $\theta = 0°$ 的工况进行人工计算。θ 其他角度的计算方法相同，仅仅是三角函数值不同而已。人工计算步骤如下：

（1）在图 4-7 的受力分析计算图中，量取相关尺寸。附着杆长度：$l_1 = 16443$mm，$l_2 = 15084$mm，$l_3 = 14021$mm，$l_4 = 15387$mm。附着杆与梁面（x 中心线与梁面平行）之间的夹角：$\beta_1 = 66.32°$，$\beta_2 = 64.05°$，$\beta_3 = 64.57°$，$\beta_4 = 66.95°$。力臂长度：$r_{2x} = +17520$mm，$r_{2y} = -8577$mm，$r_2 = +15594$mm，$r_{12} = +15928$mm；$r_{3x} = -1491$mm，$r_{3y} = -487$mm，$r_3 = +856$mm，$r_{13} = +882$mm；$r_{4x} = -506$mm，$r_{4y} = -8$mm，$r_4 = -827$mm，$r_{14} = +838$mm。

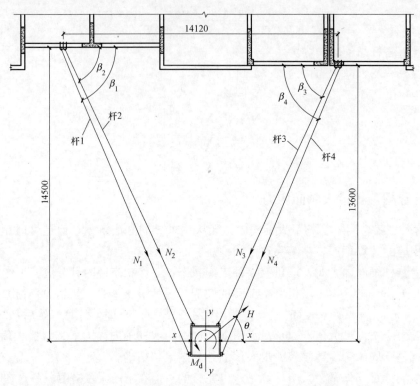

图 4-7　一台 QTZ40 塔机附着杆受力分析计算图

（2）将这些量取的数据代入公式（4-5），计算在外力作用下，各杆的轴向内力。

$$T_1 = 0$$

塔机工作状态，扭矩逆时针方向：

$$T_2 = -(r_{2x}H\cos\theta + r_{2y}H\sin\theta + M_d)/r_2$$
$$= -(17520 \times 40.28 \times \cos0° - 8577 \times 40.28 \times \sin0° + 63.03 \times 10^3)/15594$$
$$= -49.30\text{kN}$$

$$T_3 = -(r_{3x}H\cos\theta + r_{3y}H\sin\theta + M_d)/r_3$$
$$= -(-1491 \times 40.28 \times \cos0° - 487 \times 40.28 \times \sin0° + 63.03 \times 10^3)/856$$
$$= -3.45\text{kN}$$

$$T_4 = -(r_{4x}H\cos\theta + r_{4y}H\sin\theta + M_d)/r_4$$
$$= -(-506 \times 40.28 \times \cos0° - 8 \times 40.28 \times \sin0° + 63.03 \times 10^3)/(-827)$$
$$= 51.57\text{kN}$$

塔机工作状态，扭矩顺时针方向：

$$T_2 = -(r_{2x}H\cos\theta + r_{2y}H\sin\theta - M_d)/r_2$$
$$= -(17520 \times 40.28 \times \cos0° - 8577 \times 40.28 \times \sin0° - 63.03 \times 10^3)/15594$$
$$= -41.21\text{kN}$$

$$T_3 = -(r_{3x}H\cos\theta + r_{3y}H\sin\theta - M_d)/r_3$$
$$= -(-1491 \times 40.28 \times \cos0° - 487 \times 40.28 \times \sin0° - 63.03 \times 10^3)/856$$
$$= 143.83\text{kN}$$

$$T_4 = -(r_{4x}H\cos\theta + r_{4y}H\sin\theta - M_d)/r_4$$
$$= -(-506\times40.28\times\cos0° - 8\times40.28\times\sin0° - 63.03\times10^3)/(-827)$$
$$= -100.90\text{kN}$$

塔机非工作状态:

$$T_2 = -(r_{2x}H\cos\theta + r_{2y}H\sin\theta + M_d)/r_2$$
$$= -(17520\times78.28\times\cos0° - 8577\times40.28\times\sin0° + 0)/15594 = -87.95\text{kN}$$

$$T_3 = -(r_{3x}H\cos\theta + r_{3y}H\sin\theta + M_d)/r_3$$
$$= -(-1491\times78.28\times\cos0° - 487\times40.28\times\sin0° + 0)/856 = 136.41\text{kN}$$

$$T_4 = -(r_{4x}H\cos\theta + r_{4y}H\sin\theta + M_d)/r_4$$
$$= -(-506\times78.28\times\cos0° - 8\times40.28\times\sin0° + 0)/(-827) = -47.94\text{kN}$$

(3) 在基本未知力 $X_1 = 1$ 作用下,按公式(4-6)计算杆2、杆3、杆4的轴向内力。

$$T_1^0 = X_1 = 1.00$$
$$T_2^0 = -X_1 r_{12}/r_2 = -1.00\times15928/15594 = -1.02$$
$$T_3^0 = -X_1 r_{13}/r_3 = -1.00\times882/856 = -1.03$$
$$T_4^0 = -X_1 r_{14}/r_4 = -1.00\times838/(-827) = 1.01$$

(4) 4根附着杆主肢材料截面面积相同,按公式(4-10)计算附着杆1的轴向内力。

塔机工作状态,扭矩逆时针方向:

$$X_1 = -\frac{\Delta_P}{\delta_1} = -\frac{T_1^0 T_1 l_1 + T_2^0 T_2 l_2 + T_3^0 T_3 l_3 + T_4^0 T_4 l_4}{(T_1^0)^2 l_1 + (T_2^0)^2 l_2 + (T_3^0)^2 l_3 + (T_4^0)^2 l_4}$$
$$= -\frac{1.00\times0\times16443 - 1.02\times(-49.30)\times15084 - 1.03\times(-3.45)\times14021 + 1.01\times51.57\times15387}{1.00^2\times16443 + (-1.02)^2\times15084 + (-1.03)^2\times14021 + 1.01^2\times15387}$$
$$= -25.67\text{kN}$$

塔机工作状态,扭矩顺时针方向:

$$X_1 = -\frac{\Delta_P}{\delta_1} = -\frac{T_1^0 T_1 l_1 + T_2^0 T_2 l_2 + T_3^0 T_3 l_3 + T_4^0 T_4 l_4}{(T_1^0)^2 l_1 + (T_2^0)^2 l_2 + (T_3^0)^2 l_3 + (T_4^0)^2 l_4}$$
$$= -\frac{1.00\times0\times16443 - 1.02\times(-41.21)\times15084 - 1.03\times143.83\times14021 + 1.01\times(-100.90)\times15387}{1.00^2\times16443 + (-1.02)^2\times15084 + (-1.03)^2\times14021 + 1.01^2\times15387}$$
$$= 47.98\text{kN}$$

塔机非工作状态:

$$X_1 = -\frac{\Delta_P}{\delta_1} = -\frac{T_1^0 T_1 l_1 + T_2^0 T_2 l_2 + T_3^0 T_3 l_3 + T_4^0 T_4 l_4}{(T_1^0)^2 l_1 + (T_2^0)^2 l_2 + (T_3^0)^2 l_3 + (T_4^0)^2 l_4}$$
$$= -\frac{1.00\times0\times16443 - 1.02\times(-87.95)\times15084 - 1.03\times136.41\times14021 + 1.01\times(-47.94)\times15387}{1.00^2\times16443 + (-1.02)^2\times15084 + (-1.03)^2\times14021 + 1.01^2\times15387}$$
$$= 21.68\text{kN}$$

(5) 按公式(4-11)计算各附着杆总的轴向内力

塔机工作状态,扭矩逆时针方向:

$$N_1 = X_1 = -25.67\text{kN}$$
$$N_2 = T_2^0 X_1 + T_2 = -1.02\times(-25.67) - 49.30 = -23.08\text{kN}$$
$$N_3 = T_3^0 X_1 + T_3 = -1.03\times(-25.67) - 3.45 = 22.99\text{kN}$$

$N_4 = T_4^0 X_1 + T_4 = 1.01 \times (-25.67) + 51.57 = 25.54 \text{kN}$

塔机工作状态，扭矩顺时针方向：

$N_1 = X_1 = 47.98 \text{kN}$

$N_2 = T_2^0 X_1 + T_2 = -1.02 \times 47.98 - 41.21 = -90.22 \text{kN}$

$N_3 = T_3^0 X_1 + T_3 = -1.03 \times 47.98 + 143.83 = 94.40 \text{kN}$

$N_4 = T_4^0 X_1 + T_4 = 1.01 \times 47.98 - 100.90 = -52.24 \text{kN}$

塔机非工作状态：

$N_1 = X_1 = 21.68 \text{kN}$

$N_2 = T_2^0 X_1 + T_2 = -1.02 \times 21.68 - 87.95 = -110.10 \text{kN}$

$N_3 = T_3^0 X_1 + T_3 = -1.03 \times 21.68 + 136.41 = 114.07 \text{kN}$

$N_4 = T_4^0 X_1 + T_4 = 1.01 \times 21.68 - 47.94 = -25.95 \text{kN}$

$\theta = 0°$ 的各附着杆的轴向内力计算结果 （kN）　　　　　　表 4-4

	附着杆 1	附着杆 2	附着杆 3	附着杆 4
工作状态，扭矩逆时针方向 N_i	−25.67	−23.08	22.99	25.54
工作状态，扭矩顺时针方向 N_i	47.98	−90.22	94.40	−52.24
非工作状态 N_i	21.68	−110.10	114.07	−25.95

注：表中正值为压力，负值为拉力。

以上计算结果并没有获得各附着杆的最大轴向内力，仅仅是计算出了 $\theta = 0°$ 的各附着杆的轴向内力。要求得各附着杆的最大轴向内力，还需要求出 θ 其他角度的数值，然后从各附着杆的一组计算结果中选出最大值。这项工作可以用 Excel 软件编制的程序来完成。Excel 程序样式见表 4-5。对表 4-5 的说明如下：

（1）将图 4-7 中量取的附着杆长度、附着杆与梁面之间的夹角、力臂长度，输入到 Excel 表格的 C10～C29 的单元格中。由于已在 D～J 列的相应单元格中存储了计算公式（公式编写方法在本书第 9 章中介绍），D～J 列的单元格中数据也随之相应改变，不需要人工重复输入。

（2）在 Excel 表格的第 32～40 行 C～J 列的单元格中，存储了计算公式（4-5）。假定断开杆 1，在水平力 H 和扭矩 M_d 的作用下，其他 3 杆的轴向内力 T_i 自动计算生成。T_i 有 3 个计算结果，分别是塔机工作状态逆时针方向（简称"工逆"）、顺时针方向（简称"工顺"）、非工作状态（简称"非工"）。

（3）在 Excel 表格的第 42～45 行 C～J 列的单元格中，存储了计算公式（4-6）。在基本未知力 $X_1 = 1$ 的作用之下，其他 3 根附着杆的轴向内力 T_i^0 自动计算生成。

（4）在 Excel 表格的第 47～53 行 C～J 列的单元格中，存储了计算公式（4-7）、（4-8）、（4-10）。计算载变位、单位变位、附着杆 1 的轴向内力。

（5）在 Excel 表格的第 55～70 行 C～J 列的单元格中，存储了计算公式（4-11）。用于计算各附着杆总的轴向内力和最大值。4 根附着杆的轴向内力最大值分别是：$N_{1max} = 52.34 \text{kN}$、$N_{2max} = 110.10 \text{kN}$、$N_{3max} = 114.07 \text{kN}$、$N_{4max} = 55.80 \text{kN}$。

（6）在 Excel 表格的第 72～77 行，设置了检验环节。根据力学公式 $\sum X = 0$、$\sum Y = 0$ 进行验算，当 C～J 列的单元格中全部显示为"0.000"时，说明编写的公式和输入的数据没有错误。

例 4-2 附着杆轴向内力计算表（Excel 表截图）　　　　表 4-5

	A	B	C	D	E	F	G	H	I	J
1	计算项目及公式	单位				θ值（等差值$d=\pi/4$）				
2	水平力H与塔身x中心线之间的夹角$\theta=$	°	0	45	90	135	180	225	270	315
3		rad	0.00	0.79	1.57	2.36	3.14	3.93	4.71	5.50
4	1.扭矩和水平力									
5	工作状态：水平力$H=$	kN	40.28	40.28	40.28	40.28	40.28	40.28	40.28	40.28
6	非工作状态：水平力$H_N=$	kN	78.28	78.28	78.28	78.28	78.28	78.28	78.28	78.28
7	工作状态：扭矩$M_d=$	kN.m	63.03	63.03	63.03	63.03	63.03	63.03	63.03	63.03
8	非工作状态：扭矩$M_{dN}=$	kN.m	0.00	0.00	0.00	0.00	0.00	0.00	0.00	0.00
9	2.在受力分析计算图中，量取有关尺寸									
10	杆1长度$l_1=$	mm	16443	16443	16443	16443	16443	16443	16443	16443
11	杆2长度$l_2=$	mm	15084	15084	15084	15084	15084	15084	15084	15084
12	杆3长度$l_3=$	mm	14021	14021	14021	14021	14021	14021	14021	14021
13	杆4长度$l_4=$	mm	15387	15387	15387	15387	15387	15387	15387	15387
14	杆1与x中心线之间的夹角$\beta_1=$	rad	1.157	1.157	1.157	1.157	1.157	1.157	1.157	1.157
15	杆2与x中心线之间的夹角$\beta_2=$	rad	1.118	1.118	1.118	1.118	1.118	1.118	1.118	1.118
16	杆3与x中心线之间的夹角$\beta_3=$	rad	1.127	1.127	1.127	1.127	1.127	1.127	1.127	1.127
17	杆4与x中心线之间的夹角$\beta_4=$	rad	1.168	1.168	1.168	1.168	1.168	1.168	1.168	1.168
18	力臂长度$r_{2x}=$	mm	17520	17520	17520	17520	17520	17520	17520	17520
19	力臂长度$r_{2y}=$	mm	-8577	-8577	-8577	-8577	-8577	-8577	-8577	-8577
20	力臂长度$r_2=$	mm	15594	15594	15594	15594	15594	15594	15594	15594
21	力臂长度$r_{12}=$	mm	15928	15928	15928	15928	15928	15928	15928	15928
22	力臂长度$r_{3x}=$	mm	-1491	-1491	-1491	-1491	-1491	-1491	-1491	-1491
23	力臂长度$r_{3y}=$	mm	-487	-487	-487	-487	-487	-487	-487	-487
24	力臂长度$r_3=$	mm	856	856	856	856	856	856	856	856
25	力臂长度$r_{13}=$	mm	882	882	882	882	882	882	882	882
26	力臂长度$r_{4x}=$	mm	-506	-506	-506	-506	-506	-506	-506	-506
27	力臂长度$r_{4y}=$	mm	-8	-8	-8	-8	-8	-8	-8	-8
28	力臂长度$r_4=$	mm	-827	-827	-827	-827	-827	-827	-827	-827
29	力臂长度$r_{14}=$	mm	838	838	838	838	838	838	838	838
30	3.计算外力作用下的轴向内力									
31	$T_1=$	kN	0.00	0.00	0.00	0.00	0.00	0.00	0.00	0.00
32	工逆：$T_2=-(r_{2x}H\text{Cos}\theta+r_{2y}H\text{Sin}\theta+M_d)/r_2$		-49.30	-20.38	18.11	43.63	41.21	12.29	-26.20	-51.71
33	工顺：$T_2=-(r_{2x}H\text{Cos}\theta+r_{2y}H\text{Sin}\theta-M_d)/r_2$	kN	-41.21	-12.29	26.20	51.71	49.30	20.38	-18.11	-43.63
34	非工：$T_2=-(r_{2x}H_N\text{Cos}\theta+r_{2y}H_N\text{Sin}\theta)/r_2$		-87.95	-31.74	43.06	92.64	87.95	31.74	-43.06	-92.64
35	工逆：$T_3=-(r_{3x}H\text{Cos}\theta+r_{3y}H\text{Sin}\theta-M_d)/r_3$		-3.45	-7.81	-50.73	-107.07	-143.83	-139.48	-96.56	-40.22
36	工顺：$T_3=-(r_{3x}H\text{Cos}\theta+r_{3y}H\text{Sin}\theta+M_d)/r_3$	kN	143.83	139.48	96.56	40.22	3.45	7.81	50.73	107.07
37	非工：$T_3=-(r_{3x}H_N\text{Cos}\theta+r_{3y}H_N\text{Sin}\theta)/r_3$		136.41	127.95	44.54	-64.96	-136.41	-127.95	-44.54	64.96
38	工逆：$T_4=-(r_{4x}H\text{Cos}\theta+r_{4y}H\text{Sin}\theta+M_d)/r_4$		51.57	58.53	75.86	93.41	100.90	93.94	76.60	59.05
39	工顺：$T_4=-(r_{4x}H\text{Cos}\theta+r_{4y}H\text{Sin}\theta-M_d)/r_4$	kN	-100.90	-93.94	-76.60	-59.05	-51.57	-58.53	-75.86	-93.41
40	非工：$T_4=-(r_{4x}H_N\text{Cos}\theta+r_{4y}H_N\text{Sin}\theta)/r_4$		-47.94	-34.40	-0.72	33.39	47.94	34.40	0.72	-33.39
41	4.在$X_1=1$作用下，计算其它3杆内力									
42	基本未知力$T_1^0=X_1=1$		1.00	1.00	1.00	1.00	1.00	1.00	1.00	1.00
43	$T_2^0=-X_1r_{12}/r_2$		-1.02	-1.02	-1.02	-1.02	-1.02	-1.02	-1.02	-1.02
44	$T_3^0=-X_1r_{13}/r_3$		-1.03	-1.03	-1.03	-1.03	-1.03	-1.03	-1.03	-1.03
45	$T_4^0=-X_1r_{14}/r_4$		1.01	1.01	1.01	1.01	1.01	1.01	1.01	1.01
46	5.计算载变位、单位变位和杆1的轴向内力									
47	工逆：$\Delta_P EA=T_1^0T_1l_1+T_2^0T_2l_2+T_3^0T_3l_3+T_4^0T_4l_4$	kN·mm	1614	1340	1637	2332	3017	3291	2994	2299
48	工顺：$\Delta_P EA=T_1^0T_1l_1+T_2^0T_2l_2+T_3^0T_3l_3+T_4^0T_4l_4$	kN·mm	-3017	-3291	-2994	-2299	-1614	-1340	-1637	-2332
49	非工：$\Delta_{PN}EA=T_1^0T_1l_1+T_2^0T_2l_2+T_3^0T_3l_3+T_4^0T_4l_4$	kN·mm	-1363	-1896	-1318	32	1363	1896	1318	-32
50	$\delta_1EA=(T_1^0)^2l_1+(T_2^0)^2l_2+(T_3^0)^2l_3+(T_4^0)^2l_4$	mm	63	63	63	63	63	63	63	63
51	工逆：$X_1=-\Delta_P/\delta_1$	kN	-25.67	-21.31	-26.04	-37.09	-47.98	-52.34	-47.61	-36.56
52	工顺：$X_1=-\Delta_P/\delta_1$	kN	47.98	52.34	47.61	36.56	25.67	21.31	26.04	37.09
53	非工：$X_{1N}=-\Delta_{PN}/\delta_1$	kN	21.68	30.15	20.96	-0.51	-21.68	-30.15	-20.96	0.51
54	6.计算总轴向内力									
55	工逆：$N_1=X_1$	kN	-25.67	-21.31	-26.04	-37.09	-47.98	-52.34	-47.61	-36.56
56	工顺：$N_1=X_1$	kN	47.98	52.34	47.61	36.56	25.67	21.31	26.04	37.09
57	非工：$N_{1N}=X_{1N}$	kN	21.68	30.15	20.96	-0.51	-21.68	-30.15	-20.96	0.51
58	最大值：$N_{1max}=$	kN	\multicolumn{8}{c}{52.34}							
59	工逆：$N_2=T_2^0X_1+T_2$	kN	-23.08	1.39	44.71	81.51	90.22	65.75	22.43	-14.37

49

60	工顺: $N_2=T_2^0X_1+T_2$	kN	-90.22	-65.75	-22.43	14.37	23.08	-1.39	-44.71	-81.51
61	非工: $N_{2N}=T_2^0X_{1N}+T_2$	kN	-110.10	-62.54	21.65	93.16	110.10	62.54	-21.65	-93.16
62	最大值: $N_{2max}=$	kN	110.10							
63	工逆: $N_3=T_3^0X_1+T_3$	kN	22.99	14.15	-23.90	-68.86	-94.40	-85.56	-47.51	-2.55
64	工顺: $N_3=T_3^0X_1+T_3$	kN	94.40	85.56	47.51	2.55	-22.99	-14.15	23.90	68.86
65	非工: $N_{3N}=T_3^0X_{1N}+T_3$	kN	114.07	96.88	22.94	-64.44	-114.07	-96.88	-22.94	64.44
66	最大值: $N_{3max}=$	kN	114.07							
67	工逆: $N_4=T_4^0X_1+T_4$	kN	25.54	36.92	49.46	55.80	52.24	40.86	28.32	21.98
68	工顺: $N_4=T_4^0X_1+T_4$	kN	-52.24	-40.86	-28.32	-21.98	-25.54	-36.92	-49.46	-55.80
69	非工: $N_{4N}=T_4^0X_{1N}+T_4$	kN	-25.95	-3.83	20.54	32.87	25.95	3.83	-20.54	-32.87
70	最大值: $N_{4max}=$	kN	55.80							
71	7.检查计算结果									
72	工逆: $\Sigma X=0$	kN	0.000	0.000	0.000	0.000	0.000	0.000	0.000	0.000
73	工顺: $\Sigma X=0$	kN	0.000	0.000	0.000	0.000	0.000	0.000	0.000	0.000
74	非工: $\Sigma X=0$	kN	0.000	0.000	0.000	0.000	0.000	0.000	0.000	0.000
75	工逆: $\Sigma Y=0$	kN	0.000	0.000	0.000	0.000	0.000	0.000	0.000	0.000
76	工顺: $\Sigma Y=0$	kN	0.000	0.000	0.000	0.000	0.000	0.000	0.000	0.000
77	非工: $\Sigma Y=0$	kN	0.000	0.000	0.000	0.000	0.000	0.000	0.000	0.000

【例 4-3】 1 台 QTZ50（5008）塔机，塔身对附着框的作用荷载见表 4-6。塔机与建筑物的相对位置如图 4-8 所示。由于塔机的桩位错误，塔机附着装置无法按常规方式安装，因此在附着框上增加一个销座，采用 4 杆附着方式。杆 1、杆 2 采用 $\phi108\times4.5$ 无缝钢管制作的实腹式附着杆，杆 3、杆 4 采用 $\llcorner 40\times4$ 角钢制作的 4 肢橄榄形格构式附着杆。计算附着杆的轴向内力最大值 N_{1max}、N_{2max}、N_{3max}、N_{4max}。

1 台 QTZ50 塔机对附着框的作用荷载　　　　　　　　表 4-6

	水平力 H(kN)	扭矩 M_d(kN·m)
工作状态	43.17	63.03
非工作状态	76.73	0.00

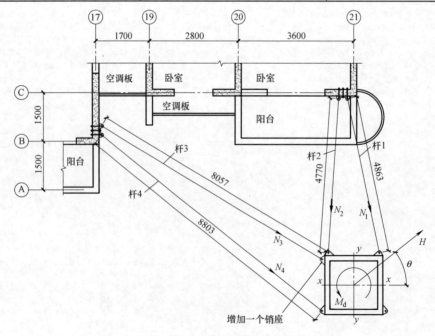

图 4-8　1 台 QTZ50 塔机附着杆受力分析计算图

例 4-3 题附着杆轴向内力计算表

表 4-7

计算项目及公式	单位	θ 值(等差值 d=π/6)											
		0	30	60	90	120	150	180	210	240	270	300	330
水平力 H 与塔身 x 中心线之间的夹角 θ=	°	0	30	60	90	120	150	180	210	240	270	300	330
	rad	0.00	0.52	1.05	1.57	2.09	2.62	3.14	3.67	4.19	4.71	5.24	5.76
1. 扭矩和水平力													
工作状态:水平力 H=	kN	43.17	43.17	43.17	43.17	43.17	43.17	43.17	43.17	43.17	43.17	43.17	43.17
非工作状态:水平力 H_N=	kN	76.73	76.73	76.73	76.73	76.73	76.73	76.73	76.73	76.73	76.73	76.73	76.73
工作状态:扭矩 M_d=	kN·m	63.03	63.03	63.03	63.03	63.03	63.03	63.03	63.03	63.03	63.03	63.03	63.03
非工作状态:扭矩 M_{dN}=	kN·m	0.00	0.00	0.00	0.00	0.00	0.00	0.00	0.00	0.00	0.00	0.00	0.00
2. 在受力分析计算图中,量取相关尺寸													
杆 1 长度 l_1=	mm	4863	4863	4863	4863	4863	4863	4863	4863	4863	4863	4863	4863
杆 2 长度 l_2=	mm	4770	4770	4770	4770	4770	4770	4770	4770	4770	4770	4770	4770
杆 3 长度 l_3=	mm	8057	8057	8057	8057	8057	8057	8057	8057	8057	8057	8057	8057
杆 4 长度 l_4=	mm	8803	8803	8803	8803	8803	8803	8803	8803	8803	8803	8803	8803
杆 1 与 x 中心线之间的夹角 β_1=	rad	1.364	1.364	1.364	1.364	1.364	1.364	1.364	1.364	1.364	1.364	1.364	1.364
杆 2 与 x 中心线之间的夹角 β_2=	rad	1.504	1.504	1.504	1.504	1.504	1.504	1.504	1.504	1.504	1.504	1.504	1.504
杆 3 与 x 中心线之间的夹角 β_3=	rad	0.535	0.535	0.535	0.535	0.535	0.535	0.535	0.535	0.535	0.535	0.535	0.535
杆 4 与 x 中心线之间的夹角 β_4=	rad	0.665	0.665	0.665	0.665	0.665	0.665	0.665	0.665	0.665	0.665	0.665	0.665
力臂长度 r_{2x}=	mm	5781	5781	5781	5781	5781	5781	5781	5781	5781	5781	5781	5781
力臂长度 r_{2y}=	mm	9400	9400	9400	9400	9400	9400	9400	9400	9400	9400	9400	9400
力臂长度 r_2=	mm	-8901	-8901	-8901	-8901	-8901	-8901	-8901	-8901	-8901	-8901	-8901	-8901
力臂长度 r_{12}=	mm	-8999	-8999	-8999	-8999	-8999	-8999	-8999	-8999	-8999	-8999	-8999	-8999
力臂长度 r_{3x}=	mm	-859	-859	-859	-859	-859	-859	-859	-859	-859	-859	-859	-859
力臂长度 r_{3y}=	mm	925	925	925	925	925	925	925	925	925	925	925	925
力臂长度 r_3=	mm	-1389	-1389	-1389	-1389	-1389	-1389	-1389	-1389	-1389	-1389	-1389	-1389
力臂长度 r_{13}=	mm	-2070	-2070	-2070	-2070	-2070	-2070	-2070	-2070	-2070	-2070	-2070	-2070
力臂长度 r_{4x}=	mm	694	694	694	694	694	694	694	694	694	694	694	694
力臂长度 r_{4y}=	mm	821	821	821	821	821	821	821	821	821	821	821	821
力臂长度 r_4=	mm	1286	1286	1286	1286	1286	1286	1286	1286	1286	1286	1286	1286
力臂长度 r_{14}=	mm	-1649	-1649	-1649	-1649	-1649	-1649	-1649	-1649	-1649	-1649	-1649	-1649

续表

计算项目及公式	单位	θ值（等差值 d=π/6）											
水平力 H 与塔身 x 中心线之间的夹角 θ=	°	0	30	60	90	120	150	180	210	240	270	300	330
	rad	0.00	0.52	1.05	1.57	2.09	2.62	3.14	3.67	4.19	4.71	5.24	5.76
3. 计算外力作用下的轴向内力													
$T_1=$	kN	0.00	0.00	0.00	0.00	0.00	0.00	0.00	0.00	0.00	0.00	0.00	0.00
工逆：$T_2=-(r_{2x}HCos\theta+r_{2y}HSin\theta+M_d)/r_2$	kN	35.12	54.16	60.58	52.67	32.54	5.59	-20.96	-39.99	-46.42	-38.51	-18.38	8.57
工顺：$T_2=-(r_{2x}HCos\theta+r_{2y}HSin\theta-M_d)/r_2$	kN	20.96	39.99	46.42	38.51	18.38	-8.57	-35.12	-54.16	-60.58	-52.67	-32.54	-5.59
非工：$T_2=-(r_{2x}HCos\theta+r_{2y}H_NSin\theta)/r_2$	kN	49.83	83.67	95.09	81.03	45.26	-2.64	-49.83	-83.67	-95.09	-81.03	-45.26	2.64
工逆：$T_3=-(r_{3x}HCos\theta+r_{3y}HSin\theta+M_d)/r_3$	kN	18.70	36.65	56.95	74.15	83.65	82.90	72.09	54.13	33.84	16.63	7.14	7.89
工顺：$T_3=-(r_{3x}HCos\theta+r_{3y}HSin\theta+M_d)/r_3$	kN	-72.09	-54.13	-33.84	-16.63	-7.14	-7.89	-18.70	-36.65	-56.95	-74.15	-83.65	-82.90
非工：$T_3=-(r_{3x}HCos\theta+r_{3y}H_NSin\theta-M_d)/r_3$	kN	-47.45	-15.54	20.54	51.12	68.00	66.66	47.45	15.54	-20.54	-51.12	-68.00	-66.66
工逆：$T_4=-(r_{4x}HCos\theta+r_{4y}HSin\theta+M_d)/r_4$	kN	-72.28	-82.93	-84.49	-76.54	-61.21	-42.61	-25.72	-15.07	-13.51	-21.46	-36.79	-55.39
工顺：$T_4=-(r_{4x}HCos\theta+r_{4y}HSin\theta-M_d)/r_4$	kN	25.72	15.07	13.51	21.46	36.79	55.39	72.28	82.93	84.49	76.54	61.21	42.61
非工：$T_4=-(r_{4x}HCos\theta+r_{4y}H_NSin\theta)/r_4$	kN	-41.37	-60.30	-63.08	-48.95	-21.70	11.36	41.37	60.30	63.08	48.95	21.70	-11.36
4. 在 X₁=1 作用下，计算其他 3 杆内力													
基本未知力 $T_1^0=X_1=1$		1.00	1.00	1.00	1.00	1.00	1.00	1.00	1.00	1.00	1.00	1.00	1.00
$T_2^0=-X_1r_{12}/r_2$		-1.01	-1.01	-1.01	-1.01	-1.01	-1.01	-1.01	-1.01	-1.01	-1.01	-1.01	-1.01
$T_3^0=-X_1r_{13}/r_3$		-1.49	-1.49	-1.49	-1.49	-1.49	-1.49	-1.49	-1.49	-1.49	-1.49	-1.49	-1.49
$T_4^0=-X_1r_{14}/r_4$		1.28	1.28	1.28	1.28	1.28	1.28	1.28	1.28	1.28	1.28	1.28	1.28
5. 计算载荷变位和杆单位变位													
φ108×4.5 钢管截面积 $A_{12}=$	mm²	1463	1463	1463	1463	1463	1463	1463	1463	1463	1463	1463	1463
4 根∟40×4 角钢总截面积 $A_{34}=$	mm²	1236	1236	1236	1236	1236	1236	1236	1236	1236	1236	1236	1236
工逆：$\Delta_{1P}E=\dfrac{T_1^0T_1l_1}{A_{12}}+\dfrac{T_2^0T_2l_2}{A_{12}}+\dfrac{T_3^0T_3l_3}{A_{34}}+\dfrac{T_4^0T_4l_4}{A_{34}}$	kN/mm	-957.3	-1291.9	-1524.6	-1593.1	-1479.1	-1213.1	-866.4	-531.9	-299.2	-230.7	-344.6	-610.6
工顺：$\Delta_{1P}E=\dfrac{T_1^0T_1l_1}{A_{12}}+\dfrac{T_2^0T_2l_2}{A_{12}}+\dfrac{T_3^0T_3l_3}{A_{34}}+\dfrac{T_4^0T_4l_4}{A_{34}}$	kN/mm	866.4	531.9	299.2	230.7	344.6	610.6	957.3	1291.9	1524.6	1593.1	1479.1	1213.1
非工：$\Delta_{1PN}E=\dfrac{T_1^0T_1l_1}{A_{12}}+\dfrac{T_2^0T_2l_2}{A_{12}}+\dfrac{T_3^0T_3l_3}{A_{34}}+\dfrac{T_4^0T_4l_4}{A_{34}}$	kN/mm	-80.8	-675.4	-1089.0	-1210.8	-1008.2	-535.4	80.8	675.4	1089.0	1210.8	1008.2	535.4
$\delta_{11}E=\dfrac{(T_1^0)^2l_1}{A_{12}}+\dfrac{(T_2^0)^2l_2}{A_{12}}+\dfrac{(T_3^0)^2l_3}{A_{34}}+\dfrac{(T_4^0)^2l_4}{A_{34}}$	mm⁻¹	32.9	32.9	32.9	32.9	32.9	32.9	32.9	32.9	32.9	32.9	32.9	32.9

续表

计算项目及公式	单位	θ值（等差值 d=π/6）											
水平力 H 与塔身 x 中心线之间的夹角 θ=	°	0	30	60	90	120	150	180	210	240	270	300	330
	rad	0.00	0.52	1.05	1.57	2.09	2.62	3.14	3.67	4.19	4.71	5.24	5.76
工逆：$X_1=-\Delta_P/\delta_1$	kN	29.14	39.32	46.41	48.49	45.02	36.93	26.37	16.19	9.11	7.02	10.49	18.59
工顺：$X_1=-\Delta_P/\delta_1$	kN	−26.37	−16.19	−9.11	−7.02	−10.49	−18.59	−29.14	−39.32	−46.41	−48.49	−45.02	−36.93
非工：$X_{1N}=-\Delta_{PN}/\delta_1$	kN	2.46	20.56	33.15	36.86	30.69	16.30	−2.46	−20.56	−33.15	−36.86	−30.69	−16.30
6. 计算总轴向内力													
工逆：$N_1=X_1$	kN	29.14	39.32	46.41	48.49	45.02	36.93	26.37	16.19	9.11	7.02	10.49	18.59
工顺：$N_1=X_1$	kN	−26.37	−16.19	−9.11	−7.02	−10.49	−18.59	−29.14	−39.32	−46.41	−48.49	−45.02	−36.93
非工：$N_{1N}=X_{1N}$	kN	2.46	20.56	33.15	36.86	30.69	16.30	−2.46	−20.56	−33.15	−36.86	−30.69	−16.30
最大值：$N_{1max}=$	kN						48.49						
工逆：$N_2=T_2^0X_1+T_2$	kN	5.66	14.40	13.66	3.64	−12.98	−31.74	−47.62	−56.36	−55.62	−45.60	−28.99	−10.22
工顺：$N_2=T_2^0X_1+T_2$	kN	47.62	56.36	55.62	45.60	28.99	10.22	−5.66	−14.40	−13.66	−3.64	12.98	31.74
非工：$N_{2N}=T_2^0X_{1N}+T_2$	kN	47.35	62.88	61.57	43.77	14.23	−19.12	−47.35	−62.88	−61.57	−43.77	−14.23	19.12
最大值：$N_{2max}=$	kN							62.88					
工逆：$N_3=T_3^0X_1+T_3$	kN	−24.76	−21.98	−12.24	1.85	16.52	27.84	32.77	29.99	20.26	6.16	−8.51	−19.82
工顺：$N_3=T_3^0X_1+T_3$	kN	−32.77	−29.99	−20.26	−6.16	8.51	19.82	24.76	21.98	12.24	−1.85	−16.52	−27.84
非工：$N_{3N}=T_3^0X_{1N}+T_3$	kN	−51.12	−46.19	−28.88	−3.84	22.24	42.35	51.12	46.19	28.88	3.84	−22.24	−42.35
最大值：$N_{3max}=$	kN							51.12					
工逆：$N_4=T_4^0X_1+T_4$	kN	−34.92	−32.52	−25.00	−14.37	−3.49	4.73	8.09	5.69	−1.84	−12.46	−23.34	−31.56
工顺：$N_4=T_4^0X_1+T_4$	kN	−8.09	−5.69	1.84	12.46	23.34	31.56	34.92	32.52	25.00	14.37	3.49	−4.73
非工：$N_{4N}=T_4^0X_{1N}+T_4$	kN	−38.22	−33.95	−20.58	−1.70	17.64	32.25	38.22	33.95	20.58	1.70	−17.64	−32.25
最大值：$N_{4max}=$	kN						38.22						
7. 检查计算结果													
工逆：$\Sigma X=0$	kN	0.000	0.000	0.000	0.000	0.000	0.000	0.000	0.000	0.000	0.000	0.000	0.000
工顺：$\Sigma X=0$	kN	0.000	0.000	0.000	0.000	0.000	0.000	0.000	0.000	0.000	0.000	0.000	0.000
非工：$\Sigma X=0$	kN	0.000	0.000	0.000	0.000	0.000	0.000	0.000	0.000	0.000	0.000	0.000	0.000
工逆：$\Sigma Y=0$	kN	0.000	0.000	0.000	0.000	0.000	0.000	0.000	0.000	0.000	0.000	0.000	0.000
工顺：$\Sigma Y=0$	kN	0.000	0.000	0.000	0.000	0.000	0.000	0.000	0.000	0.000	0.000	0.000	0.000
非工：$\Sigma Y=0$	kN	0.000	0.000	0.000	0.000	0.000	0.000	0.000	0.000	0.000	0.000	0.000	0.000

解：本题的计算方法和计算过程与例 4-2 基本相同，不再赘述。

区别在于：例 4-2 中，4 根附着杆的截面面积相同，按公式（4-10）计算基本未知力 X_1；而本例题中，有两种型式的附着杆，截面面积不同，按公式（4-9）计算基本未知力 X_1。

现将本例题的 Excel 计算表转换成 Word 表格（表 4-7），以方便读者阅读及参照使用。

5 附着杆的设计计算

每次安装塔机附着装置，由于附着杆的长度不同、与建筑结构的夹角不同，附着杆的轴向内力也不同。在新制作或对旧附着杆进行改制时，应该对附着杆的强度进行验算。附着杆不仅承受轴向压（拉）力，而且还承受自重弯矩和风荷载弯矩的作用，因此按压弯构件计算。

5.1 构造要求

（1）附着杆的结构型式有实腹式、双肢格构式、4肢格构式。

（2）附着杆的两端应直接与附着框、附墙座连接。不得在附着杆与附着框之间、附着杆与附墙座之间增设万向接头。

（3）附着杆两端的接头型式应与附着框、附墙座的接头型式相匹配。图5-1（a），附着杆单耳板配附墙座双耳板，力的作用线与附着杆中心线重合，附着杆受力状态较好；图5-1（b），附着杆双耳板配附墙座单耳板，由于重力作用，附着杆上面一块耳板搁置在附墙座的耳板上，上耳板的受力大于下耳板的受力，力的作用线与结构几何中心线不重合，受力状态较差；图5-1（c），附着杆单耳板配附墙座单耳板，销轴处于非稳固状态，单面受剪易脱落。（a）图为可选用的接头型式，（b）图为不宜选用的接头型式，（c）图为不可选用的接头型式。

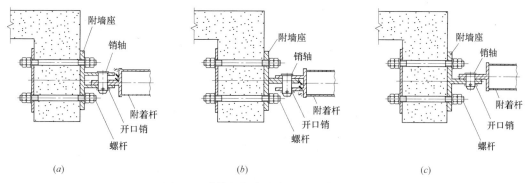

图 5-1 附着杆与附墙座的连接接头型式
（a）可选用；（b）不宜选用；（c）不可选用

（4）考虑附着框与附墙座有可能不在同一个水平高度，双耳板之间的净尺寸需要大于单耳板的厚度。但间隙尺寸 s 不宜大于 20mm，如图5-1（a）、（b）所示。

（5）附着杆与附着框、附墙座的连接，应使用专用销轴，不得使用螺栓代替。

（6）用缀条连接的格构式附着杆，缀条的重心线应相交于结构分肢的重心线上，如图5-2所示。为了满足角钢缀条焊缝长度的需要，通常需要在分肢角钢的边缘贴焊连接板，连接板的厚度与分肢材料的厚度相同。

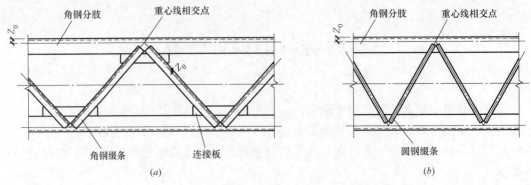

(a)　　　　　　　　　　　　　　　　(b)

图 5-2　缀条重心线应相交于分肢材料重心线上

(a) 角钢缀条与分肢的连接；(b) 圆钢缀条与分肢的连接

（7）附着杆处于露天工作环境。设计时应考虑附着杆安装状态时型钢的方位，避免结构积水。图 5-3 中，(a) 图槽钢立置，不易积水；(b) 图槽钢卧置，易积水。

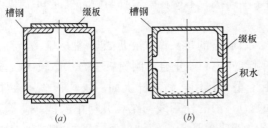

图 5-3　附着杆槽钢应立置不宜卧置

(a) 槽钢立置不易积水；(b) 槽钢卧置易积水

（8）附着杆的连接耳板仅起连接作用。当附着杆的长度不足时，不可以用增加耳板长度的方法，弥补杆体长度的不足。附着杆销孔中心至耳板底边的尺寸，大于附着框、附墙座耳板轮廓半径 20～30mm 为宜。

（9）附着杆接长使用时，应采用等强接法。即焊缝连接强度不低于母材的强度。

（10）为了调节实腹式、双肢格构式附着杆的长度，可以将附着杆设计为组合式，杆体分为长短不一的若干段，段与段之间用法兰连接。为了防止法兰两侧的杆体错位，法兰上宜设置定位台阶或定位板，定位板焊在法兰板上，如图 5-4 所示。

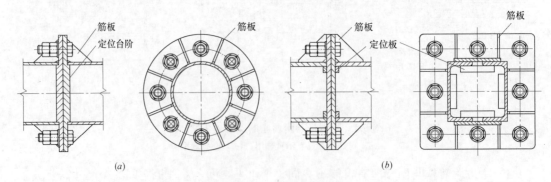

(a)　　　　　　　　　　　　　　　　(b)

图 5-4　法兰接头示意

(a) 圆管法兰；(b) 双肢槽钢法兰

（11）4 肢格构式附着杆，段与段之间必须采用法兰连接。法兰不仅起连接作用，而且起"框架梁"的作用，增强杆体的抗扭刚度，保持杆体截面形状不发生变化。法兰角钢的选用应满足型钢孔距规线表中的要求。根据螺栓孔径，在附表 5-3 中选用适合的角钢。

（12）法兰平面与杆体中心线应垂直。法兰与附着杆焊接连接前，应先试拼装，校正附着杆 x、y 两个方向的中心线以后，再正常施焊。法兰平面与杆中心线不垂直，将使附着杆组装以后直线度无法保证，影响附着杆的承载力，如图 5-5 所示。

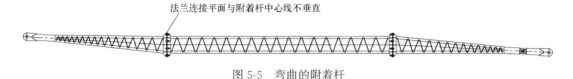

法兰连接平面与附着杆中心线不垂直

图 5-5　弯曲的附着杆

（13）附着杆宜设置调节螺杆副，牙形宜选用 T 形螺纹。螺杆外露长度的长细比不宜大于 40。螺母高度应包含 8～10 个螺距。当螺纹具有自锁性能时，可不设置併紧螺母；不具有自销性能时，则应设置併紧螺母。

5.2　实腹式附着杆的设计计算

实腹式附着杆的制作材料通常选用无缝钢管、方形冷弯空心型钢，也有用 2 根槽钢对拼成矩形管的。设计时应验算附着杆的强度、刚度、整体稳定性。

5.2.1　验算附着杆强度

附着杆的强度按公式（5-1）计算。

$$\frac{N}{A}+\frac{M_x}{\gamma_x W_x}+\frac{M_y}{\gamma_y W_y}\leqslant f \tag{5-1}$$

式中　N——作用于附着杆的轴向压力设计值（N），按公式 $N=\gamma_f N_{max}$ 计算；

N_{max}——附着杆最大轴向压力标准值（N），用第 4 章介绍的方法求得；

γ_f——总安全系数，根据《塔式起重机设计规范》GB/T 13752—2017 第 4.4.5 条，取 $\gamma_f=1.22$；

M_x——作用于附着杆的自重弯矩设计值（N·m）；

M_y——作用于附着杆的风荷载弯矩设计值（N·m）；

A——附着杆的截面面积（mm²），查附表 2-1、附表 2-2 或附表 3-1 采用；

γ_x、γ_y——截面塑性发展系数，无缝钢管取 $\gamma_x=\gamma_y=1.15$；方形冷弯空心型钢取 $\gamma_x=\gamma_y=1.05$；对拼槽钢取 $\gamma_x=1.05$、$\gamma_y=1.0$；

W_x、W_y——附着杆 x 轴、y 轴的截面模量（mm³），查附表 2-1、附表 2-2 或附表 3-1 采用；

f——材料抗拉、抗压和抗弯强度设计值（N/mm²），查附表 1-1 采用。

5.2.2　验算附着杆刚度

附着杆的刚度用限制构件长细比控制。

无缝钢管、方形冷弯空心型钢制作的附着杆，两个方向的回转半径 $i_x=i_y$，按公式（5-2）验算一个方向的长细比即可。对拼槽钢制成的附着杆，两个方向的回转半径 $i_x\neq$

i_y，两个方向的长细比按公式（5-2）分别验算。

$$\lambda_x = \frac{l_c}{i_x} \leqslant 150 \tag{5-2a}$$

$$\lambda_y = \frac{l_c}{i_y} \leqslant 150 \tag{5-2b}$$

式中　λ——附着杆的长细比；

l_c——附着杆的计算长度，指附着杆两端销孔中心之间的长度（mm）；

i_x、i_y——附着杆 x、y 轴的回转半径（mm），查附表 2-1、附表 2-2 或附表 3-1 采用。

5.2.3　验算附着杆整体稳定性

附着杆整体稳定性按公式（5-3）计算。

$$\text{x 轴稳定性：} \frac{N}{\varphi_x A} + \frac{M_x}{\gamma_x W_x \left(1 - 0.8 \frac{N}{N'_{Ex}}\right)} + \eta \frac{M_y}{W_y} \leqslant f \tag{5-3a}$$

$$\text{y 轴稳定性：} \frac{N}{\varphi_y A} + \eta \frac{M_x}{W_x} + \frac{M_y}{\gamma_y W_y \left(1 - 0.8 \frac{N}{N'_{Ey}}\right)} \leqslant f \tag{5-3b}$$

式中　N——作用于附着杆的轴向压力设计值（N），按公式 $N = \gamma_f N_{max}$ 计算；

γ_f——总安全系数，取 $\gamma_f = 1.22$；

N_{max}——附着杆最大轴向压力（N）；

M_x——作用于附着杆的自重弯矩设计值（N·m）；

M_y——作用于附着杆的风荷载弯矩设计值（N·m）；

η——截面影响系数，取 $\eta = 0.7$；

φ_x、φ_y——对强轴 x—x 和弱轴 y—y 的轴心受压构件稳定系数；

A——附着杆截面面积（mm^2），查附表 2-1、附表 2-2 或附表 3-1 采用；

γ_x、γ_y——截面塑性发展系数，无缝钢管取 $\gamma_x = \gamma_y = 1.15$；方形冷弯空心型钢取 $\gamma_x = \gamma_y = 1.05$；对拼槽钢取 $\gamma_x = 1.05$，$\gamma_y = 1.0$；

W_x、W_y——对强轴 x—x 和弱轴 y—y 的毛截面模量（mm^3），查附表 2-1、附表 2-2 或附表 3-1 采用；

N'_{Ex}、N'_{Ey}——参数（N），$N'_{Ex} = \frac{\pi^2 EA}{1.1 \lambda_x^2}$，$N'_{Ey} = \frac{\pi^2 EA}{1.1 \lambda_y^2}$；

E——钢材的弹性模量，$E = 206 \times 10^3 \, N/mm^2$；

f——材料抗拉、抗压和抗弯强度设计值（N/mm^2），查附表 1-1 采用。

【例 5-1】 1 根实腹式附着杆用 $\phi146 \times 5.5$ 无缝钢管制作。两端销孔中心之间的长度 $l_c = 6303mm$，最大轴向压力 $N_{max} = 92.01kN$。验算这根附着杆是否满足设计要求。

解：查附表 2-1，$\phi146 \times 5.5$ 无缝管截面面积 $A = 24.28cm^2$，每米质量 19.06kg/m，截面模量 $W = 82.19cm^3$，回转半径 $i = 4.97cm$。

（1）计算作用于附着杆上的荷载

轴向压力设计值 $N = \gamma_f N_{max} = 1.22 \times 92.01 = 112.25kN$

单位长度重力设计值 $q_x = 1.22 \times 9.81 \times 19.06 = 228.1 N/m$

重力弯矩设计值 $M_x=\dfrac{1}{8}q_x l_c^2=\dfrac{1}{8}\times228.1\times6.301^2=1132.4\text{N}\cdot\text{m}$

按非工作状态风压值计算，作用于附着杆的风荷载设计值 $q_y=363.4\text{N/m}$（省略计算过程）

风荷载弯矩设计值 $M_y=\dfrac{1}{8}q_y l_c^2=\dfrac{1}{8}\times363.4\times6.301^2=1804.0\text{N}\cdot\text{m}$

（2）验算附着杆强度

取截面塑性发展系数 $\gamma_x=\gamma_y=1.15$

$$\dfrac{N}{A}+\dfrac{M_x}{\gamma_y W_x}+\dfrac{M_y}{\gamma_y W_y}=\dfrac{112.25\times10^3}{24.28\times10^2}+\dfrac{1132.4\times10^3}{1.15\times82.19\times10^3}+\dfrac{1804.0\times10^3}{1.15\times82.19\times10^3}$$

$=77.3\text{N/mm}^2\leqslant f=215\text{N/mm}^2$，满足要求。

（3）验算附着杆刚度

$\lambda=\dfrac{l_c}{i}=\dfrac{6303}{4.97\times10}=126.8\leqslant150$，满足要求。

（4）验算整体稳定性

根据 $\lambda=126.8$，查附表 4-2，a 类截面轴心受压构件稳定系数 $\varphi=0.452$

参数：$N'_E=\dfrac{\pi^2 EA}{1.1\lambda^2}=\dfrac{\pi^2\times206\times10^3\times24.28\times10^2}{1.1\times126.8^2}=2.79\times10^5\text{N}$

x 轴稳定性：

$$\dfrac{N}{\varphi_x A}+\dfrac{M_x}{\gamma_x W_x\left(1-0.8\dfrac{N}{N'_{Ex}}\right)}+\eta\dfrac{M_y}{W_y}$$

$$=\dfrac{112.25\times10^3}{0.452\times24.28\times10^2}+\dfrac{1132.4\times10^3}{1.15\times82.19\times10^3\times\left(1-0.8\dfrac{112.25\times10^3}{2.79\times10^5}\right)}$$

$$+0.7\times\dfrac{1804.0\times10^3}{82.19\times10^3}=135.2\text{N/mm}^2\leqslant f=215\text{N/mm}^2$$，满足要求。

y 轴稳定性：

$$\dfrac{N}{\varphi_y A}+\eta\dfrac{M_x}{W_x}+\dfrac{M_y}{\gamma_y W_y\left(1-0.8\dfrac{N}{N'_{Ey}}\right)}=\dfrac{112.25\times10^3}{0.452\times24.28\times10^2}+0.7\times$$

$$\dfrac{1132.4\times10^3}{82.19\times10^3}+\dfrac{1804.0\times10^3}{1.15\times82.19\times10^3\times\left(1-0.8\dfrac{112.25\times10^3}{2.79\times10^5}\right)}$$

$=140.0\text{N/mm}^2\leqslant f=215\text{N/mm}^2$，满足要求。

【例 5-2】 1 根实腹式附着杆用对拼 14a 槽钢制作。作用于附着杆的最大轴向压力 $N_{max}=99.50\text{kN}$，附着杆两端销孔中心之间的长度 $l_c=6010\text{mm}$。验算这根附着杆是否满足设计要求。

解：查附表 3-1，附着杆截面面积 $A=37.02\text{cm}^2$，每米质量 29.06kg/m，截面模量 $W_x=161.06\text{cm}^3$、$W_y=125.1\text{cm}^3$，回转半径 $i_x=5.52\text{cm}$、$i_y=4.43\text{cm}$。

（1）计算作用于附着杆上的荷载

轴向压力设计值 $N=\gamma_f N_{max}=1.22\times99.50=121.39\text{kN}$

单位长度重力设计值 $q_x=1.22\times9.81\times29.06=347.8\text{N/m}$

重力弯矩设计值 $M_x=\dfrac{1}{8}q_x l_c^2=\dfrac{1}{8}\times347.8\times6.01^2=1570.4\text{N}\cdot\text{m}$

按非工作状态风压值计算，作用于附着杆的风荷载设计值 $q_y=348.4\text{N/m}$

风荷载弯矩设计值 $M_y=\dfrac{1}{8}q_y l_c^2=\dfrac{1}{8}\times348.4\times6.01^2=1573.2\text{N}\cdot\text{m}$

（2）验算附着杆强度

取截面塑性发展系数 $\gamma_x=1.05$，$\gamma_y=1.0$

$$\frac{N}{A}+\frac{M_x}{\gamma_x W_x}+\frac{M_y}{\gamma_y W_y}=\frac{121.39\times10^3}{37.02\times10^2}+\frac{1570.4\times10^3}{1.05\times161.06\times10^3}+\frac{1573.2\times10^3}{1.0\times125.1\times10^3}$$

$=54.6\text{N/mm}^2\leqslant f=215\text{N/mm}^2$，满足要求。

（3）验算附着杆刚度

$$\lambda_x=\frac{l_c}{i_x}=\frac{6010}{5.52\times10}=108.9\leqslant150$，满足要求。$$

$$\lambda_y=\frac{l_c}{i_y}=\frac{6010}{4.43\times10}=135.7\leqslant150$，满足要求。$$

（4）验算整体稳定性

根据 $\lambda_x=108.9$、$\lambda_y=135.7$，查附表4-3，b类截面轴心受压构件稳定系数 $\varphi_x=0.500$、$\varphi_y=0.362$。

x轴稳定性：

参数：$N'_{Ex}=\dfrac{\pi^2 EA}{1.1\lambda_x^2}=\dfrac{\pi^2\times206\times10^3\times37.02\times10^2}{1.1\times108.9^2}=5.77\times10^5\text{N}$

$$\frac{N}{\varphi_x A}+\frac{M_x}{\gamma_x W_x\left(1-0.8\dfrac{N}{N'_{Ex}}\right)}+\eta\frac{M_y}{W_y}=\frac{121.39\times10^3}{0.500\times37.02\times10^2}+$$

$$\frac{1570.4\times10^3}{1.05\times161.06\times10^3\times\left(1-0.8\times\dfrac{121.39\times10^3}{5.77\times10^5}\right)}+0.7\times\frac{1573.2\times10^3}{125.1\times10^3}$$

$=85.6\text{N/mm}^2\leqslant f=215\text{N/mm}^2$，满足要求。

y轴稳定性：

参数：$N'_{Ey}=\dfrac{\pi^2 EA}{1.1\lambda_y^2}=\dfrac{\pi^2\times206\times10^3\times37.02\times10^2}{1.1\times135.7^2}=3.71\times10^5\text{N}$

$$\frac{N}{\varphi_y A}+\eta\frac{M_x}{W_x}+\frac{M_y}{\gamma_y W_y\left(1-0.8\dfrac{N}{N'_{Ey}}\right)}=\frac{121.39\times10^3}{0.362\times37.02\times10^2}+0.7\times$$

$$\frac{1570.4\times10^3}{161.06\times10^3}+\frac{1573.2\times10^3}{1.00\times125.1\times10^3\times\left(1-0.8\times\dfrac{121.39\times10^3}{3.71\times10^5}\right)}$$

$=114.4\text{N/mm}^2\leqslant f=215\text{N/mm}^2$，满足要求。

5.3　双肢格构式附着杆的设计计算

双肢格构式附着杆的分肢材料通常选用槽钢，两根槽钢之间用缀板连接。为了方便设置调节螺母,两个槽钢的背间距 a 通常与槽钢高度 h 相同,截面呈正方形。如图 5-6 所示。设计时应验算其强度、刚度、整体稳定性、分肢稳定性,并校核缀板的构造要求。

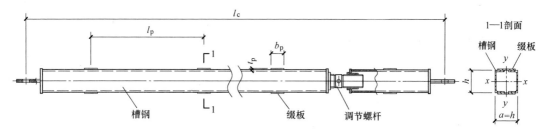

图 5-6 双肢格构式附着杆构造形式

5.3.1 验算附着杆强度

双肢格构式附着杆的强度按公式(5-4)计算。

$$\frac{N}{A}+\frac{M_x}{\gamma_x W_x}+\frac{M_y}{\gamma_y W_y}\leqslant f \tag{5-4}$$

式中 N——作用于附着杆的轴向压力设计值(N),按公式 $N=\gamma_f N_{max}$ 计算;

γ_f——总安全系数,取 $\gamma_f=1.22$;

N_{max}——附着杆最大轴向压力(N);

M_x——作用于附着杆的自重弯矩设计值(N·m);

M_y——作用于附着杆的风荷载弯矩设计值(N·m);

A——附着杆的截面面积(mm²),查附表 3-1 或附表 3-2 采用;

γ_x、γ_y——截面塑性发展系数,取 $\gamma_x=1.05$,$\gamma_y=1.0$;

W_x、W_y——附着杆的截面模量(mm³),查附表 3-1 或附表 3-2 采用;

f——材料抗拉、抗压和抗弯强度设计值(N/mm²),查附表 1-1 采用。

5.3.2 验算附着杆刚度

双肢格构式附着杆的长细比,分为对实轴长细比 λ_x 和对虚轴长细比 λ_y。对实轴(x 轴)长细比按公式(5-5)计算。对虚轴(y 轴)长细比,按换算长细比计算,应满足公式(5-6)的要求。

$$\lambda_x=\frac{l_c}{i_x}\leqslant 150 \tag{5-5}$$

$$\lambda_{hy}=\sqrt{\lambda_y^2+\lambda_1^2}\leqslant 150 \tag{5-6}$$

$$\lambda_y=\frac{l_c}{i_y}$$

$$\lambda_1=\frac{l_p-b_p}{i_y}$$

式中 λ_x、λ_y——整个构件分别对 x 轴、y 轴的长细比;

λ_{hy}——对 y 轴的换算长细比;

l_c——附着杆的计算长度,指附着杆两端销孔中心之间的长度(mm);

i_x、i_y——构件分别对 x 轴、y 轴的回转半径(mm);

λ_1——分肢对最小刚度轴的长细比，其计算长度为相邻两缀板的净距离；

l_p——缀板间距（mm）；

b_p——缀板宽度（mm）。

5.3.3 验算附着杆整体稳定性

双肢格构式附着杆的整体稳定性按公式（5-7）计算。

$$\frac{N}{\varphi_y A}+\frac{M_x}{W_x}+\frac{M_y}{W_y\left(1-\varphi_y\dfrac{N}{N'_{Ey}}\right)}\leqslant f \tag{5-7}$$

式中 N——作用于附着杆的轴向压力设计值（N），按公式 $N=\gamma_f N_{max}$ 计算；

γ_f——总安全系数，取 $\gamma_f=1.22$；

N_{max}——附着杆最大轴向压力（N）；

M_x——作用于附着杆的自重弯矩设计值（N·m）；

M_y——作用于附着杆的风荷载弯矩设计值（N·m）；

φ_y——对 y 轴的轴心受压构件稳定系数，查附表 4-3 采用；

A——附着杆的截面面积（mm²），查附表 3-1 或附表 3-2 采用；

W_x——对 x 轴的毛截面惯性矩，查附表 3-1 或附表 3-2 采用；

W_y——对 y 轴的毛截面惯性矩，查附表 3-1 或附表 3-2 采用；

N'_{Ey}——参数，$N'_{Ey}=\dfrac{\pi^2 EA}{1.1\lambda_{hy}^2}$；

E——钢材的弹性模量，$E=206\times10^3\,\text{N/mm}^2$。

5.3.4 验算分肢稳定性

《钢结构设计规范》GB 50017—2003 第 5.1.4 条规定，当缀件为缀板时，分肢长细比 λ_1 不应大于 40，并且不应大于 λ_{max}（λ_x、λ_{hy} 中的大值）的 0.5 倍，当 $\lambda_{max}<50$ 时，取 $\lambda_{max}=50$。

分肢稳定性按实腹式压弯构件计算。将分肢视为桁架弦杆，计算其在轴力和弯矩共同作用下产生的内力，如图 5-7 所示。分肢稳定性按公式（5-8）计算。

$$\sigma_1=\frac{N_1}{\varphi_1 A_0}+\frac{M_{x1}}{\gamma_{x1}W_{x1}\left(1-0.8\dfrac{N_1}{N'_{Ex1}}\right)}\leqslant f \tag{5-8}$$

$$N_1=N/2+M_y/(a-2z_0)$$

$$M_{x1}=M_x/2$$

式中 N_1——在轴力和弯矩 M_y 共同作用下，作用于分肢 1 的轴向力设计值（N）；

M_{x1}——在弯矩 M_x 的作用下，作用于分肢 1 的弯矩设计值（N·m）；

φ_1——分肢稳定系数，依据分肢长细比 λ_1，查附表

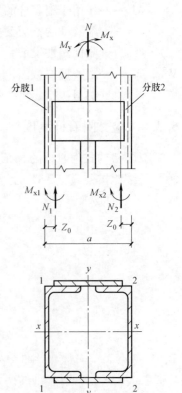

图 5-7 双向弯受格构式压弯构件

4-3 采用；

　　A_0——分肢截面面积（mm^2），查附表 2-3 或附表 2-4 采用；

　　γ_{x1}——截面塑性发展系数，取 $\gamma_{x1}=1.05$；

　　W_{x1}——分肢毛截面模量（mm^3），查附表 2-3 或附表 2-4 按 W_x 采用；

　　N'_{Ex1}——参数，$N'_{Ex1}=\dfrac{\pi^2 E A_0}{1.1\lambda_{x1}^2}$；

　　λ_{x1}——分肢对 x 轴的长细比，其计算长度为相邻两缀板的净距离。

5.3.5　校核缀板构造要求

缀板设计应满足公式（5-9）、（5-10）、（5-11）的要求。

$$b_p \geqslant \frac{2}{3}(a-2Z_0) \tag{5-9}$$

$$t_p \geqslant (a-2Z_0)/40 \tag{5-10}$$

$$\frac{缀板线刚度之和}{分肢线刚度}=\frac{2I_p/(a-2z_0)}{I_{0y}/l_p}>6 \tag{5-11}$$

式中　b_p、t_p——缀板的宽度、厚度（mm）；

　　　　a——两个槽钢背间距离（mm）；

　　　　Z_0——槽钢重心距离（mm），查附表 2-3 或附表 2-4 采用；

　　　　I_p——缀板宽度方向惯性矩（mm^4），$I_p=t_p b_p^3/12$；

　　　　I_{0y}——单肢槽钢 y 轴的截面惯性矩（mm^4）；

　　　　l_p——缀板间距（mm）。

【例 5-3】 1 根双肢格构式附着杆，槽钢型号 14a，两根槽钢的背间距 $a=140mm$，缀板间距 $l_p=700mm$，缀板宽度 $b_p=80mm$，缀板厚度 $t_p=8mm$。附着杆两端销孔中心之间的长度 $l_c=6341mm$，承受的最大轴向压力 $N_{max}=97.316kN$。验算这根附着杆是否满足设计要求。

解： 查附表 2-3，14a 槽钢截面面积 $A_0=18.51cm^2$，每米质量 14.53kg/m，惯性矩 $I_{0x}=564cm^4$、$I_{0y}=53.2cm^4$，截面模量 $W_{0x}=80.5cm^3$、$W_{0y}=13.0cm^3$，回转半径 $i_{0x}=5.52cm$、$i_{0y}=1.70cm$，重心距 $Z_0=1.71cm$。

（1）计算附着杆组合截面特性

截面面积 $A=2A_0=2\times18.51=37.02cm^2$

惯性矩 $I_x=2I_{0x}=2\times564=1128cm^4$

$I_y=2[I_{0y}+A_0(a/2-Z_0)^2]=2\times[53.2+18.51\times(14/2-1.71)^2]=1142cm^4$

截面模量：$W_x=2W_{0x}=2\times80.5=161cm^3$，$W_y=2I_y/a=2\times1142/14=163cm^3$

回转半径：$i_x=i_{0x}=5.52cm$，$i_y=\sqrt{I_y/A}=\sqrt{1142/37.02}=5.55cm$

（2）计算作用于附着杆上的荷载

附着杆轴向压力设计值 $N=\gamma_f N_{max}=1.22\times97.316=118.73kN$

计算附着杆单位长度重力设计值，缀板重力按槽钢材料的 10% 估算：

$q_x=1.22\times9.81\times1.1\times2\times14.53=382.58N/m$

重力弯矩设计值 $M_x=\dfrac{1}{8}q_x l_c^2=\dfrac{1}{8}\times382.58\times6.341^2=1923N\cdot m$

按非工作状态风压值计算，省略计算过程，作用于附着杆的风荷载设计值 $q_y = 348.4\text{N/m}$

风荷载弯矩设计值 $M_y = \dfrac{1}{8}q_y l_c^2 = \dfrac{1}{8} \times 348.4 \times 6.341^2 = 1751\text{N} \cdot \text{m}$

(3) 验算附着杆强度

截面塑性发展系数 $\gamma_x = 1.05$，$\gamma_y = 1.00$，

$$\frac{N}{A} + \frac{M_x}{\gamma_y W_x} + \frac{M_y}{\gamma_y W_y} = \frac{118.73 \times 10^3}{37.02 \times 10^2} + \frac{1923 \times 10^3}{1.05 \times 161 \times 10^3} + \frac{1751 \times 10^3}{1.0 \times 163 \times 10^3}$$

$= 54.2\text{N/mm}^2 \leqslant f = 215\text{N/mm}^2$，满足要求。

(4) 验算附着杆的刚度

对 x 轴长细比 $\lambda_x = \dfrac{l_c}{i_x} = \dfrac{6341}{5.52 \times 10} = 114.9 \leqslant 150$，满足要求。

对 y 轴长细比 $\lambda_y = \dfrac{l_c}{i_y} = \dfrac{6341}{5.55 \times 10} = 114.2$

分肢长细比 $\lambda_1 = \dfrac{l_p - b_p}{i_{0y}} = \dfrac{700 - 80}{1.70 \times 10} = 36.6$

换算长细比 $\lambda_{hy} = \sqrt{\lambda_y^2 + \lambda_1^2} = \sqrt{114.2^2 + 36.6^2} = 119.9 \leqslant 150$，满足要求。

(5) 验算整体稳定性

查附表 4-3，b 类截面轴心受压构件稳定系数表，$\varphi_y = 0.437$。

参数：$N'_{Ey} = \dfrac{\pi^2 EA}{1.1\lambda_{hy}^2} = \dfrac{\pi^2 \times 206 \times 10^3 \times 37.02 \times 10^2}{1.1 \times 119.9^2} = 4.76 \times 10^5\text{N}$

$$\frac{N}{\varphi_y A} + \frac{M_x}{W_x} + \frac{M_y}{W_y\left(1 - \varphi_y \dfrac{N}{N'_{Ey}}\right)}$$

$$= \frac{118.73 \times 10^3}{0.437 \times 37.02 \times 10^2} + \frac{1923 \times 10^3}{161 \times 10^3} + \frac{1751 \times 10^3}{163 \times 10^3 \times \left(1 - 0.437 \times \dfrac{118.73 \times 10^3}{4.76 \times 10^5}\right)}$$

$= 97.4\text{N/mm}^2 \leqslant f = 215\text{N/mm}^2$，满足要求。

(6) 验算分肢稳定性

分肢长细比 $\lambda_1 = 36.5 < 40$，$\lambda_1 = 36.5 < \lambda_{max}/2 = 119.9/2 = 60$，满足要求。

查附表 4-3，b 类截面轴心受压构件稳定系数表，分肢稳定系数 $\varphi_1 = 0.912$。

作用于分肢 1 的轴向压力 $N_1 = \dfrac{N}{2} + \dfrac{M_y}{a - 2z_0} = \dfrac{118.73}{2} + \dfrac{1751}{140 - 2 \times 17.1} = 75.9\text{kN}$

作用于分肢 1 的弯矩 $M_{x1} = M_x/2 = 1923/2 = 961.5\text{N} \cdot \text{m}$

分肢对 x 轴长细比 $\lambda_{x1} = \dfrac{l_p - b_p}{i_{0x}} = \dfrac{700 - 80}{55.2} = 11.2$

参数 $N'_{Ex1} = \dfrac{\pi^2 EA_0}{1.1\lambda_{x1}^2} = \dfrac{\pi^2 \times 2.06 \times 10^5 \times 18.51 \times 10^2}{1.1 \times 11.2^2} = 2.71 \times 10^7\text{N}$

$$\sigma_1 = \frac{N_1}{\varphi_1 A_0} + \frac{M_{x1}}{\gamma_{x1} W_{x1}\left(1 - 0.8\dfrac{N_1}{N'_{Ex1}}\right)}$$

$$=\frac{75.9\times10^3}{0.912\times18.51\times10^2}+\frac{961.5\times10^3}{1.05\times80.5\times10^3\times\left(1-0.8\times\dfrac{75.9\times10^3}{2.71\times10^7}\right)}$$

$=56.4\text{N/mm}^2\leqslant f=215\text{N/mm}^2$，满足要求。

（7）校核缀板构造要求

$b_p=80\text{mm}>\dfrac{2}{3}(a-2z_0)=\dfrac{2}{3}\times(140-2\times17.1)=70.5\text{mm}$，满足要求。

$t_p=8\text{mm}\geqslant(a-2z_0)/40=(140-2\times17.1)/40=2.65\text{mm}$，满足要求。

缀板线刚度 $I_p=t_p b_p^3/12=8\times80^3/12=341333\text{mm}^4$

$\dfrac{2I_p/(a-2z_0)}{I_{0y}/l_p}=\dfrac{2\times341333/(140-2\times17.1)}{53.2\times10^4/700}=\dfrac{6452}{760}=8.49>6$，满足要求。

5.4 4肢格构式附着杆的设计计算

4肢格构式附着杆适用于超长距离的塔机附着。这种附着杆的优点是：截面模量大、截面回转半径大，自重轻；缺点是制作工艺较为复杂。杆体截面通常做成正方形，分肢材料通常选用等肢角钢，缀条可选用圆钢也可选用角钢。为了避免相交的两杆杆端互相干涉，可以将附着杆做成橄榄形，中间粗两端细，如图5-8所示。

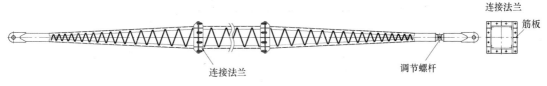

图5-8　4肢格构式橄榄形附着杆

设计4肢格构式附着杆，应验算其强度、刚度、整体稳定性、分肢稳定性，缀条稳定性。

5.4.1 验算附着杆强度

4肢格构式附着杆的强度按公式（5-12）计算。

$$\frac{N}{A}+\frac{M_x+M_y}{\gamma W}\leqslant f \tag{5-12}$$

$$W=\frac{2I}{B_d}$$

$$I=4\left[I_0+A_0\left(\frac{B_d}{2}-z_0\right)^2\right]$$

式中　N——作用于附着杆的轴向压力设计值（N），按公式 $N=\gamma_f N_{\max}$ 计算；

　　　γ_f——总安全系数，取 $\gamma_f=1.22$；

　　$N_{\max}$——附着杆最大轴向压力（N）；

　　　M_x——作用于附着杆的自重弯矩设计值（N·m）；

　　　M_y——作用于附着杆的风荷载弯矩设计值（N·m）；

　　　A——4根分肢材料的截面面积和（mm²），查附表3-3采用；

γ——截面塑性发展系数，取 $\gamma=1.0$；

W——附着杆的截面模量（mm^3），查附表 3-3 采用；

B_d——附着杆截面边长（mm）；

I_0——单肢角钢截面惯性矩（mm^4），查附表 2-5 采用；

A_0——单肢角钢的截面面积（mm^2），查附表 2-5 采用；

z_0——角钢的重心距离（mm），查附表 2-5 采用；

f——材料抗拉、抗压和抗弯强度设计值（N/mm^2），查附表 1-1 采用。

5.4.2 验算附着杆刚度

4 肢格构式橄榄形附着杆的计算长度按公式（5-13）计算。

$$l_c=\mu_2 l \tag{5-13}$$

式中 l_c——受压构件计算长度（mm）；

l——附着杆的实际长度，指附着杆两端销孔中心之间的距离（mm）；

μ_2——变截面构件的计算长度系数，从表 5-1 中插值选取，等截面时取 $\mu_2=1$。

4 肢格构式橄榄形附着杆计算长度系数 μ_2 值 表 5-1

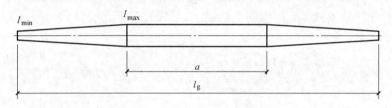

$m=a/l_g$

I_{min}/I_{max}	m				
	0	0.2	0.4	0.6	0.8
0.01	1.69	1.44	1.22	1.07	1.01
0.05	1.46	1.29	1.14	1.04	1.01
0.1	1.35	1.22	1.10	1.03	1.00
0.2	1.25	1.15	1.07	1.02	1.00
0.4	1.14	1.08	1.04	1.01	1.00
0.6	1.08	1.05	1.02	1.01	1.00
0.8	1.03	1.02	1.01	1.00	1.00

4 肢格构式附着杆的长细比按公式（5-14）计算。

$$\lambda=l_c/i_{max} \tag{5-14}$$

式中 λ——计算长细比；

i_{max}——附着杆最大截面的回转半径（mm）。

4 肢格构式附着杆的换算长细比，按公式（5-15）计算。

$$\lambda_h=\sqrt{\lambda^2+40\frac{A}{2A_1}}\leqslant 150 \tag{5-15}$$

式中　λ_h——换算长细比；

　　　A——附着杆分肢毛截面面积和（mm²）；

　　　A_1——单根缀条毛截面面积（mm²）。

5.4.3　验算整体稳定性

附着杆整体稳定性按公式（5-16）计算。

$$\frac{N}{\varphi A}+\frac{M_x}{W}+\frac{M_y}{W\left(1-\varphi\dfrac{N}{N'_E}\right)}\leqslant f \tag{5-16}$$

式中　N——作用于附着杆的轴向压力设计值（N），按公式 $N=\gamma_f N_{max}$ 计算；

　　　γ_f——总安全系数，取 $\gamma_f=1.22$；

　　N_{max}——附着杆最大轴向压力（N）；

　　　M_x——作用于附着杆的自重弯矩设计值（N·m）；

　　　M_y——作用于附着杆的风荷载弯矩设计值（N·m）；

　　　φ——轴心受压构件稳定系数，查附表 4-3 采用；

　　　A——附着杆分肢的截面面积和（mm²），查附表 3-3 采用；

　　　W——附着杆的截面模量（mm³），查附表 3-3 采用；

　　N'_E——参数，$N'_E=\dfrac{\pi^2 EA}{1.1\lambda_h^2}$；

　　　E——钢材的弹性模量，取 $206\times10^3\,\text{N/mm}^2$。

5.4.4　验算分肢稳定性

《钢结构设计规范》GB 50017—2003 规定，分肢长细比 λ_1 不应大于构件换算长细比 λ_h 的 0.7 倍。分肢稳定性按公式（5-17）计算。

$$\frac{N_1}{\varphi_1 A_0}\leqslant f \tag{5-17}$$

$$N_1=\frac{N}{4}+\frac{M_x+M_y}{B_d-2Z_0} \tag{5-18}$$

式中　N_1——分肢轴向力设计值（N）；

　　　A_0——单肢角钢截面面积（mm²），查附表 2-5 采用；

　　　φ_1——分肢稳定系数，根据分肢长细比 λ_f 查附表 4-3 采用，$\lambda_f=\dfrac{l_f}{i_{min}}$；

　　　l_f——分肢计算长度，$l_f=2(B_d-2Z_0)/\tan\theta$；

　　　B_d——附着杆截面边长（mm）；

　　　θ——缀条与附着杆中心线之间的夹角（°）；

　　i_{min}——单肢角钢的最小回转半径（mm），查附表 2-5 采用。

5.4.5　计算缀条稳定性

作用于 4 肢格构式附着杆的剪力由缀条承担。缀条的稳定性按公式（5-19）计算。

$$\frac{N_Z}{\varphi_Z A_1}\leqslant f \tag{5-19}$$

$$N_Z = \frac{V}{2\sin\theta}$$

式中　N_Z——作用于缀条的轴向力设计值（N）；

　　　φ_Z——缀条稳定系数；

　　　A_1——缀条的截面面积（mm²）；

　　　V——剪力（N），取实际剪力 $V_1 = \frac{1}{2}q_x l$、计算剪力 $V_2 = \frac{Af}{85}\sqrt{\frac{f_y}{235}}$ 中的大值；

　　　θ——缀条与附着杆中心线之间的夹角（°）。

【例 5-4】 1 根 4 肢格构式橄榄形附着杆，作用于附着杆的最大轴向压力 $N_{max} = 120.49$kN。两端销孔中心之间的长度 $l = 10857$mm，4 肢格构段长度 $l_g = 9000$mm，杆中段长度 $a = 5000$mm，截面边长 $B_d = 300$mm；锥端截面边长 $B_{min} = 130$mm。缀条与杆中心线之间的夹角 $\theta = 60°$。

分肢材料选用∟50×5 角钢，缀条材料选用 $\phi12$ 圆钢，为了与耳板连接和将来改制方便，两端用双肢 12 号轻型槽钢与耳板连接，销孔中心至杆 1-1 截面的长度 $l_1 = 1100$mm，如图 5-9 所示。验算这根附着杆强度是否满足设计要求。

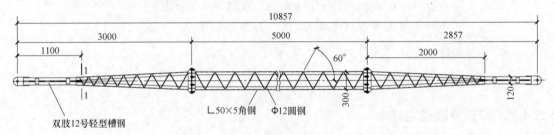

图 5-9　例 5-4 图

解： 查附表 2-5，∟50×5 角钢截面面积 $A_0 = 4.80$cm²，每米质量 3.77kg/m，惯性矩 $I_0 = 11.21$cm⁴，截面模量 $W_0 = 7.90$cm³，最小回转半径 $i_{min} = 0.98$cm，重心距 $Z_0 = 1.42$cm。

查附表 2-4，12 号轻型槽钢截面面积 $A_0 = 13.28$cm²，每米质量 10.43kg/m，惯性矩 $I_{0x} = 303.9$cm⁴。

查附表 2-6，$\phi12$ 圆钢截面面积 $A_1 = 1.13$cm²，回转半径 $i_1 = 0.30$cm。

(1) 计算附着杆组合截面特性

附着杆分肢总截面面积：$A = 4A_0 = 4 \times 4.80 = 19.20$cm²

惯性矩：$I_{max} = 4\left[I_0 + A_0\left(\frac{B_d}{2} - Z_0\right)^2\right] = 4 \times \left[11.21 + 4.80 \times \left(\frac{30}{2} - 1.42\right)^2\right] = 3585.6$cm⁴

$I_{min} = 4\left[I_0 + A_0\left(\frac{B_{min}}{2} - Z_0\right)^2\right] = 4 \times \left[11.21 + 4.80 \times \left(\frac{13}{2} - 1.42\right)^2\right] = 540.3$cm⁴

截面模量：$W_{max} = 2I_{max}/B_{dmax} = 2 \times 3585.6/30 = 239.0$cm³

$W_{min} = 2I_{min}/B_{dmin} = 2 \times 540.3/13 = 83.1$cm³

回转半径：$i_{max} = \sqrt{I_{max}/A} = \sqrt{3585.6/19.2} = 13.67$cm

(2) 计算作用于附着杆上的荷载

依据《塔式起重机设计规范》GB/T 13752—2017 中 4.4.5 条，取总安全系数

$\gamma_f=1.22$。

　　轴向压力设计值 $N=\gamma_f N_{max}=1.22\times120.49=147.0$kN

　　经计算，附着杆单位长度重力标准值 $G=239.29$N/m

　　附着杆单位长度重力设计值 $q_x=\gamma_f G=1.22\times239.29=291.93$N/m

　　重力弯矩设计值 $M_x=\dfrac{1}{8}q_x l_c^2=\dfrac{1}{8}\times291.93\times10.857^2=4301.7$N·m

　　1-1 截面重力弯矩设计值：

$$M_{x1}=\dfrac{1}{2}q_x l_1(l_c-l_1)=\dfrac{1}{2}\times291.93\times1.1\times(10.857-1.1)=1566.7\text{N·m}$$

　　按非工作状态风压值计算，作用于附着杆的风荷载标准值 $q_{ky}=216.4$N/m

　　作用于附着杆的风荷载设计值 $q_y=\gamma_f q_{ky}=1.22\times216.4=264.0$N/m

　　风荷载弯矩设计值 $M_y=\dfrac{1}{8}q_y l_c^2=\dfrac{1}{8}\times264.0\times10.857^2=3890.9$N·m

　　1-1 截面风荷载弯矩设计值：

$$M_{y1}=\dfrac{1}{2}q_y l_1(l_c-l_1)=\dfrac{1}{2}\times264.0\times1.1\times(10.857-1.1)=1417.0\text{N·m}$$

（3）验算附着杆强度

中段最大截面：

$$\dfrac{N}{A}+\dfrac{M_x+M_y}{\gamma W_{max}}=\dfrac{147.0\times10^3}{19.2\times10^2}+\dfrac{(4301.7+3890.9)\times10^3}{1.0\times239.0\times10^3}$$

$=110.8$N/mm²$\leq f=215$N/mm²，满足要求。

1-1 截面：

$$\dfrac{N}{A}+\dfrac{M_{x1}+M_{y1}}{\gamma W_{min}}=\dfrac{147.0\times10^3}{19.2\times10^2}+\dfrac{(1566.7+1417.0)\times10^3}{1.0\times83.1\times10^3}$$

$=112.5$N/mm²$\leq f=215$N/mm²，满足要求。

（4）验算附着杆的刚度

$I_{min}/I_{max}=540.3/3585.6=0.151$，$m=a/l_g=5000/9000=0.556$，

查表 5-1，用插入法取值，$\mu_2=1.04$。

计算长度 $l_c=\mu_2 l=1.04\times10857=11291$mm

$$\lambda=\dfrac{l_c}{i_{max}}=\dfrac{11291}{136.7}=82.6$$

换算长细比：

$$\lambda_h=\sqrt{\lambda^2+40\dfrac{A}{2A_1}}=\sqrt{82.6^2+40\times\dfrac{19.20}{2\times1.13}}=84.7\leq150$$，满足要求。

（5）验算整体稳定性

查 b 类截面轴心受压构件稳定系数表，$\varphi=0.657$。

参数：$N'_E=\dfrac{\pi^2 EA}{1.1\lambda_h^2}=\dfrac{\pi^2\times206\times10^3\times19.20\times10^2}{1.1\times84.7^2}=4.95\times10^5$N

$$\dfrac{N}{\varphi A}+\dfrac{M_x}{W}+\dfrac{M_y}{W\left(1-\varphi\dfrac{N}{N'_E}\right)}$$

$$= \frac{147.0 \times 10^3}{0.657 \times 19.2 \times 10^2} + \frac{4301.7 \times 10^3}{239 \times 10^3} + \frac{3890.9 \times 10^3}{239 \times 10^3 \times \left(1 - 0.657 \times \frac{147.0 \times 10^3}{4.95 \times 10^5}\right)}$$

$$= 154.8 \text{N/mm}^2 \leqslant f = 215 \text{N/mm}^2$$

满足要求。

(6) 验算分肢稳定性

分肢轴向力 $N_1 = \dfrac{N}{4} + \dfrac{M_x + M_y}{B_d - 2Z_0} = \dfrac{147.0 \times 10^3}{4} + \dfrac{(4301.7 + 3890.9) \times 10^3}{300 - 2 \times 14.2} = 66.9 \text{kN}$

分肢计算长度 $l_1 = 2(B_d - 2Z_0)/\tan\theta = 2 \times (300 - 2 \times 14.2)/\tan 60° = 314 \text{mm}$

分肢长细比 $\lambda_1 = l_1/i_{\min} = 314/9.8 = 32.0$

分肢长细比 $\lambda_1 = 32.0 < 0.7\lambda_h = 0.7 \times 84.7 = 59.3$，满足要求。

查附表 4-3，b 类截面轴心受压构件稳定系数表，分肢稳定系数 $\varphi_1 = 0.929$。

$\sigma_1 = \dfrac{N_1}{\varphi_1 A_0} = \dfrac{66.9 \times 10^3}{0.929 \times 4.80 \times 10^2} = 150.1 \text{N/mm}^2 \leqslant f = 215 \text{N/mm}^2$，满足要求。

(7) 验算缀条稳定性

由于 q_x 大于 q_y，作用于附着杆的实际剪力按公式 $V_1 = \dfrac{1}{2} q_x l$ 计算。

$$V_1 = \frac{1}{2} q_x l = \frac{1}{2} \times 291.93 \times 10.857 = 1585 \text{N}$$

计算剪力 $V_2 = \dfrac{Af}{85}\sqrt{\dfrac{f_y}{235}} = \dfrac{19.20 \times 10^2 \times 215}{85} \times \sqrt{\dfrac{235}{235}} = 4856 \text{N}$

$V_1 < V_2$，剪力 $V = V_2 = 4856 \text{N}$

缀条轴向内力 $N_Z = \dfrac{V}{2\sin\theta} = \dfrac{4856}{2 \times \sin 60°} = 2804 \text{N}$

缀条计算长度 $l_Z = (B_d - 2Z_0)/\sin\theta = (300 - 2 \times 14.2)/\sin 60° = 314 \text{mm}$

缀条长细比 $\lambda_Z = l_Z/i_1 = 314/3 = 105$

查附表 4-2，a 类截面轴心受压构件稳定系数表，$\varphi_Z = 0.603$，

缀条稳定 $\dfrac{N_Z}{\varphi_Z A_1} = \dfrac{2804}{0.603 \times 113} = 41.1 \text{N} \leqslant f = 215 \text{N/mm}^2$，满足要求。

5.5 调节螺杆的设计计算

附着杆上的螺旋副用于微调附着杆的长度。由于调节螺杆同时具有调节长度和传递力的作用，因此调节螺杆应有足够的强度和刚度。

5.5.1 计算调节螺杆的稳定性

作用于附着杆调节螺杆上的荷载有轴向力和弯矩，调节螺杆的稳定性按公式（5-20）计算。

$$\frac{N}{\varphi A_e} + \frac{M}{W_e} \leqslant f_J \tag{5-20}$$

$$M = \frac{1}{2} q l_1 (l - l_1)$$

$$q=\sqrt{q_{x}^{2}+q_{y}^{2}}$$

式中　N——作用于附着杆上的轴向压力设计值（N）；

　　　M——作用于调节螺杆上的弯矩设计值（N·m）；

　　　q——重力均布荷载和均布风荷载的合力（N/m）；

　　　q_{x}——附着杆重力均布荷载设计值（N/m）；

　　　q_{y}——作用于附着杆的均布风荷载设计值（N/m）；

　　　φ——螺杆的稳定系数，按螺杆可调节范围的最大长细比取值；

　　　A_{e}——螺杆螺纹处的有效截面面积（mm²），$A_{e}=\pi d_{1}^{2}/4$，d_{1} 为螺纹的小径，普通螺纹查附表 5-1，梯形螺纹在《机械设计手册》中查取；

　　　W_{e}——螺杆螺纹处的有效截面模量（mm³），$W_{e}=\pi d_{1}^{3}/32$；

　　　f_{J}——材料抗拉、抗压和抗弯强度设计值，对于 45 号钢，按 $f_{J}=240N/mm^{2}$ 取值。

5.5.2 验算调节螺杆自锁性

自锁性验算主要是验算螺旋升角 γ 是否小于当量摩擦角 φ_{d}，按公式（5-21）验算。

$$\gamma=\arctan\frac{t}{\pi d_{2}}\leqslant\varphi_{d} \tag{5-21}$$

式中　γ——螺旋升角（°）；

　　　t——螺距，相邻两螺纹牙上对应点间的距离（mm）；

　　　d_{2}——螺纹中径（mm），普通螺纹查附表 5-1，梯形螺纹在《机械设计手册》中查取；

　　　φ_{d}——当量摩擦角，调节螺杆和螺母的材料均为钢件，取 $\varphi_{d}=6°$。

【例 5-5】 1 根附着杆两端销孔中心之间的长度 $l=5210mm$，杆端至调节螺母之间的长度 $l_{1}=1000mm$，螺杆最大外露长度 $l_{G}=400mm$，如图 5-10 所示。螺杆规格 M64。作用于附着杆上的轴向力设计值 $N=130.82kN$，自重荷载设计值 $q_{x}=148N/m$，风荷载设计值 $q_{y}=308N/m$。验算调节螺杆的稳定性和自锁性能。

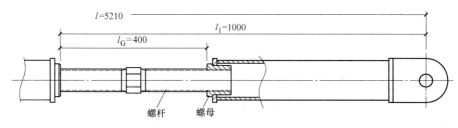

图 5-10　例 5-5 图

解：查附表 5-1，M64 螺栓的螺距 $t=6.0mm$，螺纹中径 $d_{2}=60.103mm$，螺纹小径 $d_{1}=57.505mm$。

（1）验算螺杆稳定性

作用于螺杆上重力和风力的合力 $q=\sqrt{q_{x}^{2}+q_{y}^{2}}=\sqrt{148^{2}+308^{2}}=342N/m$

作用于螺杆的弯矩 $M=ql_{1}(l-l_{1})/2=342\times1\times(5.21-1)/2=719.9N·m$

螺纹有效截面面积 $A_{e}=\pi d_{1}^{2}/4=\pi\times57.505^{2}/4=2597mm^{2}$

螺纹有效截面模量 $W_e = \pi d_1^3/32 = \pi \times 57.505^3/32 = 18669 \text{mm}^3$

螺纹小径的回转半径 $i_1 = d_1/4 = 57.505/4 = 14.4 \text{mm}$

长细比 $\lambda = l_G/i_1 = 400/14.4 = 27.8$

查附表 4-2，a 类截面的稳定系数表，$\varphi = 0.966$

$$\frac{N}{\varphi A_e} + \frac{M}{W_e} = \frac{130.82 \times 10^3}{0.966 \times 2597} + \frac{719.9 \times 10^3}{18669} = 90.7 \text{N/mm}^2 \leqslant f_J = 240 \text{N/mm}^2，满足要求。$$

（2）验算螺杆自锁性

$$\gamma = \arctan \frac{t}{\pi d_2} = \arctan \frac{6.0}{\pi \times 60.103} = 1.82° \leqslant \varphi_d = 6°$$

螺杆能保持自锁，可以不设置锁紧螺母。

5.6 连接耳板的设计计算

附着杆的连接耳板通常设置为单耳板，耳板顶端设计成圆弧形状，便于附着杆与附着框、附墙座连接，如图 5-11 所示。

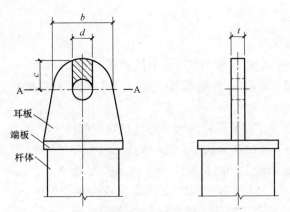

图 5-11 附着杆连接耳板强度计算

作用于附着杆耳板的荷载主要为轴向拉力或压力，对重力和风力作用的支承反力较小，约占轴向内力的 1%，因此忽略不计。

耳板的破坏型式有 3 种：图 5-11 中的 A—A 截面被拉断、阴影部分被拉出、销孔挤压变形。针对这 3 种破坏型式，相应验算耳板的抗拉、抗剪、承压强度。

5.6.1 验算耳板抗拉强度

耳板 A—A 截面的抗拉强度按公式（5-22）计算。

$$\frac{\gamma_s N}{(b-d)t} \leqslant f \tag{5-22}$$

式中 γ_s——考虑开孔对结构件应力的影响系数，取 $\gamma_s = 1.2$；

N——作用于附着杆上的轴向力设计值（N）；

b、d、t——耳板上的相关尺寸（mm），如图 5-11 所示；

f——材料抗拉、抗压和抗弯强度设计值（N/mm²），查附表 1-1 采用。

5.6.2　验算耳板销孔两侧的抗剪强度

耳板销孔两侧的抗剪强度按公式（5-23）计算。

$$\frac{N}{2ct} \leqslant f_v \tag{5-23}$$

式中　N——作用于附着杆上的轴向力设计值（N）；

　　　c、t——耳板上的相关尺寸（mm），如图 5-11 所示；

　　　f_v——材料抗剪强度设计值（N/mm²），查附表 1-1 采用。

5.6.3　验算销孔承压强度

耳板销孔的承压强度按公式（5-24）计算。

$$\frac{N}{dt} \leqslant f_{ce} \tag{5-24}$$

式中　N——作用于附着杆上的轴向力设计值（N）；

　　　d、t——分别为销孔的直径、耳板的厚度（mm），如图 5-10 所示；

　　　f_{ce}——材料的端面承压强度设计值（N/mm²），查附表 1-1 采用。

【例 5-6】 1 根附着杆的轴向力设计值 $N = 130.82\text{kN}$。耳板材料 Q235，相关尺寸如图 5-11 所示，$b = 91.1\text{mm}$，$c = 42.4\text{mm}$，$d = 30\text{mm}$，$t = 20\text{mm}$。验算这个连接耳板的强度是否满足设计要求。

解： 查附表 1-1，Q235 厚度 20mm 钢板，$f = 205\text{N/mm}^2$，$f_v = 120\text{N/mm}^2$，$f_{ce} = 325\text{N/mm}^2$。

抗拉强度：

$$\frac{\gamma_s N}{(b-d)t} = \frac{1.2 \times 130.82 \times 10^3}{(91.1-30) \times 20} = 128\text{N/mm}^2 \leqslant f = 205\text{N/mm}^2，满足要求。$$

抗剪强度：

$$\frac{N}{2ct} = \frac{130.82 \times 10^3}{2 \times 42.4 \times 20} = 77.1\text{N/mm}^2 \leqslant f_v = 120\text{N/mm}^2，满足要求。$$

承压强度：

$$\frac{N}{dt} = \frac{130.82 \times 10^3}{30 \times 20} = 218\text{N/mm}^2 \leqslant f_{ce} = 325\text{N/mm}^2，满足要求。$$

5.7　法兰连接强度的设计计算

5.7.1　连接焊缝的强度计算

4 肢格构式附着杆分肢与法兰之间的连接焊缝强度按公式（5-25）计算。

$$\frac{N_1}{h_e(\beta_f l_{wz} + 2l_{wc})} \leqslant f_f^w \tag{5-25}$$

式中　N_1——分肢轴向力（N），按公式（5-18）计算；

　　　β_f——正面角焊缝的强度设计值增大系数，取 $\beta_f = 1.22$；

h_e——角焊缝的计算厚度（mm），$h_e=0.7h_f$，h_f 为焊脚尺寸；

l_{wz}——正面角焊缝计算长度（mm），转角部位连续施焊，焊缝长度取其实际长度；

l_{wc}——侧面角焊缝计算长度（mm），转角部位连续施焊，每条焊缝取其实际长度减去一个 h_f；

f_f^w——角焊缝的强度设计值（N/mm²），查附表 1-2 采用。

5.7.2　连接螺栓的强度计算

法兰螺栓群不仅承受拉力作用，而且还承受自重和风荷载的双向弯矩作用，因此螺栓群中每根螺栓的受力是不相等的。

受力最大螺栓的拉力按公式（5-26）计算。

$$N_{tmax}=\frac{N}{n}+\frac{M_x y_1}{\sum y_i^2}+\frac{M_y x_1}{\sum x_i^2}\leqslant N_t^b \qquad (5-26)$$

式中　N_{tmax}——某个普通螺栓承受的最大拉力（N）；

　　　　N——作用于附着杆上的轴向力设计值（N）；

M_x、M_y——作用于附着杆的自重弯矩、风荷载作用弯矩设计值（N·m）；

　　　　n——螺栓的数量；

x_1、x_i——各列螺栓中心至最左列螺栓中心的距离（mm）；

y_1、y_i——各排螺栓中心至最上排螺栓中心的距离（mm）；

　　　　N_t^b——单个螺栓的抗拉承载力设计值（N），查附表 5-1，或按公式 $N_t^b=A_e f_t^b$ 计算；

　　　　A_e——螺栓螺纹处的有效截面面积（mm²），查附表 5-1，或按公式 $A_e=\pi d_1^2/4$ 计算，d_1 为螺纹的小径；

　　　　f_t^b——普通螺栓的抗拉强度设计值，4.6、4.8 级螺栓取 $f_t^b=170$N/mm²。

【例 5-7】　一根 4 肢格构式附着杆，轴向内力设计值 $N=147$kN，重力弯矩设计值 $M_x=4302$N·m，风荷载弯矩设计值 $M_y=3891$N·m。

杆体截面边长 $B_d=300$mm，分肢材料为∟50×5 等边角钢，法兰材料为∟63×6 等边角钢。E43 型焊条，手工电弧焊。法兰之间用 12 根 4.8 级 M16 普通螺栓连接。螺栓之间的尺寸如图 5-12 所示。验算法兰连接焊缝强度和连接螺栓的强度。

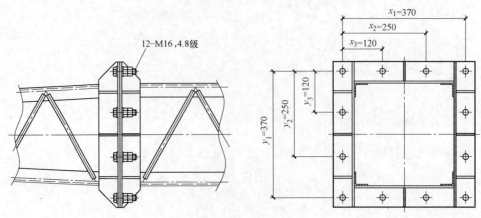

图 5-12　例 5-7 图

解：查附表 1-2，角焊缝强度设计值 $f_f^w=160\text{N}/\text{mm}^2$，附表 5-1，4.8 级 M16 螺栓抗拉承载力设计值 $N_t^b=25.56\text{kN}$。

（1）验算焊缝强度

作用于分肢的轴向力：

$$N_1=\frac{N}{4}+\frac{M_x+M_y}{B_d-2Z_0}=\frac{147\times10^3}{4}+\frac{(4302+3891)\times10^3}{300-2\times14.2}=66916\text{N}=66.9\text{kN}$$

角焊缝的焊肢尺寸与分肢角钢的厚度相同，$h_f=5\text{mm}$，$h_e=0.7h_f=0.7\times5=3.5\text{mm}$。

正面角焊缝的长度为附着杆分肢角钢肢宽的 2 倍，$l_{wz}=2\times50=100\text{mm}$；退让一个焊脚尺寸给正面角焊缝，分肢角钢与法兰角钢的搭接长度 58mm，侧面角焊缝的长度为角钢搭接长度减去一个焊脚尺寸，$l_{wc}=58-5=53\text{mm}$。

$$\frac{N_1}{h_e\,(\beta_f l_{wz}+2l_{wc})}=\frac{66.9\times10^3}{3.5\times(1.22\times100+2\times53)}$$

$$=84\text{N}/\text{mm}^2\leqslant f_f^w=160\text{N}/\text{mm}^2，满足要求。$$

（2）验算螺栓强度

$$N_1=\frac{N}{n}+\frac{M_x y_1}{\sum y_i^2}+\frac{M_y x_1}{\sum x_i^2}$$

$$=\frac{147\times10^3}{12}+\frac{4302\times10^3\times370}{4\times370^2+2\times250^2+2\times120^2}+\frac{3891\times10^3\times370}{4\times370^2+2\times250^2+2\times120^2}$$

$$=16.57\text{kN}\leqslant N_t^b=26.69\text{kN}，满足要求。$$

【例 5-8】　例 5-1 中的实腹式附着杆，轴向内力设计值 $N=112\text{kN}$，重力弯矩设计值 $M_x=1132\text{N}\cdot\text{m}$，风荷载弯矩设计值 $M_y=1804\text{N}\cdot\text{m}$。附着杆分段制作用法兰连接，8 根 4.8 级 M20 普通螺栓，均布在直径 $\phi206\text{mm}$ 的圆周上，如图 5-13 所示。验算连接螺栓的强度是否满足要求。

解：查附表 5-1，4.8 级 M20 螺栓抗拉承载力设计值 $N_t^b=39.93\text{kN}$。

两个方向的合成弯矩 $M=\sqrt{M_x^2+M_y^2}=\sqrt{1132^2+1804^2}=2130\text{N}\cdot\text{m}$

计算螺栓之间的中心距离：

$y_1=206\times\cos22.5°=190.3\text{mm}$

$y_2=206\times\sin22.5°\times(1+\sin45°)=134.6\text{mm}$

$y_3=206\times\sin22.5°\times\sin45°=55.7\text{mm}$

某个螺栓承受的最大拉力：

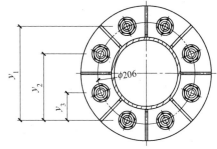

图 5-13　例 5-8 图

$$N_{tmax}=\frac{N}{n}+\frac{M_x y_1}{\sum y_i^2}=\frac{112\times10^3}{8}+\frac{2130\times10^3\times190.3}{2\times(190.3^2+134.6^2+55.7^2)}$$

$$=17529\text{N}=17.53\text{kN}\leqslant N_t^b=39.93\text{kN}，满足要求。$$

5.8　附着杆接头焊缝的设计计算

附着杆的两端设置有接头，用于与附着框、附着杆连接。常用的接头型式有端板式和嵌板式，如图 5-14 所示。

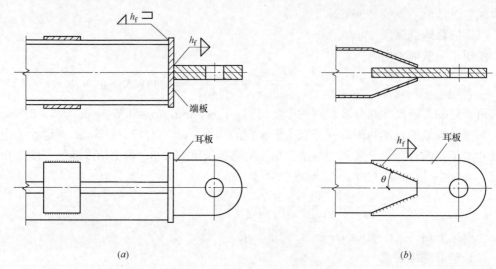

图 5-14　附着杆接头连接型式

(a) 端板式；(b) 嵌板式

5.8.1　端板式接头焊缝强度验算

连接接头位于附着杆端部，忽略重力荷载和风荷载的支承反力不计，按附着杆轴向内力设计连接焊缝。图 5-14（a）所示的所有焊缝，全部是正面角焊缝，作用力通过焊缝的形心。焊缝强度按公式（5-27）验算。

$$\frac{N}{n_f h_e l_w} \leqslant \beta_f f_f^w \tag{5-27}$$

式中　N——作用于附着杆的轴向内力设计值（N），按公式 $N = \gamma_f N_{max}$ 计算；

　　　γ_f——总安全系数，取 $\gamma_f = 1.22$；

　　　N_{max}——附着杆最大轴向内力（N）；

　　　n_f——焊缝数量（条）；

　　　h_e——角焊缝的计算厚度（mm），$h_e = 0.7 h_f$，h_f 为焊脚尺寸；

　　　l_w——角焊缝计算长度（mm），转角部位连续施焊的焊缝，转角部位不减去焊脚尺寸 h_f，但焊缝的始端和终端应各减去一个焊脚尺寸 h_f；

　　　β_f——正面角焊缝的强度设计值增大系数，取 $\beta_f = 1.22$；

　　　f_f^w——角焊缝的强度设计值（N/mm²），查附表 1-2 采用。

5.8.2　嵌板式接头焊缝强度验算

图 5-14（b）所示的焊缝是斜焊缝，作用力通过焊缝的形心，焊缝强度低于正面角焊缝高于侧面焊缝。焊缝强度按公式（5-28）验算。

$$\frac{N}{n_f h_e l_w} \leqslant \beta_{f\theta} f_f^w \tag{5-28}$$

$$\beta_{f\theta} = \frac{1}{\sqrt{1 - \frac{1}{3}\sin^2\theta}}$$

式中　$\beta_{f\theta}$——斜焊缝的强度设计值增大系数；

　　　　θ——作用力与焊缝长度方向的夹角（°）。

【例 5-9】　一个附着杆接头如图 5-14（a）所示，承受的轴向内力设计值 $N=147\text{kN}$。耳板厚度 $t_1=20\text{mm}$，耳板底边长度 120mm，端板厚度 $t_2=12\text{mm}$，钢材 Q235B，手工电弧焊。设计并验算耳板与端板连接焊缝的强度。

解： E43 型焊条，角焊缝抗拉强度设计值 $f_f^w=160\text{N/mm}^2$。

最小焊脚尺寸 $=1.5\sqrt{t_1}=1.5\times\sqrt{20}=6.7\text{mm}$，最大焊脚尺寸 $1.2t_2=1.2\times12=14.4\text{mm}$，取焊脚尺寸 $h_f=10\text{mm}$。

2 条焊缝，焊缝计算长度 $l_w=120-2\times10=100\text{mm}$。

$$\frac{N}{n_f h_e l_w}=\frac{147\times10^3}{2\times10\times0.7\times100}=105\text{N/mm}^2\leqslant\beta_f f_f^w=1.22\times160=195\text{N/mm}^2，满足要求。$$

【例 5-10】　一个附着杆接头如图 5-14（b）所示，承受的轴向内力设计值 $N=131\text{kN}$。耳板厚度 $t_1=20\text{mm}$，杆体无缝钢管壁厚 $t_2=5\text{mm}$。焊缝与附着杆中心线之间的夹角 $\theta=22°$，焊缝长度 108mm，4 条焊缝。设计并验算耳板与附着杆连接焊缝的强度。

解： 焊脚尺寸与无缝钢管的管壁厚度相同，$h_f=5\text{mm}$。

角焊缝计算厚度 $h_e=0.7h_f=0.7\times5=3.5\text{mm}$

角焊缝计算长度 $l_w=108-2\times5=98\text{mm}$

计算斜焊缝的强度设计值增大系数：

$$\beta_{f\theta}=\frac{1}{\sqrt{1-\frac{1}{3}\sin^2\theta}}=\frac{1}{\sqrt{1-\frac{1}{3}\sin^2 22°}}=1.02$$

$$\frac{N}{n_f h_e l_w}=\frac{131\times10^3}{4\times3.5\times98}=95.5\text{N/mm}^2\leqslant\beta_{f\theta}f_f^w=1.02\times160=163\text{N/mm}^2，满足要求。$$

6 附墙座的设计计算

6.1 构造要求

（1）附墙座通常由 1 块底板和 2 块耳板拼焊而成。有双销附墙座和单销附墙座两种，如图 6-1 所示。

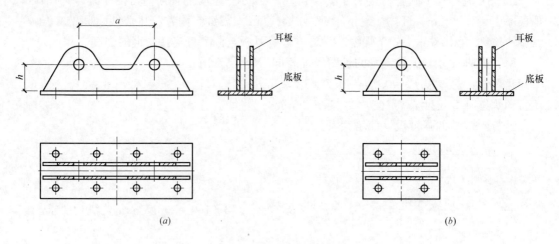

图 6-1 附墙座构造示意

（a）双销附墙座；（b）单销附墙座

（2）为保持附着杆系的三角形不变体系，双销附墙座上两销孔之间的中心距离 a（图 6-1）不宜过大，能满足两根相交的附着杆不互相干涉即可。

（3）耳板销孔中心至底板的垂直距离 h（图 6-1）不宜过大，大于附着杆耳板圆弧半径 20～30mm 为宜。当附着杆的长度不足时，禁止用加长附墙座耳板的方法，解决附着杆长度不足的问题。

（4）耳板上的销轴孔和底板上的螺栓孔，必须采用机械加工的方法成孔，不得采用焰割方法制作。螺栓孔的直径比螺栓外径大 1～2mm。

（5）附墙座的固定螺栓不得少于 2 排，单销附墙座每排不得少于 2 根；双销附墙座每排不得少于 3 根。底板上螺栓孔位的布置应符合附表 5-2 的要求。

（6）考虑附着框与附墙座有可能不在同一个水平高度，附墙座两块耳板之间的净间距需要大于附着杆单耳板的厚度。但间隙尺寸 s 不宜大于 20mm，如图 5-1（a）所示。

（7）制作附墙座的钢板厚度不得小于 12mm。

（8）附着杆与附着框、附墙座的连接，应使用专用销轴，不得使用螺栓代替。

6.2 销轴强度计算

附着杆与附着框、附墙座的连接应使用销轴，如图 6-2（a）所示。从受力角度分析，销轴相当于简支梁，假设集中荷载的作用点在板厚 1/2 位置，其受力状态如图 6-2（b）所示。

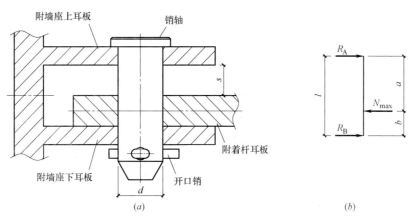

图 6-2 销轴连接构造和受力示意

（a）构造图；（b）受力示意图

受重力作用，附着杆的耳板搁置在附墙座下面一块耳板上。图 6-2（b）中，由于 $a > b$，因此 $R_B > R_A$。R_A、R_B 按公式（6-1）计算。

$$\left.\begin{array}{l} R_A = N_{max} b/l \\ R_B = N_{max} a/l \end{array}\right\} \tag{6-1}$$

式中　R_A、R_B——附墙座耳板的支座反力标准值（N）；

　　　　N_{max}——附着杆对销轴的最大作用力标准值（N）；

　　　　a、b、l——相关尺寸（mm），如图 6-2（b）所示。

由于销轴的长度较短，作用力 N_{max} 与支座反力 R_B 的距离很近，销轴承受的弯矩值很小，剪力值较大，销轴的抗剪强度按公式（6-2）验算。

$$\frac{\gamma_f R_B}{A} \leqslant f_v \tag{6-2}$$

式中　R_B——附墙座下耳板的支座反力标准值（N）

　　　　γ_f——总安全系数，取 $\gamma_f = 1.22$；

　　　　A——销轴横截面面积（mm²）；

　　　　f_v——钢材的抗剪强度设计值（N/mm²），对于 45 号钢，取 $f_v = 185$N/mm²。

【例 6-1】 图 6-2 中，销轴直径 $d = 30$mm，材料 45 号钢。附着杆最大轴向力标准值 $N_{max} = 107.2$kN，相关尺寸：$a = 36$mm，$b = 16$mm，$l = 52$mm。计算两块耳板的支座反力 R_A、R_B，并验算销轴的强度。

解： $R_A = N_{max} b/l = 107.2 \times 16/52 = 33.0$kN

$R_B = N_{max} a/l = 107.2 \times 36/52 = 74.2$kN

$A = \pi d^2/4 = \pi \times 30^2/4 = 707$mm²

$$\frac{\gamma_f R_B}{A} = \frac{1.22 \times 74.2 \times 10^3}{707} = 128.0 \text{N/mm}^2 \leqslant f_v = 185 \text{N/mm}^2，满足要求。$$

从例 6-1 题可以看出，下耳板承担了近 70% 的支座反力。两块耳板之间的间距越大，下面一块耳板承担的支座反力也越大。对耳板强度、焊缝强度有较大影响，因此在设计、制作附着装置时，必须重视连接接头尺寸的匹配，不可随意加大耳板之间的间距尺寸。

6.3 耳板强度计算

由于附墙座下耳板的支座反力大，上耳板的支座反力小，附墙座耳板的强度按下耳板的支座反力 R_B 进行验算。

下耳板的受力情况如图 6-3 所示。支座反力 R_B 的作用点位于销孔中心，与底板之间的夹角为 θ。

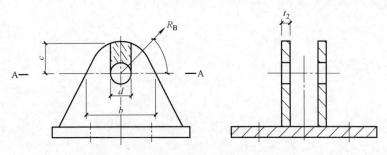

图 6-3 附墙座耳板强度计算的相关尺寸

附墙座是多次重复使用的构件，每次安装使用时，θ 角度不尽相同，耳板承载力按最不利工况 $\theta = 90°$ 计算。

耳板的破坏形式有三种：（1）A-A 截面被拉断；（2）阴影部分被拉脱；（3）销孔孔壁受挤压破坏。针对这三种破坏形式应分别验算。

6.3.1 计算耳板抗拉承载力

附墙座下耳板的抗拉承载力按公式（6-3）计算。

$$\frac{\gamma_s \gamma_f R_B}{(b-d)t_2} \leqslant f \tag{6-3}$$

式中 γ_s——考虑开孔对结构件应力的影响系数，取 $\gamma_s = 1.2$；

γ_f——总安全系数，取 $\gamma_f = 1.22$；

R_B——附墙座下耳板的支座反力标准值（N）；

b、d、t_2——耳板上的相关尺寸（mm），见图 6-3；

f——材料抗拉、抗压和抗弯强度设计值（N/mm²），查附表 1-1 采用。

6.3.2 计算耳板的抗剪承载力

附墙座下耳板的抗剪承载力按公式（6-4）计算。

$$\frac{\gamma_f R_B}{2ct_2} \leqslant f_v \tag{6-4}$$

式中　c、t_2——耳板上的相关尺寸（mm），见图 6-3；

　　　f_v——材料抗剪强度设计值（N/mm²），查附表 1-1 采用。

6.3.3　计算销孔承压承载力

附墙座耳板销孔的抗压承载力按公式（6-5）计算。

$$\frac{\gamma_f R_B}{dt_2} \leqslant f_{ce} \tag{6-5}$$

式中　d——销孔直径（mm），见图 6-3；

　　　f_{ce}——材料的端面承压强度设计值（N/mm²），查附表 1-1 采用。

【例 6-2】　图 6-3 中，附墙座耳板材料 Q235B，下耳板支座反力标准值 R_B=74.2kN，耳板相关尺寸：b=101.6mm，c=42.4mm，d=30mm，t_2=12mm。验算耳板的承载力是否满足设计要求。

解： 查附表 1-1，Q235 钢，板厚≤16mm，抗拉、抗压和抗弯强度设计值 f=215 N/mm²，抗剪强度设计值 f_v=125N/mm²，端面承压强度设计值 f_{ce}=325N/mm²。

验算抗拉承载力：

$$\frac{\gamma_s \gamma_f R_B}{(b-d)t_2} = \frac{1.2 \times 1.22 \times 74.2 \times 10^3}{(101.6-30) \times 12} = 126.4 \text{N/mm}^2 \leqslant f = 215 \text{N/mm}^2，满足要求。$$

验算抗剪承载力：

$$\frac{\gamma_f R_B}{2ct_2} = \frac{1.22 \times 74.2 \times 10^3}{2 \times 42.4 \times 12} = 89.0 \text{N/mm}^2 \leqslant f_v = 125 \text{N/mm}^2，满足要求。$$

验算抗压承载力：

$$\frac{\gamma_f R_B}{dt_2} = \frac{1.22 \times 74.2 \times 10^3}{30 \times 12} = 251.5 \text{N/mm}^2 \leqslant f_{ce} = 325 \text{N/mm}^2，满足要求。$$

6.4　连接焊缝的设计计算

6.4.1　构造要求

（1）附墙座耳板与底板之间用角焊缝连接。

（2）最小焊脚尺寸 $h_f \geqslant 1.5\sqrt{t_1}$（只进不舍），$t_1$ 为底板的厚度，t_2 为耳板的厚度，通常 $t_1 \geqslant t_2$。

（3）最大焊脚尺寸 $h_f \leqslant 1.2t_2$。

（4）焊缝计算长度不得小于 $8h_f$ 和 40mm 的较大值，且不宜大于 $60h_f$，当大于这一数值时，超过部分在计算中不予考虑。

6.4.2　单销附墙座支座反力的分解

单销附墙座下耳板的支座反力 R_B，可分解为平行于焊缝长度方向的分力 R_{Bx} 和垂直焊缝长度方向的分力 R_{By}，如图 6-4 所示。图中 A 点焊缝承受的拉应力最大。

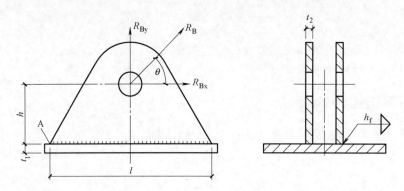

图 6-4 单销墙座焊缝受力计算示意

作用于焊缝上的外力设计值按下式计算：

拉力　　$N=\gamma_f R_B \sin\theta$

剪力　　$V=\gamma_f R_B \cos\theta$

弯矩　　$M=\gamma_f R_B \cos\theta \cdot h$

式中　N、V、M——分别为作用于焊缝上的拉力、剪力、弯矩设计值（N）；

　　　　　γ_f——总安全系数，取 $\gamma_f=1.22$；

　　　　　R_B——附墙座下耳板对附着杆的支座反力标准值（N）；

　　　　　θ——附着杆与附墙座底板之间的夹角（°）；

　　　　　h——销孔中心至耳板底边之间的垂直距离（mm）。

6.4.3　双销附墙座支座反力的分解和平移

双销附墙座下耳板受两个外力 R_{1B}、R_{2B} 的作用，为方便计算，可将这两个作用力平移到构件的形心 O 点位置，如图 6-5 所示。

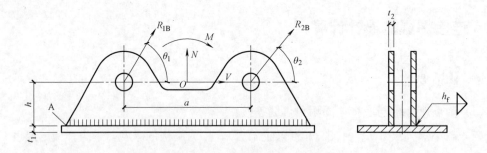

图 6-5 双销墙座焊缝受力计算示意

图 6-5 中，作用于焊缝上的外力设计值按下式计算：

拉力　　$N=\gamma_f(R_{1B}\sin\theta_1+R_{2B}\sin\theta_2)$

剪力　　$V=\gamma_f(R_{1B}\cos\theta_1+R_{2B}\cos\theta_2)$

弯矩　　$M=\gamma_f[(R_{1B}\cos\theta_1+R_{2B}\cos\theta_2)h+(R_{1B}\sin\theta_1-R_{2B}\sin\theta_2)a/2]$

式中　N、V、M——分别为作用于焊缝上的拉力、剪力、弯矩设计值（N）；

　　　　　γ_f——总安全系数，取 $\gamma_f=1.22$；

R_{1B}、R_{2B}——分别为附墙座下耳板对附着杆1、附着杆2的支座反力标准值（N）；

θ_1、θ_2——分别为附着杆1、附着杆2与附墙座底板之间的夹角（°）；

h——销孔中心至耳板底边之间的垂直距离（mm）；

a——两个销孔之间的中心距离（mm）。

6.4.4　焊缝承载力的验算

垂直于焊缝长度方向的正应力按公式（6-6）计算，平行于焊缝长度方向的剪应力按公式（6-7）计算，焊缝承载力应满足公式（6-8）的要求。

$$\sigma_{\mathrm{f}}=\frac{N}{2A_{\mathrm{e}}}+\frac{M}{2W_{\mathrm{e}}}=\frac{N}{2h_{\mathrm{e}}l_{\mathrm{w}}}+\frac{6M}{2h_{\mathrm{e}}l_{\mathrm{w}}^2} \tag{6-6}$$

$$\tau_{\mathrm{f}}=\frac{V}{2A_{\mathrm{e}}}=\frac{V}{2h_{\mathrm{e}}l_{\mathrm{w}}} \tag{6-7}$$

$$\sqrt{\left(\frac{\sigma_{\mathrm{f}}}{\beta_{\mathrm{f}}}\right)^2+\tau_{\mathrm{f}}^2}\leqslant f_{\mathrm{f}}^{\mathrm{w}} \tag{6-8}$$

式中　σ_{f}、τ_{f}——分别为作用于焊缝上的正应力、剪应力（N/mm²）；

h_{e}——角焊缝的计算厚度（mm），$h_{\mathrm{e}}=0.7h_{\mathrm{f}}$，$h_{\mathrm{f}}$为焊脚尺寸；

l_{w}——焊缝的计算长度（mm），考虑起灭弧缺陷，按各条焊缝的实际长度每端减去1个h_{f}计算；

β_{f}——正面角焊缝的强度增大系数，$\beta_{\mathrm{f}}=1.22$；

$f_{\mathrm{f}}^{\mathrm{w}}$——角焊缝的抗拉、抗压和抗剪强度设计值（N/mm²），查附表1-2采用。

【例6-3】　图6-5中，附墙座材料Q235B，底板厚度$t_1=15\mathrm{mm}$，耳板厚度$t_2=12\mathrm{mm}$，耳板底边长度$l=580\mathrm{mm}$，两销孔之间的中心距$a=300\mathrm{mm}$，销孔中心至耳板底边的垂直距离$h=100\mathrm{mm}$。手工电弧焊，E43型焊条，焊脚高度$h_{\mathrm{f}}=8\mathrm{mm}$。支座反力$R_{1B}=74.2\mathrm{kN}$，$\theta_1=70°$；$R_{2B}=48.8\mathrm{kN}$，$\theta_2=62°$。校核焊缝的构造要求，并验算焊缝承载力是否满足要求。

解：最小焊脚尺寸：$1.5\sqrt{t_1}=1.5\times\sqrt{15}=5.8\mathrm{mm}$，最大焊脚尺寸：$1.2t_2=1.2\times12=14.4\mathrm{mm}$，焊脚高度$h_{\mathrm{f}}=8\mathrm{mm}$，满足构造要求。

焊缝计算长度$l_{\mathrm{w}}=l-2h_{\mathrm{f}}=580-2\times8=564\mathrm{mm}$，大于$8h_{\mathrm{f}}=8\times8=64\mathrm{mm}$，且大于$60h_{\mathrm{f}}=60\times8=480\mathrm{mm}$，焊缝长度按$l_{\mathrm{w}}=480\mathrm{mm}$计算。

焊缝的有效厚度$h_{\mathrm{e}}=0.7h_{\mathrm{f}}=0.7\times8=5.6\mathrm{mm}$。

拉力　$N=\gamma_{\mathrm{f}}(R_{1B}\sin\theta_1+R_{2B}\sin\theta_2)=1.22\times(74.2\times\sin70°+48.8\times\sin62°)=137.6\mathrm{kN}$

剪力　$V=\gamma_{\mathrm{f}}(R_{1B}\cos\theta_1+R_{2B}\cos\theta_2)=1.22\times(74.2\times\cos70°+48.8\times\cos62°)=58.9\mathrm{kN}$

弯矩：

$M=\gamma_{\mathrm{f}}[(R_{1B}\cos\theta_1+R_{2B}\cos\theta_2)h+(R_{1B}\sin\theta_1-R_{2B}\sin\theta_2)a/2]$

$=1.22\times[(74.2\times\cos70°+48.8\times\cos62°)\times0.1+(74.2\times\sin70°-48.8\times\sin62°)\times0.3/2]$

$=10.8\mathrm{kN\cdot m}$

$\sigma_{\mathrm{f}}=\dfrac{N}{2h_{\mathrm{e}}l_{\mathrm{w}}}+\dfrac{6M}{2h_{\mathrm{e}}l_{\mathrm{w}}^2}=\dfrac{137.6\times10^3}{2\times5.6\times480}+\dfrac{6\times10.8\times10^6}{2\times5.6\times480^2}=50.7\mathrm{N/mm^2}$

$$\tau_{\mathrm{f}}=\frac{V}{2h_{\mathrm{e}}l_{\mathrm{w}}}=\frac{58.9\times10^3}{2\times5.6\times480}=11.0\mathrm{N/mm^2}$$

$$\sqrt{\left(\frac{\sigma_{\mathrm{f}}}{\beta_{\mathrm{f}}}\right)^2+\tau_{\mathrm{f}}^2}=\sqrt{\left(\frac{50.7}{1.22}\right)^2+11.0^2}=43.0\mathrm{N/mm^2}\leqslant f_{\mathrm{f}}^{\mathrm{w}}=160\mathrm{N/mm^2}，满足要求。$$

6.5　固定螺栓承载力的计算

附墙座通常用预埋螺栓或穿墙螺栓固定在建筑结构的外立面上，如图 6-6 所示。图中标注为"螺栓 1"的螺栓承担的拉力最大。

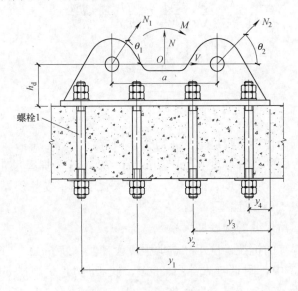

图 6-6　附墙座螺栓群受力计算示意

由于上、下排螺栓之间的间距大于两块耳板之间的间距，所以附墙座下排螺栓的受力略大于上排螺栓。为简化计算，认为上、下排螺栓平均分担附着杆的作用力。

图 6-6 中，作用于螺栓群上的外力设计值按下式计算：

拉力　$N=\gamma_{\mathrm{f}}(N_1\sin\theta_1+N_2\sin\theta_2)$

剪力　$V=\gamma_{\mathrm{f}}(N_1\cos\theta_1+N_2\cos\theta_2)$

弯矩　$M=\gamma_{\mathrm{f}}[(N_1\cos\theta_1+N_2\cos\theta_2)h_{\mathrm{d}}+(N_1\sin\theta_1-N_2\sin\theta_2)a/2]$

式中　N、V、M——分别为作用于螺栓群上的拉力、剪力、弯矩设计值（N）；

　　　　γ_{f}——总安全系数，取 $\gamma_{\mathrm{f}}=1.22$；

　　　　N_1、N_2——分别为附着杆 1、附着杆 2 对附墙座的轴向力标准值（N）；

　　　　θ_1、θ_2——分别为附着杆 1、附着杆 2 与附墙座底板之间的夹角（°）；

　　　　h_{d}——销孔中心至附墙座底板底面之间的垂直距离（mm）；

　　　　a——两个销孔之间的中心距离（mm）。

附墙座固定螺栓群承受的拉力按公式（6-9）验算，剪力按公式（6-10）验算，承压力按公式（6-11）验算，且应满足公式（6-12）的要求。

$$N_t = \frac{N}{n} + \frac{My_1}{\sum y_i^2} \leqslant N_t^b \tag{6-9}$$

$$N_v = \frac{V}{n} \leqslant N_v^b \tag{6-10}$$

$$N_c = \frac{V}{n} \leqslant N_c^b \tag{6-11}$$

$$\sqrt{\left(\frac{N_t}{N_t^b}\right)^2 + \left(\frac{N_v}{N_v^b}\right)^2} \leqslant 1 \tag{6-12}$$

式中 N_t、N_v、N_c——受最大作用力螺栓承受的拉力、剪力、承压力（N）；

$\quad\quad N$、V、M——分别为作用于螺栓群上的拉力、剪力、弯矩设计值（N）；

$\quad\quad\quad t_1$——附墙座底板的厚度（mm）；

$\quad\quad\quad n$——附墙座固定螺栓的数量；

$\quad\quad\quad y_i$——第 i 根螺栓至附墙座底板边缘的距离（mm），如图 6-6 所示；

$\quad\quad\quad N_t^b$——1 根螺栓的受拉承载力设计值（N），查附表 5-1 采用；

$\quad\quad\quad N_v^b$——1 根螺栓的受剪承载力设计值（N），查附表 5-1 采用；

$\quad\quad\quad N_c^b$——1 根螺栓的承压承载力设计值（N），按公式 $N_c^b = dt_1 f_c^b$ 计算；

$\quad\quad\quad f_c^b$——构件承压强度设计值（N/mm²），查附表 1-3 采用。

【例 6-4】 图 6-6 中，附着杆 1 的轴向力标准值 $N_1 = 107.2$kN，$\theta_1 = 70°$；$N_2 = 70.5$kN，$\theta_2 = 62°$。两销孔之间的中心距离 $a = 300$mm，底板厚度 $t_1 = 15$mm，销孔中心至底板底面的垂直距离 $h_d = 115$mm。M24 螺栓，4.8 级，8 根。螺栓中心至附墙座底板边缘的距离分别是：$y_1 = 540$mm，$y_2 = 380$mm，$y_3 = 220$mm，$y_4 = 60$mm。验算螺栓的承载力是否满足要求。

解： 查附表 1-3，$f_t^b = 170$N/mm²，$f_v^b = 140$N/mm²，$f_c^b = 305$N/mm²

查附表 5-1，M24 螺栓的公称直径 $d = 24$mm，螺纹处有效直径 $d_e = 20.75$mm。

1 根螺栓的受拉承载力设计值 $N_t^b = \frac{\pi d_e^2}{4} f_t^b = \frac{\pi \times 20.75^2}{4} \times 170 \times 10^{-3} = 57.5$kN

1 根螺栓的受剪承载力设计值 $N_v^b = \frac{\pi d^2}{4} f_v^b = \frac{\pi \times 24^2}{4} \times 140 \times 10^{-3} = 63.3$kN

1 根螺栓的承压承载力设计值 $N_c^b = dt_1 f_c^b = 24 \times 15 \times 305 \times 10^{-3} = 109.8$kN

拉力 $N = \gamma_f (N_1 \sin\theta_1 + N_2 \sin\theta_2) = 1.22 \times (107.2 \times \sin70° + 70.5 \times \sin62°) = 198.8$kN

剪力 $V = \gamma_f (N_1 \cos\theta_1 + N_2 \cos\theta_2) = 1.22 \times (107.2 \times \cos70° + 70.5 \times \cos62°) = 85.1$kN

弯矩：

$M = \gamma_f [(N_1 \cos\theta_1 + N_2 \cos\theta_2) h_d + (N_1 \sin\theta_1 - N_2 \sin\theta_2) a/2]$

$= 1.22 \times [(107.2 \times \cos70° + 70.5 \times \cos62°) \times 0.115 + (107.2 \times \sin70° - 70.5 \times \sin62°) \times 0.3/2)]$

$= 16.8$kN·m

$N_t = \frac{N}{n} + \frac{My_1}{\sum y_i^2} = \frac{198.8}{8} + \frac{16.8 \times 10^3 \times 540}{2 \times (540^2 + 380^2 + 240^2 + 60^2)}$

$= 34.0$kN $\leqslant N_t^b = 57.5$kN，满足要求。

$N_v = \frac{V}{n} = \frac{85.1}{8} = 10.6$kN $\leqslant N_v^b = 63.3$kN，满足要求。

$$N_c = \frac{V}{n} = \frac{85.1}{8} = 10.6\text{kN} \leqslant N_c^b = 109.8\text{kN}，满足要求。$$

$$\sqrt{\left(\frac{N_t}{N_t^b}\right)^2 + \left(\frac{N_v}{N_v^b}\right)^2} = \sqrt{\left(\frac{34.0}{57.5}\right)^2 + \left(\frac{10.6}{63.3}\right)^2} = 0.61 \leqslant 1，满足要求。$$

【例 6-5】 图 6-7（a）是一个正常尺寸的附墙座，材料 Q235。附着杆轴向力标准值 $N = 107.2\text{kN}$，与底板平面的夹角 $\theta = 60°$。底板厚度 $t_1 = 15\text{mm}$，销孔中心线至耳板底边的垂直距离 $h = 100\text{mm}$。手工电弧焊，E43 型焊条，焊缝长度 $l = 280\text{mm}$，焊脚高度 $h_f = 8\text{mm}$。螺栓规格 M24，4.8 级，6 根，螺栓纵向间距 100mm。附墙座下耳板支座反力 $R_B = 74.2\text{kN}$。

塔机安装人员在安装附着装置时，因附着杆的长度不足，没有制作新附着杆，而是加长了耳板的长度，使 $h = 500\text{mm}$，如图 6-7（b）所示。

分别验算图 6-7 中两种附墙座的焊缝承载力和固定螺栓的承载力。

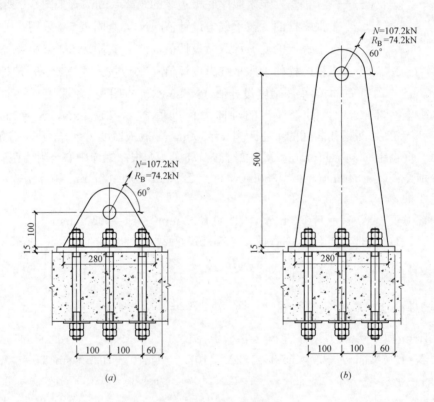

图 6-7 例 6-5 图
（a）正常的附墙座；（b）耳板加长的附墙座

解： 按图 6-7（a）计算：

（1）计算焊缝上的作用力

拉力 $N = \gamma_f R_B \sin\theta = 1.22 \times 74.2 \times \sin 60° = 78.4\text{kN}$

剪力 $V = \gamma_f R_B \cos\theta = 1.22 \times 74.2 \times \cos 60° = 45.3\text{kN}$

弯矩 $M = \gamma_f R_B \cos\theta \cdot h = 1.22 \times 74.2 \times \cos 60° \times 0.100 = 4.5\text{kN} \cdot \text{m}$

（2）验算焊缝承载力

焊缝的有效厚度 $h_e = 0.7h_f = 0.7 \times 8 = 5.6\text{mm}$

焊缝的计算长度 $l_w = l - 2h_f = 280 - 2 \times 8 = 264\text{mm}$

正应力 $\sigma_f = \dfrac{N}{2h_e l_w} + \dfrac{6M}{2h_e l_w^2} = \dfrac{78.4 \times 10^3}{2 \times 5.6 \times 264} + \dfrac{6 \times 4.5 \times 10^6}{2 \times 5.6 \times 264^2} = 61.1\text{N/mm}^2$

剪应力 $\tau_f = \dfrac{V}{2h_e l_w} = \dfrac{45.3 \times 10^3}{2 \times 5.6 \times 264} = 15.3\text{N/mm}^2$

$\sqrt{\left(\dfrac{\sigma_f}{\beta_f}\right)^2 + \tau_f^2} \sqrt{\left(\dfrac{61.1}{1.22}\right)^2 + 15.3^2} = 52.4\text{N/mm}^2 \leqslant f_f^w = 160\text{N/mm}^2$，满足要求。

（3）计算固定螺栓群上的作用力

拉力 $N = \gamma_f N \sin\theta = 1.22 \times 107.2 \times \sin 60° = 113.3\text{kN}$

剪力 $V = \gamma_f N \cos\theta = 1.22 \times 107.2 \times \cos 60° = 65.4\text{kN}$

弯矩 $M_2 = \gamma_f N \cos\theta \cdot h_d = 1.22 \times 107.2 \times \cos 60° \times 0.115 = 7.5\text{kN} \cdot \text{m}$

（4）验算螺栓承载力

查附表 5-1，M24 螺栓受拉承载力设计值 $N_t^b = 57.5\text{kN}$，受剪承载力设计值 $N_v^b = 63.3\text{kN}$。

承压承载力设计值 $N_c^b = dt_1 f_c^b = 24 \times 15 \times 305 \times 10^{-3} = 109.8\text{kN}$

$N_t = \dfrac{N}{n} + \dfrac{My_1}{\sum y_i^2} = \dfrac{113.3}{6} + \dfrac{7.5 \times 10^3 \times 260}{2 \times (260^2 + 160^2 + 60^2)} = 29.0\text{kN} \leqslant N_t^b = 57.5\text{kN}$，满足要求。

$N_v = \dfrac{V}{n} = \dfrac{65.4}{6} = 10.9\text{kN} \leqslant N_v^b = 63.3\text{kN}$，满足要求。

$N_c = \dfrac{V}{n} = \dfrac{65.4}{3} = 10.9\text{kN} \leqslant N_c^b = 109.8\text{kN}$，满足要求。

$\sqrt{\left(\dfrac{N_t}{N_t^b}\right)^2 + \left(\dfrac{N_v}{N_v^b}\right)^2} = \sqrt{\left(\dfrac{29.0}{57.5}\right)^2 + \left(\dfrac{10.9}{63.3}\right)^2} = 0.53 \leqslant 1$，满足要求。

按图 6-7（b）计算：

（1）计算作用于焊缝上的弯矩

$M = \gamma_f R_B \cos\theta \cdot h = 1.22 \times 74.2 \times \cos 60° \times 0.500 = 22.6\text{kN} \cdot \text{m}$

（2）验算焊缝承载力

正应力 $\sigma_f = \dfrac{N}{2h_e l_w} + \dfrac{6M}{2h_e l_w^2} = \dfrac{78.4 \times 10^3}{2 \times 5.6 \times 264} + \dfrac{6 \times 22.6 \times 10^6}{2 \times 5.6 \times 264^2} = 200.2\text{N/mm}^2$

剪应力 $\tau_f = \dfrac{V}{2h_e l_w} = \dfrac{45.3 \times 10^3}{2 \times 5.6 \times 264} = 15.3\text{kN}$

$\sqrt{\left(\dfrac{\sigma_f}{\beta_f}\right)^2 + \tau_f^2} \sqrt{\left(\dfrac{200.2}{1.22}\right)^2 + 15.3^2} = 164.8\text{N/mm}^2 > f_f^w = 160\text{N/mm}^2$，不满足要求。

（3）计算作用于螺栓群上的弯矩

$M_2 = \gamma_f N \cos\theta \cdot h_d = 1.22 \times 107.2 \times \cos 60° \times 0.515 = 33.7\text{kN} \cdot \text{m}$

（4）验算螺栓承载力

$N_t = \dfrac{N}{n} + \dfrac{My_1}{\sum y_i^2} = \dfrac{113.3}{6} + \dfrac{33.7 \times 10^3 \times 260}{2 \times (260^2 + 160^2 + 60^2)} = 64.1\text{kN} > N_t^b = 57.5\text{kN}$，不满足

要求。

$$N_v = \frac{V}{n} = \frac{65.4}{6} = 10.9\text{kN} \leqslant N_v^b = 63.3\text{kN}，满足要求。$$

$$N_c = \frac{V}{n} = \frac{65.4}{3} = 10.9\text{kN} \leqslant N_c^b = 109.8\text{kN}，满足要求。$$

$$\sqrt{\left(\frac{N_t}{N_t^b}\right)^2 + \left(\frac{N_v}{N_v^b}\right)^2} = \sqrt{\left(\frac{64.1}{57.5}\right)^2 + \left(\frac{10.9}{63.3}\right)^2} = 1.13 > 1，不满足要求。$$

从例 6-5 题可以看出，加长附墙座耳板以后，作用于焊缝和螺栓群上的弯矩值相应增大，有可能造成焊缝和螺栓群的破坏。因此绝对不允许用加长附墙座耳板的方法，解决附着杆长度不足的问题。

7 建筑结构强度的验算及加强

《建筑施工塔式起重机安装、使用、拆卸安全技术规程》JGJ 196—2010 中 3.3.4 条规定：附着装置设计时，应对支承处的建筑主体结构进行验算。

塔机附着装置的附墙座，通常安装在建筑结构的钢筋混凝土剪力墙、框架梁、框架柱上，不得安装在填充墙上。如果必须安装在非框架梁、构造柱上时，则应对非框架梁、构造柱采取加固措施。

7.1 附墙座对建筑结构作用荷载的计算

7.1.1 附墙座对建筑结构的作用力为压力时

塔机附着装置对建筑结构的作用力有附着杆的轴向力，以及附着杆的重力和作用于附着杆上的风力。由于重力、风力对建筑结构的作用力仅占轴向力的 1% 左右，因此忽略重力、风力的作用不计。

当附着杆对附墙座的轴向荷载为压力时，附墙座的受力状态如图 7-1 (a) 所示。简化受力状态图，将竖向分力移到附墙座中心位置，水平分力移到建筑结构表面位置，附墙座对建筑结构的作用荷载如图 7-1 (b) 所示。

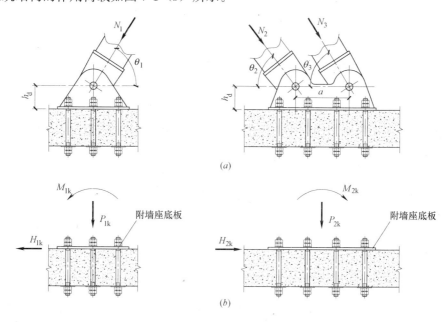

图 7-1 附墙座对建筑结构的作用荷载示意
(a) 附墙座受力示意；(b) 建筑结构受力示意

附墙座对建筑结构的作用荷载，单销墙座按公式（7-1）计算，双销墙座按公式（7-2）计算。

$$
\left.
\begin{aligned}
P_{1k} &= N_1 \sin\theta_1 \\
H_{1k} &= N_1 \cos\theta_1 \\
M_{1k} &= H_{1k} h_d = N_1 h_d \cos\theta_1
\end{aligned}
\right\} \tag{7-1}
$$

$$
\left.
\begin{aligned}
P_{2k} &= N_2 \sin\theta_2 + N_3 \sin\theta_3 \\
H_{2k} &= N_2 \cos\theta_2 + N_3 \cos\theta_3 \\
M_{2k} &= (N_2 \cos\theta_2 + N_3 \cos\theta_3) h_d - (N_2 \sin\theta_2 - N_3 \sin\theta_3) a/2
\end{aligned}
\right\} \tag{7-2}
$$

式中　P_{1k}、P_{2k}——分别为单销附墙座、双销附墙座对建筑结构的竖向作用力标准值（N）；

　　　H_{1k}、H_{2k}——分别为单销附墙座、双销附墙座对建筑结构的横向作用力标准值（N）；

　　　M_{1k}、M_{2k}——分别为单销附墙座、双销附墙座对建筑结构的弯矩标准值（N·m）；

　　　N_i——附着杆的轴向力标准值（N）；

　　　θ_i——附着杆与建筑结构表面之间的夹角（°）；

　　　h_d——销孔中心至建筑结构表面之间的垂直距离（m）；

　　　a——双销附墙座两个销孔中心之间的距离（m）。

7.1.2　附墙座对建筑结构的作用力为拉力时

当附着杆对附墙座的轴向荷载为拉力时，附墙座固定螺栓承受拉力，受力状态如图7-2所示。

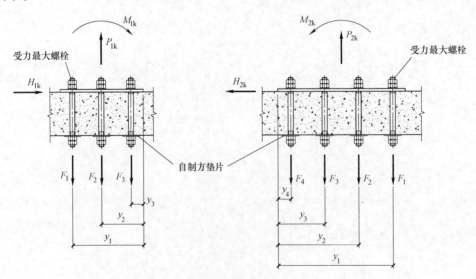

图 7-2　附墙座固定螺栓受力计算示意

受力最大螺栓承受的拉力按公式（7-3）计算。

$$
F_1 = \frac{P_{ik}}{n} + \frac{M_{ik} y_1}{\sum y_1^2} \tag{7-3}
$$

式中　F_1——固定螺栓承受的最大拉力标准值（N）；

　　　P_{ik}——附墙座对建筑结构的竖向作用力标准值（N）；

　　　M_{ik}——附墙座对建筑结构的弯矩标准值（N·m）；

　　　n——固定螺栓的数量（根）；

　　　y_i——各螺栓中心线至附墙座底板边缘的距离（mm），如图 7-2 所示。

【例 7-1】 附着杆 2 的轴向力 $N_2 = 75.2$kN，与结构墙面之间的夹角 $\theta_2 = 62°$；附着杆 3 的轴向力 $N_3 = 97.3$kN，$\theta_3 = 70°$。销孔中心至墙面的垂直距离 $h_d = 120$mm，两个销孔之间的中心距离 $a = 300$mm。8 根固定螺栓双排排列，各螺栓中心线至附墙座底板边缘的距离分别是：$y_1 = 540$mm、$y_1 = 380$mm、$y_1 = 220$mm、$y_1 = 60$mm。求该附墙座对建筑结构上的作用荷载和螺栓的最大拉力。

解： 当 N_2、N_3 为轴向压力时：

$P_{2k} = N_2 \sin\theta_2 + N_3 \sin\theta_3 = 75.2 \times \sin 62° + 97.3 \times \sin 70° = 157.8$kN

$H_{2k} = N_2 \cos\theta_2 + N_3 \cos\theta_3 = 75.2 \times \cos 62° + 97.3 \times \cos 70° = 68.6$kN

$M_{2k} = (N_2 \cos\theta_2 + N_3 \cos\theta_3)h - (N_2 \sin\theta_2 - N_3 \sin\theta_3)a/2$

$= (75.2 \times \cos 62° + 97.3 \times \cos 70°) \times 0.12 - (75.2 \times \sin 62° - 97.3 \times \sin 70°) \times 0.30/2$

$= 12.0$kN·m

当 N_2、N_3 为轴向拉力时：

$$F_1 = \frac{P_{2k}}{n} + \frac{M_{2k} y_1}{\sum y_i^2} = \frac{157.8}{8} + \frac{12.0 \times 10^3 \times 540}{2 \times (540^2 + 380^2 + 220^2 + 60^2)} = 26.4 \text{kN}$$

7.2 钢筋混凝土剪力墙承载力验算

当附墙座对剪力墙的作用力为压力时，附墙座底板对剪力墙产生冲切作用。剪力墙的受力状态如图 7-3 所示。

7.2.1 附墙座对剪力墙的冲切承载力验算

在附墙座正压力和弯矩共同作用下，剪力墙的受冲切承载力应满足公式（7-4）的要求。

$$F_{l,eq} \leqslant 0.7 f_t \eta u_m b_0 \tag{7-4}$$

$$F_{l,eq} = F_l + \frac{\alpha_0 M a}{I_C} u_m b_0$$

式中　$F_{l,eq}$——等效局部荷载设计值（N）；

　　　F_l——局部荷载设计值（N），$F_l = \gamma P_k$，P_k 为附墙座对建筑结构的正压力标准值；

　　　M——不平衡弯矩设计值（N·m），$M = \gamma M_k$，M_k 为附墙座作用于建筑结构上的弯矩标准值；

　　　γ——由标准组合转化为基本组合的分项系数，取 1.35；

　　　f_t——混凝土轴心抗拉强度设计值（N/mm²），查附表 6-3 选用；

　　　η——系数，按 $\eta = 0.8$ 取值；

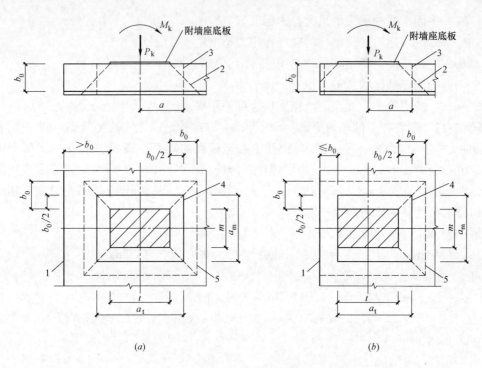

图 7-3　剪力墙受冲切承载力计算

（a）附墙座底板边缘至剪力墙边缘距离大于 b_0；（b）附墙座底板边缘至剪力墙边缘距离小于等于 b_0

1—剪力墙边缘线；2—冲切破坏锥体的斜截面；3—计算截面；

4—计算截面的周长；5—冲切破坏锥体的底面线

b_0——剪力墙的截面有效厚度，取两个方向配筋的截面有效厚度平均值（mm）；

α_0——计算系数，取 $a_0 = 0.5$；

a——附墙座底板中心线至计算截面边缘的距离（mm），$a = (t + h_0)/2$；

t、m——附墙座底板的长边、短边长度（mm）；

a_t、a_m、u_m——分别为计算截面的长边、短边长度及周长（mm），按表 7-1 中公式计算；

I_C——按计算截面计算的类似极惯性矩（mm⁴），按表 7-1 中公式计算。

计算截面周长等参数计算公式　　　　　　　　　　　　　　表 7-1

	单位	附墙座底板边缘至剪力墙边缘距离大于 b_0	附墙座底板边缘至剪力墙边缘距离小于等于 b_0
计算截面长边长度	mm	$a_t = t + b_0$	$a_t = t + b_0/2$
计算截面短边长度	mm	$a_m = m + b_0$	$a_m = m + b_0$
计算截面的周长	mm	$u_m = 2(t + m + 2b_0)$	$u_m = 2t + m + 2b_0$
计算截面类似极惯性矩	mm⁴	$I_C = \dfrac{b_0 a_t^3}{6} + 2b_0 a_m \left(\dfrac{a_t}{2}\right)^2$	$I_C = \dfrac{b_0 a_t^3}{6} + b_0 a_m \left(\dfrac{a_t}{2}\right)^2$

【例 7-2】 例 7-1 中，附墙座的正压力 $P_k=157.8$kN，弯矩 $M_k=12.0$kN·m。附墙座底板边缘至剪力墙自由边的距离大于 b_0。附墙座底板长边尺寸 $t=600$mm，短边尺寸 $m=250$mm。剪力墙厚度 $b=200$mm，水平分布筋$\oplus$8@200，垂直分布筋$\oplus$C10@300，混凝土保护层厚度 $c=15$mm，C30 混凝土。验算剪力墙的受冲切承载力是否满足要求。

解： 查附表 6-3，C30 混凝土轴心抗拉强度设计值 $f_t=1.43$N/mm^2

剪力墙两个方向钢筋直径平均值 $d=(8+10)/2=9$mm

剪力墙的截面有效厚度 $b_0=b-(c+d/2)=200-(15+9/2)=180.5$mm

计算截面长边 $a_t=t+b_0=600+180.5=780.5$mm

计算截面短边 $a_m=m+b_0=250+180.5=430.5$mm

计算截面的周长 $u_m=2(t+m+2b_0)=2\times(600+250+2\times180.5)=2422$mm

计算截面的类似极惯性矩：

$$I_C=\frac{b_0 a_t^3}{6}+2b_0 a_m\left(\frac{a_t}{2}\right)^2=\frac{180.5\times780.5^3}{6}+2\times180.5\times430.5\times\left(\frac{780.5}{2}\right)^2=3.80\times10^{10}\text{mm}^4$$

局部荷载设计值 $F_l=\gamma P_k=1.35\times157.8=213.0$kN

不平衡弯矩设计值 $M=\gamma M_k=1.35\times12.0=16.2$kN·m

附墙座底板中心线至计算截面边缘的距离 $a=(t+b_0)/2=(600+180.5)/2=390.3$mm

等效局部荷载设计值：

$$F_{l,eq}=F_l+\frac{\alpha_0 Ma}{I_C}u_m b_0=213.0+\frac{0.5\times16.2\times10^3\times390.3}{3.80\times10^{10}}\times2422\times180.5=249.4\text{kN}$$

$$0.7f_t\eta u_m b_0=0.7\times1.43\times0.8\times2422\times180.5/1000=350.1\text{kN}$$

$F_{l,eq}=249.4$kN$\leqslant0.7f_t\eta u_m b_0=350.1$kN，满足要求。

【例 7-3】 附墙座底板边缘至剪力墙自由边的距离小于 b_0，其他条件与例 7-2 相同。验算剪力墙的受冲切承载力是否满足要求。

解： 计算截面长边 $a_t=t+b_0/2=600+180.5/2=690.3$mm

计算截面短边 $a_m=m+b_0=250+180.5=430.5$mm

计算截面的周长 $u_m=2t+m+2b_0=2\times600+250+2\times180.5=1811$mm

计算截面的类似极惯性矩：

$$I_C=\frac{b_0 a_t^3}{6}+b_0 a_m\left(\frac{a_t}{2}\right)^2=\frac{180.5\times690.3^3}{6}+180.5\times430.5\times\left(\frac{690.3}{2}\right)^2=1.92\times10^{10}\text{mm}^4$$

附墙座底板中心线至计算截面边缘的距离 $a=(t+b_0)/2=(600+180.5)/2=390.3$mm

等效局部荷载设计值：

$$F_{l,eq}=F_l+\frac{\alpha_0 Ma}{I_C}u_m b_0=213.0+\frac{0.5\times16.2\times10^3\times390.3}{1.92\times10^{10}}\times1811\times180.5=266.8\text{kN}$$

$$0.7f_t\eta u_m b_0=0.7\times1.43\times0.8\times1811\times180.5/1000=261.8\text{kN}$$

$F_{l,eq}=266.8$kN$>0.7f_t\eta u_m b_0=261.8$kN，不满足要求。

由例 7-2 和 7-3 可以看出，附墙座的尺寸和受力没有变化，但安装位置发生了变化。当附墙座安装在剪力墙边缘位置时，剪力墙结构承载力较弱。当遇到例 7-3 结构承载力不满足要求的情况时，可以适当增大附墙座底板的尺寸。

7.2.2 附墙座固定螺栓对剪力墙的冲切承载力验算

当附墙座对剪力墙的作用力为拉力时，安装在剪力墙背面的自制方垫片对剪力墙冲切承载力应满足（7-5）的要求。

$$F_l \leqslant 0.7 f_t \eta u_m b_0 \tag{7-5}$$

式中　F_l——局部荷载设计值，$F_l = \gamma F_1$，F_1 为附墙座固定螺栓对剪力墙的最大拉力（N）；

　　η——系数，按 $\eta = 1.0$ 取值；

　　u_m——计算截面的周长，$u_m = 4(b_d + b_0)$，b_d 为自制方垫片的边长（mm）；

　　b_0——剪力墙截面有效厚度，取两个方向配筋的截面有效厚度平均值（mm）。

【例 7-4】 例 7-1 中，附墙座固定螺栓的最大拉力 $F_1 = 26.4$ kN，自制方垫片的边长 $b_d = 80$ mm。剪力墙的厚度等数据同例 7-2。验算固定螺栓对剪力墙的受冲切承载力是否满足要求。

解： 局部荷载设计值 $F_l = \gamma F_1 = 1.35 \times 26.4 = 35.6$ kN

计算截面的周长 $u_m = 4(b_d + b_0) = 4 \times (80 + 180.5) = 1042$ mm

$0.7 f_t \eta u_m b_0 = 0.7 \times 1.43 \times 1.0 \times 1042 \times 180.5 / 1000 = 188.3$ kN

$F_l = 35.6$ kN $\leqslant 0.7 f_t \eta u_m b_0 = 188.3$ kN，满足要求。

7.3 钢筋混凝土框架梁承载力验算

附着装置最常用的安装方式，是将附墙座安装在钢筋混凝土框架梁的侧面，框架梁侧面受冲切承载力作用，如图 7-4 所示。

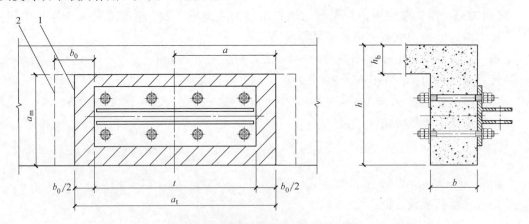

图 7-4　框架梁侧面受冲切承载力计算

1—计算截面的周长；2—冲切破坏锥体的底面线

在附墙座的荷载作用下，框架梁侧面的受冲切承载力应满足公式（7-6）、（7-7）的要求。

$$F_{l,eq} \leqslant 1.2 f_t \eta u_m b_0 \tag{7-6}$$

$$F_{l,eq} \leqslant 0.5 f_t \eta u_m b_0 + 0.8 f_{yv} A_{svu} \tag{7-7}$$

$$F_{l,eq} = F_l + \frac{\alpha_0 Ma}{I_C} u_m b_0$$

$$I_C = \frac{b_0 a_t^3}{12} + 2b_0 a_m \left(\frac{a_t}{2}\right)^2$$

式中 $F_{l,eq}$——等效局部荷载设计值（N）；

$\quad\quad F_l$——局部荷载设计值（N），$F_l = \gamma P_k$，P_k 为附墙座对建筑结构的正压力标准值；

$\quad\quad M$——不平衡弯矩设计值（N·m），$M = \gamma M_k$，M_k 为附墙座作用于建筑结构上的弯矩标准值；

$\quad\quad \gamma$——由标准组合转化为基本组合的分项系数，取 1.35；

$\quad\quad f_t$——混凝土轴心抗拉强度设计值（N/mm²），按附表 6-3 选用；

$\quad\quad \eta$——系数，按 $\eta = 0.8$ 取值；

$\quad\quad b_0$——截面有效厚度（mm），$b_0 = b - a_s$，b 为梁截面宽度，a_s 为梁纵向受力钢筋至梁侧近边缘的距离；

$\quad\quad a_t$——计算截面的长边长度（mm），$a_t = t + b_0$；

$\quad\quad a_m$——计算截面的短边长度（mm），$a_m = h - h_b$；

$\quad\quad u_m$——计算截面周长（mm），$u_m = t + b_0 + 2(h - h_b)$，$t$ 为附墙座底板的长边长度，h 为梁截面高度，h_b 为楼板厚度；

$\quad\quad \alpha_0$——计算系数，取 $\alpha_0 = 0.5$；

$\quad\quad a$——附墙座底板中心线至计算截面边缘的距离（mm），$a = (t + h_0)/2$；

$\quad\quad f_{yv}$——箍筋的抗拉强度设计值（N/mm²），按附表 6-1 中 f_y 的数值选用；

$\quad\quad A_{svu}$——与冲切破坏区临界截面相交的全部箍筋截面面积（mm²）。

【例 7-5】 例 7-2 中的附墙座的正压力 $P_k = 157.8\text{kN}$，弯矩 $M_k = 12.0\text{kN·m}$。附墙座安装在框架梁侧面。该框架梁截面尺寸 $b = 200\text{mm}$，$h = 500\text{mm}$，楼板厚度 $h_b = 120\text{mm}$。梁箍筋 $\Phi 8@100$（2），纵向筋 2Φ18；2Φ16，混凝土保护层厚度 $c = 20\text{mm}$，C30 混凝土。验算梁侧受冲切承载力是否满足要求。

解： 查附表 6-3，C30 混凝土轴心抗拉强度设计值 $f_t = 1.43\text{N/mm}^2$；查附表 6-1，HRB400 箍筋抗拉强度设计值 $f_{yv} = 360\text{N/mm}^2$。

梁侧截面有效厚度 $b_0 = b - (c + d/2) = 200 - (20 + 18/2) = 171\text{mm}$

计算截面长边长度 $a_t = t + b_0 = 600 + 171 = 771\text{mm}$

计算截面短边长度 $a_m = h - h_b = 500 - 120 = 380\text{mm}$

计算截面的周长 $u_m = a_t + 2a_m = 771 + 2 \times 380 = 1531\text{mm}$

计算截面的类似极惯性矩：

$$I_C = \frac{b_0 a_t^3}{12} + 2b_0 a_m \left(\frac{a_t}{2}\right)^2 = \frac{171 \times 771^3}{12} + 2 \times 171 \times 380 \times \left(\frac{771}{2}\right)^2 = 2.58 \times 10^{10} \text{mm}^4$$

局部荷载设计值 $F_l = \gamma P_k = 1.35 \times 157.8 = 213.0\text{kN}$

不平衡弯矩设计值 $M = \gamma M_k = 1.35 \times 12.0 = 16.2\text{kN·m}$

附墙座底板中心线至计算截面边缘的距离 $a = (t + b_0)/2 = (600 + 171)/2 = 385.5\text{mm}$

等效局部荷载设计值：

$$F_{l,eq} = F_l + \frac{\alpha_0 Ma}{I_C} u_m b_0 = 213.0 + \frac{0.5 \times 16.2 \times 10^3 \times 385.5}{2.58 \times 10^{10}} \times 1531 \times 171 = 244.7\text{kN}$$

95

冲切破坏锥体范围内包含的箍筋数量 $n=(t+2b_0)/100=(600+2\times171)/100=9$ 只

全部箍筋截面面积 $A_{svu}=2n\pi d^2/4=2\times9\times\pi\times8^2/4=905\text{mm}^2$

$$1.2f_t\eta u_m b_0=1.2\times1.43\times0.8\times1531\times171/1000=359.4\text{kN}$$

$F_{l,eq}=244.7\text{kN}\leqslant1.2f_t\eta u_m b_0=359.4\text{kN}$，满足要求

$$0.5f_t\eta u_m b_0+0.8f_{yv}A_{svu}$$

$$=(0.5\times1.43\times0.8\times1531\times171+0.8\times360\times905)/1000=410.4\text{kN}$$

$F_{l,eq}=244.7\text{kN}\leqslant0.5f_t\eta u_m b_0+0.8f_{yv}A_{svu}=410.4\text{kN}$，满足要求。

7.4 钢筋混凝土框架柱承载力验算

在钢筋混凝土矩形截面框架柱（以下简称"混凝土柱"）上安装附墙座时，为避免钻孔损坏柱中纵向受力钢筋，不宜采取在柱身上钻孔的方法。常用的安装方法有两种：预埋螺栓方法和抱箍方法，如图 7-5 所示。

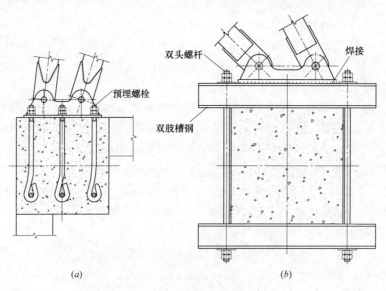

(a) (b)

图 7-5 附墙座在框架柱上的固定方法

(a) 预埋螺栓方法；(b) 抱箍方法

附墙座对混凝土柱的作用力如图 7-6 所示。

图 7-6 (a) 中，两根附着杆的作用力分别为 N_1、N_2，与附墙座底板的夹角为 θ_1、θ_2，力的作用点位于附墙座销孔中心，两销孔中心之间的距离为 a，销孔中心至柱中心线的垂直距离为 e。

附墙座对混凝土柱的作用荷载，向混凝土柱的形心简化为垂直于柱面的水平力标准值 P_k、H_k 和扭矩标准值 T_k，如图 7-6 (b) 所示，按公式（7-8）计算。

$$\left.\begin{array}{l}P_k=N_1\sin\theta_1+N_2\sin\theta_2\\H_k=N_1\cos\theta_1+N_2\cos\theta_2\\T_k=(N_1\cos\theta_1+N_2\cos\theta_2)e+(N_1\sin\theta_1-N_2\sin\theta_2)a/2\end{array}\right\}\quad(7\text{-}8)$$

式中　P_k、H_k——附墙座对混凝土柱两个方向的分力标准值（N）；

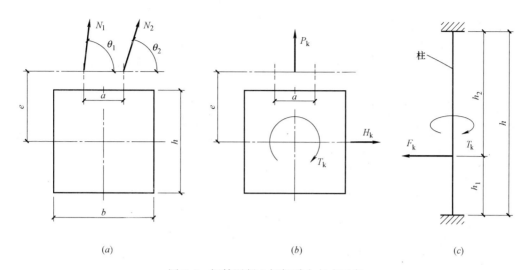

图 7-6　钢筋混凝土框架受力方式示意

(a) 附着杆的作用力；(b) 把作用力移到柱形心位置；(c) 混凝土柱受力示意

T_k——附墙座对混凝土柱的扭矩荷载标准值（N·m）。

将混凝土柱近似地视为简支梁，作用于柱身上的弯矩按公式（7-9）计算，剪力按公式（7-10）计算。

$$M_k = F_k h_1 h_2 / h \tag{7-9}$$
$$V_{k,max} = F_k h_2 / h, (h_1 < h_2) \tag{7-10}$$

式中　M_k——附墙座对混凝土柱的作用弯矩标准值（N·m）；

$V_{k,max}$——附墙座对混凝土柱的最大剪力标准值（N）；

F_k——附墙座对混凝土柱的水平作用力标准值（N），$F_k = \sqrt{P_k^2 + H_k^2}$；

h_1——附墙座至混凝土柱柱脚的高度（m）；

h_2——附墙座至混凝土柱柱顶的高度（m）；

h——混凝土柱的高度（m），$h = h_1 + h_2$。

在轴向压力、弯矩、剪力和扭矩共同作用下的钢筋混凝土矩形截面框架柱，其受剪扭承载力应满足公式（7-11）、（7-12）要求。

$$受剪承载力：V \leqslant (1.5 - \beta_t) \left(\frac{1.75}{\lambda + 1} f_t b h_0 + 0.07 N \right) + f_{yv} \frac{A_{sv}}{s} h_0 \tag{7-11}$$

$$受扭承载力：T \leqslant \beta_t \left(0.35 f_t + 0.07 \frac{N}{A} \right) W_t + 1.2 \sqrt{\zeta} f_{yv} \frac{A_{st1} A_{cor}}{s} \tag{7-12}$$

$$\beta_t = \frac{1.5}{1 + 0.2(\lambda + 1) \dfrac{V W_t}{T b h_0}}$$

$$W_t = \frac{b^2}{6}(3h - b)$$

$$\zeta = \frac{f_y A_{st1} s}{f_{yv} A_{st1} u_{cor}}$$

式中　V——剪力设计值（N），$V = \gamma V_{k,max}$；

T——扭矩设计值（N），$T = \gamma T_k$；

M——弯矩设计值（N·m），$M=\gamma M_k$；

γ——由标准组合转化为基本组合的分项系数，取 1.35；

β_t——集中荷载作用下，剪扭构件混凝土受扭承载力降低系数；当 β_t 小于 0.5 时，取 0.5；当 β_t 大于 1.0 时，取 1.0；

λ——计算截面的剪跨比，取 $\lambda=M/(Vh_0)$；

f_c——混凝土轴心抗压强度设计值（N/mm^2），按附表 6-2 选用；

f_t——混凝土轴心抗拉强度设计值（N/mm^2），按附表 6-3 选用；

b——矩形截面柱上安装附墙座的那面的边长（mm），如图 7-6（a）所示；

h_0——截面有效高度（mm），$h_0=h-a_s$，h 为矩形截面柱垂直于附墙座底板的那面的边长，如图 7-6（a）所示，a_s 为梁中纵向受力钢筋至柱侧近边缘的距离；

N——与剪力、扭矩设计值 V、T 相应的轴向压力设计值，取 $N=0.3f_cA$；

A——构件截面面积（mm^2），$A=bh$；

W_t——受扭构件的截面受扭塑性抵抗矩（mm^3）；

ζ——受扭的纵向普通钢筋与箍筋的配筋强度比值，ζ 值不应小于 0.6，当 ζ 大于 1.7 时，取 1.7；

A_{stl}——受扭计算中取对称布置的全部纵向普通钢筋截面面积（mm^2）；

f_{yv}——箍筋的抗拉强度设计值（N/mm^2），按附表 6-1 中 f_y 的数值选用；

A_{st1}——受扭计算中沿截面周边配置的箍筋单肢截面面积（mm^2）；

A_{sv}——配置在同一截面内箍筋各肢的全部截面面积（mm^2），即 $A_{sv}=nA_{sv1}$，此处 n 为在同一个截面内箍筋的肢数，A_{sv1} 为单肢箍筋的截面面积；

s——沿构件长度方向的箍筋间距（mm）；

A_{cor}——截面核心部分的面积（mm^2），取 $A_{cor}=b_{cor}h_{cor}$，此处 b_{cor}、h_{cor} 为箍筋内表面范围内截面核心部分的短边、长边尺寸；

u_{cor}——截面核心部分的周长，$u_{cor}=2(b_{cor}+h_{cor})$。

【例 7-6】 一台 QTZ40 塔机，附着杆 1 的轴向力 $N_1=69.2$kN，与柱面夹角 $\theta_1=78°$；附着杆 2 的轴向力 $N_2=19.9$kN，与柱面夹角 $\theta_2=71°$。附墙座两销孔之间的中心距离 $a=200$mm，销孔中心至柱中心线的垂直距离 $e=342$mm。钢筋混凝土框架柱截面尺寸 500×500，柱纵向钢筋 12Φ20.，4 肢箍筋 Φ8@100/200，C30 混凝土，钢筋混凝土保护层 $c=20$mm。柱高 $h=2.80$m，附墙座至柱脚高度 $h_1=1.20$m。验算该混凝土柱的受剪扭承载力是否满足要求。

解： 查附表 6-1，HRB400 钢筋抗拉强度设计值 $f_{yv}=f_y=360$N/mm^2；查附表 6-2，C30 混凝土轴心抗压强度设计值 $f_c=14.3$N/mm^2；查附表 6-3，C30 混凝土抗拉强度设计值 $f_t=1.43$N/mm^2。

两个方向的分力标准值：

$$P_k=N_1\sin\theta_1+N_2\sin\theta_2=69.2×\sin78°+19.9×\sin71°=86.5\text{kN}$$

$$H_k=N_1\cos\theta_1+N_2\cos\theta_2=69.2×\cos78°+19.9×\cos71°=20.9\text{kN}$$

附墙座的水平力标准值 $F_k=\sqrt{P_k^2+H_k^2}=\sqrt{86.5^2+20.9^2}=89.0\text{kN}$

扭矩标准值：

$T_k = (N_1\cos\theta_1 + N_2\cos\theta_2)e + (N_1\sin\theta_1 - N_2\sin\theta_2)a/2$

$= (69.2 \times \cos78° + 19.9 \times \cos71°) \times 0.342 + (69.2 \times \sin78° - 19.9 \times \sin71°) \times 0.2/2$

$= 12.0 \text{kN} \cdot \text{m}$

扭矩设计值 $T = \gamma T_k = 1.35 \times 12.0 = 16.2 \text{kN} \cdot \text{m}$

力矩标准值　$M_k = F_k h_1 h_2 / h = 89.0 \times 1.2 \times (2.8 - 1.2)/2.8 = 61.0 \text{kN} \cdot \text{m}$

力矩设计值 $M = \gamma M_k = 1.35 \times 61.0 = 82.4 \text{kN} \cdot \text{m}$

最大剪力标准值　$V_{k,\max} = F_k h_2 / h = 89.0 \times (2.8 - 1.2)/2.8 = 50.9 \text{kN}$

最大剪力设计值 $V = \gamma V_{k,\max} = 1.35 \times 50.9 = 68.7 \text{kN}$

轴向压力设计值 $N = 0.3 f_c A = 0.3 \times 14.3 \times 500 \times 500/1000 = 1072.5 \text{kN}$

截面受扭塑性抵抗矩 $W_t = \dfrac{b^2}{6}(3h - b) = \dfrac{500^2}{6} \times (3 \times 500 - 500) = 4.17 \times 10^7 \text{mm}^3$

截面有效高度 $h_0 = h - a_s = 500 - (20 + 20/2) = 470 \text{mm}$

计算截面的剪跨比 $\lambda = \dfrac{M}{V h_0} = \dfrac{82.4 \times 10^6}{68.7 \times 10^3 \times 470} = 2.55$

混凝土受扭承载力降低系数：

$$\beta_t = \frac{1.5}{1 + 0.2(\lambda + 1)\dfrac{V W_t}{T b h_0}} = \frac{1.5}{1 + 0.2 \times (2.55 + 1) \times \dfrac{68.7 \times 10^3 \times 4.17 \times 10^7}{16.2 \times 10^6 \times 500 \times 470}} = 0.98$$

对称布置的全部纵向普通钢筋截面面积 $A_{stl} = 12 \times \pi \times 20^2/4 = 3770 \text{mm}^2$

沿截面周边配置的箍筋单肢截面面积 $A_{st1} = \pi \times 8^2/4 = 50.3 \text{mm}^2$

同一截面内箍筋各肢的全部截面面积 $A_{sv} = n A_{sv1} = 4 \times \pi \times 8^2/4 = 201 \text{mm}^2$

截面核心部分的周长 $u_{cor} = 2(b_{cor} + h_{cor}) = 2 \times (460 + 460) = 1840 \text{mm}$

截面核心部分的面积 $A_{cor} = b_{cor} h_{cor} = 460 \times 460 = 211600 \text{mm}^2$

受扭的纵向普通钢筋与箍筋的配筋强度比值：

$$\zeta = \frac{f_y A_{stl} s}{f_{yv} A_{st1} u_{cor}} = \frac{360 \times 3770 \times 200}{360 \times 50.3 \times 1840} = 8.15, \text{取} \ \zeta = 1.70$$

受剪承载力：

$$(1.5 - \beta_t)\left(\frac{1.75}{\lambda + 1} f_t b h_0 + 0.07N\right) + f_{yv}\frac{A_{sv}}{s} h_0$$

$$= (1.5 - 0.98) \times \left(\frac{1.75}{2.55 + 1} \times 1.43 \times 500 \times 470 + 0.07 \times 1072.5 \times 10^3\right) + 360 \times \frac{201}{200} \times 470$$

$$= 295227 \text{N} = 295.2 \text{kN}$$

$V = 68.7 \text{kN} \leqslant (1.5 - \beta_t)\left(\dfrac{1.75}{\lambda + 1} f_t b h_0 + 0.07N\right) + f_{yv}\dfrac{A_{sv}}{s} h_0 = 295.2 \text{kN}$，满足要求。

受扭承载力：

$$\beta_t\left(0.35 f_t + 0.07\frac{N}{A}\right)W_t + 1.2\sqrt{\zeta} f_{yv}\frac{A_{st1} A_{cor}}{s}$$

$$= 0.98 \times \left(0.35 \times 1.43 + 0.07 \times \frac{1072.5 \times 10^3}{500 \times 500}\right) \times 4.17 \times 10^7 + 1.2 \times \sqrt{1.70} \times 360$$

$$\times \frac{50.3 \times 211600}{200} = 62700677 \text{N} \cdot \text{mm} = 62.7 \text{kN} \cdot \text{m}$$

$$T=16.2\text{kN} \cdot \text{m} \leqslant \beta_t \left(0.35 f_t + 0.07 \frac{N}{A}\right) W_t + 1.2 \sqrt{\zeta} f_{yv} \frac{A_{st1} A_{cor}}{s} = 62.7\text{kN} \cdot \text{m}, \text{满足}$$

要求。

7.5　钢筋混凝土非框架梁的加固处理

钢筋混凝土连系梁上不宜安装塔机附着装置。但是由于种种原因，附墙座必须安装在非框架结构的连系梁上时，应对连系梁进行加固处理，使其承载力满足附着要求。

钢筋混凝土连系梁的加固方法有两种：一是增加梁内配置钢筋的数量；二是在梁外捆绑临时加固型钢，塔机拆除时，捆绑的型钢也同时拆除。

7.5.1　增加梁内钢筋配置

附墙座安装在连系梁的侧面，形成侧向弯矩和剪力。其正截面受弯承载力按公式（7-13）计算，斜截面受剪承载力按公式（7-14）计算。

$$M \leqslant f_y A_s (b - a_s - a'_s) \tag{7-13}$$

$$V \leqslant V_{cs} = \frac{1.75}{\lambda + 1} f_t b_0 h + f_{yv} \frac{A_{sv}}{s} b_0 \tag{7-14}$$

式中　　M——弯矩设计值（N·m），$M = \gamma M_k$；

　　　　V——剪力设计值（N），$V = \gamma V_{k,mac}$；

　　　　γ——由标准组合转化为基本组合的分项系数，取 1.35；

　　　　V_{cs}——构件斜截面上混凝土和箍筋的受剪承载力设计值（N）；

　　　　f_y——普通钢筋抗拉强度设计值（N/mm²），按附表 6-1 选用；

　　　　f_{yv}——箍筋的抗拉强度设计值（N/mm²），按附表 6-1 中 f_y 的数值选用；

　　　　f_t——混凝土轴心抗拉强度设计值（N/mm²），按附表 6-3 选用；

　　　　A_s——受拉区纵向普通钢筋的截面面积（mm²）；

　　　b、h——梁截面宽度、高度（mm）；

　　a_s、a'_s——受拉区、受压区纵向普通钢筋合力点至截面近边缘的距离（mm）；

　　　　b_0——梁截面有效宽度（mm），$b_0 = b - a_s$；

　　　　λ——计算截面的剪跨比，取 $\lambda = a/b_0$；当 λ 小于 1.5 时，取 1.5，当 λ 大于 3 时，取 3；a 取集中荷载作用点至支座截面或节点边缘的距离；

　　　　A_{sv}——配置在同一截面内箍筋各肢的全部截面面积（mm²）；

　　　　s——沿构件长度方向的箍筋间距（mm）。

【例 7-7】　某工程安装了一台 QTZ63 塔机，塔机中心线至结构墙面的距离、两附墙座之间的间距均按塔机使用说明书中的尺寸摆布，如图 7-7（a）所示。根据塔机使用说明书中提供的数据，附墙座作用于结构墙面的垂直力 $P = 70\text{kN}$，梁的受力状态如图 7-7（b）所示。

连系梁截面尺寸 200×470，箍筋 $\phi 6@200$，纵向筋 2⌀16，2⌀16，保护层厚度 20mm，C25 混凝土，如图 7-7（c）所示。

经验算，梁的承载力不满足要求，需要增加梁内钢筋配置，增加的钢筋数量如图 7-7

（d）所示。验算加固后的连系梁是否满足承载力要求。

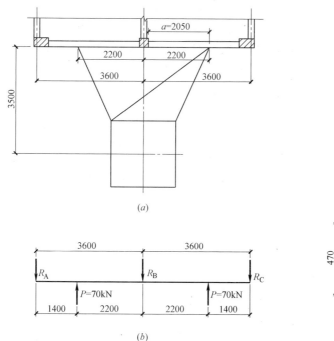

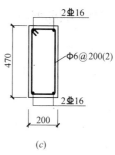

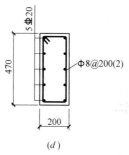

图 7-7　用增加钢筋的方法对梁进行加固

（a）附着尺寸；（b）梁受力示意；（c）施工图中梁筋配置；（d）加固后的梁筋配置

解： 查附表 6-1，HRB400 钢筋抗拉承载力设计值 $f_y = 360\text{N/mm}^2$，HPB300 箍筋抗拉强度设计值 $f_{yv} = f_y = 270\text{N/mm}^2$；查附表 6-3，C25 混凝土抗拉强度设计值 $f_t = 1.27\text{N/mm}^2$。

按二跨等跨连续梁计算梁侧弯矩值和剪力值，B 点的弯矩值和剪力值最大。

作用于梁侧的最大弯矩标准值 $M_B = k_M PL = 0.188 \times 70 \times 3.6 = 47.4\text{kN}$

梁侧弯矩设计值 $M = \gamma M_k = 1.35 \times 47.4 = 64.0\text{kN·m}$

作用于梁侧的最大剪力标准值 $V_B = k_v P = 0.688 \times 70 = 48.2\text{kN}$

剪力设计值 $V = \gamma V_{k,max} = 1.35 \times 48.2 = 65.1\text{kN}$

受拉钢筋截面面积 $A_s = 5 \times \pi \times 20^2 / 4 = 1571\text{mm}^2$

纵向钢筋至梁侧近边缘的距离 $a_s = a_s' = c + d/2 = 20 + 20/2 = 30\text{mm}$

梁侧正截面受弯承载力：

$$f_y A_s (b - a_s - a_s') = 360 \times 1571 \times (200 - 30 - 30) \times 10^{-6} = 79.2\text{kN·m}$$

$M = 64.0\text{kN} \leqslant f_y A_s (b - a_s - a_s') = 79.2\text{kN·m}$，满足要求。

集中荷载作用点至支座截面边缘的距离 $a = 2050\text{mm}$，

计算截面剪跨比 $\lambda = a/b_0 = 2050/(200 - 30) = 12.1 > 3$，取 $\lambda = 3$

双肢箍筋截面面积 $A_{sv} = 2 \times \pi \times 8^2 / 4 = 101\text{mm}^2$

$$V_{cs} = \frac{1.75}{\lambda + 1} f_t b_0 h + f_{yv} \frac{A_{sv}}{s} b_0$$

$$= \left(\frac{1.75}{3+1} \times 1.27 \times 170 \times 470 + 270 \times \frac{101}{200} \times 170 \right) \times 10^{-3} = 67.6\text{kN}$$

$V = 65.1\text{kN} \leqslant V_{cs} = 67.6\text{kN}$，满足要求。

7.5.2 梁外捆绑型钢

当需要在排架结构的连系梁上安装附着装置时，可以采取在梁处捆绑型钢的方法，以增强连系梁侧向的抗弯、抗剪强度。梁外捆绑的型钢以槽钢为佳，如图 7-8 所示。

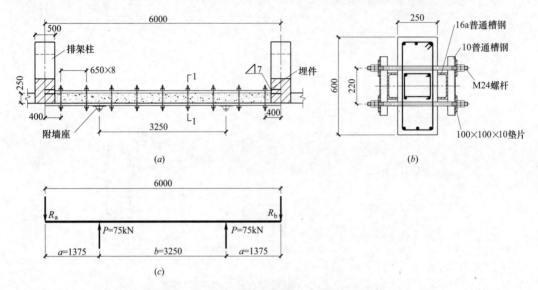

图 7-8　梁外捆绑槽钢增强连系梁承载力
(*a*) 加固方法；(*b*) 1—1 剖面放大；(*c*) 受力示意

为简化计算，捆绑槽钢后的连系梁抗弯、抗剪强度计算，忽略钢筋混凝土梁的结构强度不计，仅计算钢结构的强度。

图 7-8 所示的加固方法，两个附墙座之间的弯矩值最大，其抗弯强度按公式（7-15）计算。连系梁与排架柱连接截面的抗剪强度最弱，当塔机对连系梁的作用力为压力时，由外侧槽钢承担剪力，按公式（7-16）计算；当塔机对连系梁的作用力为拉力时，由槽钢与埋件之间的焊缝承担剪力，按公式（7-17）计算。

$$\sigma = \frac{M}{W_n} \leqslant f \tag{7-15}$$

$$\tau = \frac{V}{A_0} \leqslant f_v \tag{7-16}$$

$$\tau_f = \frac{V}{h_e(\beta_f l_{wz} + l_{wc})} \leqslant f_f^w \tag{7-17}$$

式中　M、V——作用于连系梁水平方向的弯矩、剪力设计值（N）；

A_0——单肢槽钢截面面积（mm²），按附表 2-3 或附表 2-4 选用；

I——双肢格构式钢梁截面惯性矩（mm⁴），$I = 2\lfloor I_y + A_0(a/2 - Z_0)^2 \rfloor$，$I_y$ 为单肢槽钢 y 轴截面惯性矩；a 为两个槽钢背间距离；Z_0 为槽钢的重心距离，按附表 2-3 或附表 2-4 选用；

W_n——钢梁净截面模量（mm³），$W_n = 2I/a$；

h_e——直角角焊缝的有效厚度（mm），$h_e = 0.7h_f$，h_f 为角焊缝的焊脚尺寸；

l_{wz}、l_w——分别为正面角焊缝、侧面角焊缝的计算长度（mm），考虑起灭弧缺陷，焊缝端部减去一个 h_f，转角部位连续施焊，不减 h_f；

β_f——正面角焊缝的强度设计值增大系数，取 $\beta_f = 1.22$；

f——钢材的抗拉、抗压、抗弯强度设计值（N/mm²），按附表 1-1 选用；

f_v——钢材的抗剪强度设计值（N/mm²），按附表 1-1 选用；

f_f^w——角焊缝的抗拉、抗压和抗剪强度强度设计值（N/mm²），按附表 1-2 选用。

【例 7-8】 某工业厂房工程安装了一台 QTZ40 塔机。根据塔机使用说明书中提供的数据，附墙座对梁侧面施加的作用力 $P = 75$kN。塔机附着装置安装在排架柱之间的连系梁上。经验算，排架柱的承载力满足要求，但是连系梁的承载力不满足要求，因此采取在梁两侧捆绑 2 根 16a 普通槽钢的加强措施，如图 7-8 所示。验算加强后的连系梁承载力是否满足要求。

解： 查附表 1-1，16a 槽钢的抗弯强度设计值 $f = 215$N/mm²，抗剪强度设计值 $f_v = 125$N/mm²。查附表 1-2，E43 型焊条手工电弧焊的角焊缝抗拉、抗剪强度强度设计值 $f_f^w = 160$N/mm²。

查附表 2-3，16a 普通槽钢截面宽度 $b = 63$mm，截面面积 $A_0 = 21.95$cm²，y 轴截面惯性矩 $I_y = 73.4$cm⁴，重心距 $Z_0 = 1.79$cm。

作用于梁侧面的弯矩标准值 $M_k = Pa = 75 \times 1.375 = 103.1$kN·m

弯矩设计值 $M = \gamma M_k = 1.35 \times 103.1 = 139.2$kN·m

梁侧剪力标准值 $V_k = P = 75$kN

剪力设计值 $V = \gamma V_k = 1.35 \times 75 = 101.3$kN

2 个槽钢背间距 $a = 2 \times 63 + 250 = 376$mm

双肢格构式梁截面惯性矩：

$$I = 2\lfloor I_y + A_0(a/2 - Z_0)^2 \rfloor = 2 \times \lfloor 73.4 + 21.95 \times (37.6/2 - 1.79)^2 \rfloor = 12849\text{cm}^4$$

截面模量 $W_n = 2I/a = 2 \times 12849/37.6 = 683$cm³

抗弯强度 $\sigma = \dfrac{M}{W_n} = \dfrac{139.2 \times 10^6}{683 \times 10^3} = 203.8$N/mm² $\leqslant f = 215$N/mm²，满足要求。

抗剪强度 $\tau = \dfrac{V}{A_0} = \dfrac{101.3 \times 10^3}{21.95 \times 10^2} = 46.2$N/mm² $\leqslant f_v = 125$N/mm²，满足要求。

角焊缝的有效厚度 $h_e = 0.7h_f = 0.7 \times 7 = 4.9$mm

三面围焊，焊缝转角部位连续施焊。

正面角焊缝计算长度 $l_{wz} = 160$mm，

侧面角焊缝计算长度 $l_{wc} = 2 \times (63 - 7) = 112$mm

焊缝强度：

$$\tau_f = \frac{V}{h_e(\beta_f l_{wz} + l_{wc})} = \frac{101.3 \times 10^3}{4.9 \times (1.22 \times 160 + 112)}$$

$$= 67.3\text{N/mm}^2 \leqslant f_f^w = 160\text{N/mm}^2，满足要求。$$

8 非常规附着方案实例

在选择塔机机型和确定塔机安装位置时，应同步考虑如何安装附着装置的问题。否则有可能出现附着装置难以正常安装的尴尬局面。本章介绍了几个非常规安装塔机附着装置的实例，供读者在遇到类似案例时参考。

解决非常规附着装置的安装问题，往往需要增加人力和财力的支出，施工单位应力求避免出现类似的非常规附着问题。

8.1 在建筑物转角位置安装 3 杆附着装置

8.1.1 工程概况

JH 二期工程 5 号住宅楼安装了 1 台 QTZ40 塔机。土建施工人员为了使塔机工作范围尽可能多地覆盖地下汽车库，将塔机位置选择在 5 号楼的东南角位置，使塔机附着装置不能够按照塔机使用说明书中的要求正常安装。

8.1.2 附着方案

针对这一现状，塔机附着装置安装方案如图 8-1 所示。

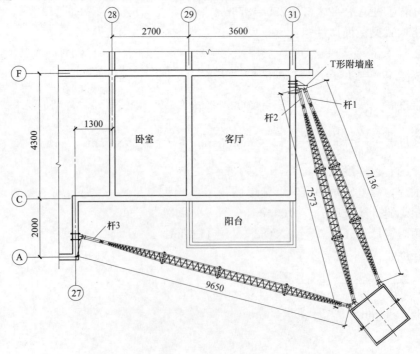

图 8-1　JH 二期工程 5 号住宅楼塔机附着装置安装方案附图

8.1.3 方案可行性分析

本方案中，两个附墙座虽然不在同一个平面上，但是由于建筑结构是刚性体，两个附墙座之间的距离不会发生变化，因此附着杆系仍然是结构稳定体系。

8.1.4 解决附着杆互相干涉问题

安装在 31 轴线剪力墙上的双销附墙座，如果使用常规的双销附墙座，附着杆 1 与附着杆 2 互相干涉，无法安装。为解决这一问题，将这个附墙座做作成 T 形，安装位置如图 8-2 所示，制作详图如图 8-3 所示。

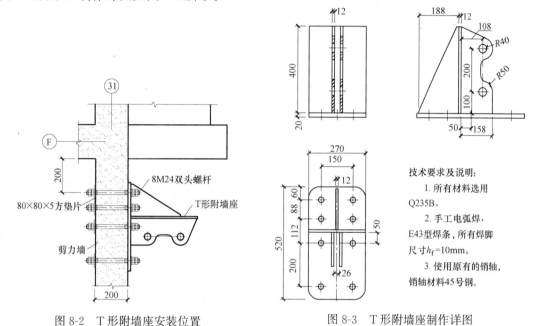

技术要求及说明：

1. 所有材料选用 Q235B。

2. 手工电弧焊，E43 型焊条，所有焊脚尺寸 $h_f=10mm$。

3. 使用原有的销轴，销轴材料 45 号钢。

图 8-2　T 形附墙座安装位置　　　　图 8-3　T 形附墙座制作详图

8.1.5 附着杆型式

由于附着杆较长，因此选用 4 肢格构式橄榄形附着杆。杆中段截面尺寸 $B_d = 300 \times$

图 8-4　JH 二期工程 5 号住宅楼塔机附着装置安装照片

300mm，锥端截面尺寸 $B_{min}=110\times110mm$。格构杆与耳板之间用 $\Phi108\times4.5$ 无缝钢管相连。主肢材料∟40×4角钢，缀条材料 $\Phi12$ 圆钢，缀条与附着杆中心线之间的夹角 70°。法兰材料∟63×6角钢，法兰之间用 12M16 螺栓连接。附着杆的设计计算方法，见本书第 4 章、第 5 章的相关内容。

图 8-4 为该案例的现场照片。

8.2 在建筑物转角位置安装 4 杆附着装置

8.2.1 工程概况

JS 三期工程 25 号住宅楼，安装了 1 台 QTZ50（5008）型塔机。由于桩基施工单位将塔机基础桩打错了位置，塔机实际位置比设计位置向东位移了 3.2m，使附着装置东面的一个附墙座失去了正常的安装位置。

8.2.2 附着方案

针对这一现状，采用 4 杆附着方式，塔机位置及附着装置安装方案如图 8-5 所示。

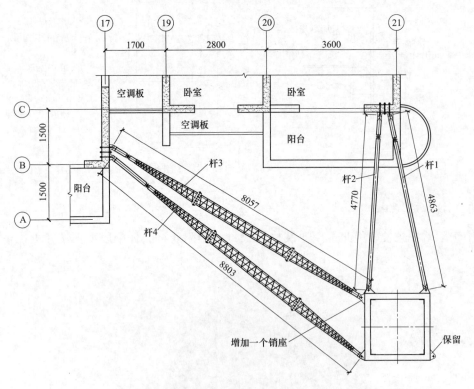

图 8-5　JS 三期工程 25 号住宅楼塔机附着装置安装方案附图

为了安装附着杆 3，在附着框的西北角增加一个销座。这套附着杆系包含 3 个三角形单元，是几何不变体系。

由于附着杆 1、附着杆 2 的长度与附着杆 3、附着杆 4 的长度相差悬殊，因此附着杆

1、附着杆2选用无缝钢管制作的实腹式附着杆，附着杆3、附着杆4选用角钢制作的4肢格构式橄榄形附着杆。

8.2.3 附着杆内力和结构强度验算

4杆附着杆系是超静定结构，附着杆轴向内力的计算方法和步骤见例4-3。这4根附着杆的轴向内力最大值分别是：$N_{1max}=48.49kN$、$N_{2max}=62.88kN$、$N_{3max}=51.12kN$、$N_{4max}=38.22kN$。附着杆的强度验算方法见第5章有关章节，此处不再赘述。

图8-6是附着杆与附着框连接方式的照片。

图8-6　JS三期工程25号住宅楼塔机附着杆与附着框连接方式的照片

8.3 附着杆支撑在2幢建筑物上

8.3.1 工程概况

ZD工程1号住宅楼占地面积$732.73m^2$，2号住宅楼占地面积$888.32m^2$。两楼共用1台QTZ63（5810）塔机。由于塔机基础位置选择不当，塔机附着装置在1号楼或者在2号楼上均无法按常规方式正常安装。

8.3.2 附着方案

针对这一现状，只有做超长附着杆（长度近12m），分别支承在1号、2号楼上，如图8-7所示。

本方案采用3杆附着方式，4肢格构式橄榄形附着杆。主肢材料选用∟50×5角钢，缀条材料选用ϕ12圆钢。格构杆中段截面$B_d=300×300mm$，锥端截面$B_{min}=120×120mm$。4肢格构杆与耳板之间用双肢12号轻型槽钢过渡连接。附着杆的装配图如图8-8所示，本书省略附着杆零件图。

附着杆1的强度验算见例5-4，附着杆2、附着杆3的验算方法与杆1类似。

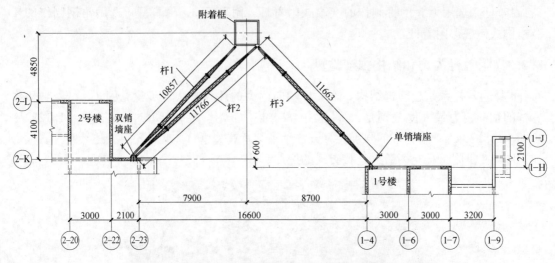

图 8-7　ZD 工程 1 号、2 号住宅楼塔机附着装置安装方案附图

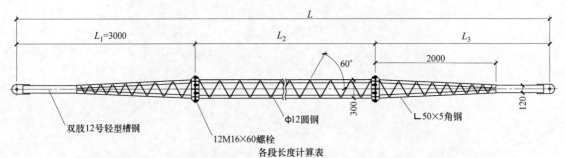

各段长度计算表

附着杆编号	总长度L(mm)	L_1长度(mm)	L_2长度(mm)	L_3长度(mm)
杆1	10857	3000	5000	2857
杆2	11766	3000	6000	2766
杆3	11663	3000	6000	2663

图 8-8　ZD 工程 1 号、2 号住宅楼塔机附着杆装配图

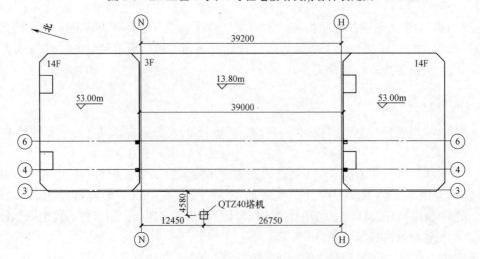

图 8-9　YL 科技广场平面及塔机位置图

8.4 用支撑架解决超长附着杆的挠度问题

8.4.1 工程概况

YL科技广场工程，由北、南两个塔楼，和两个塔楼之间的裙楼组成。北、南塔楼地上 14 层，屋面标高 53.0m；裙楼地上 3 层，屋面标高 13.8m；北、南两塔楼之间相距 39.0m。1 台 QTZ40 塔机安装在裙楼西面偏北位置，如图 8-9 所示。

这是一个典型的塔机安装位置选择不当的案例。为了完成这个工程的施工，塔机最少需要安装 3 道附着装置，第 1 道附着装置安装在相对标高 13.80m 的屋面上，但第 2、3 道附着装置就无法正常安装了。由于塔机在地下汽车库内部，已不可能拆了这台塔机重新安装塔机，使继续施工处于一个非常尴尬局面。

8.4.2 附着方案

针对现场现状，采用 3 杆附着方式，做超长附着杆。为了尽可能增大附着杆与墙面的夹角，2 个附墙座安装在 6 轴线的 2 个框架柱上，柱截面尺寸 600×600mm。3 根附着杆的长度分别是：$l_1 = 29.092$m、$l_2 = 18.062$m、$l_3 = 17.561$m，如图 8-10 所示。

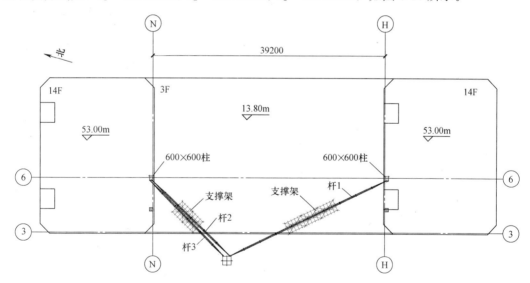

图 8-10　YL科技广场塔机附着方案附图

选用 4 肢格构式附着杆，附着杆最大截面尺寸 $B_d = 500 \times 500$mm，主肢材料∟70×7角钢，缀条材料∟25×4角钢。

8.4.3 用支撑架抵抗附着杆自重弯矩和风荷载弯矩

由于附着杆太长，虽然轴向力变化不大，但是重力弯矩和风荷载弯矩很大，因此采用在裙楼屋面上搭设支撑架的方法，抵抗附着杆的重力弯矩和风荷载弯矩。

支撑架用脚手架钢管搭设。立杆间距 600mm，水平杆步距≤1200mm，设置扫地杆、水平剪刀撑、竖向剪刀撑、抛撑，并用钢丝绳将支撑架锚固到邻近的建筑结构上。

本书省略支撑架计算内容。

8.5 排架结构支撑加固方案

8.5.1 工程概况

MJ 电梯有限公司 1-4 号电梯试验车间，地下 1 层地上 33 层，屋面结构标高 96.25m。该建筑物下大上小，在西立面图上看呈"L"形。1~28 层结构平面如图 8-11（a）所示，28~33 层结构平面如图 8-11（b）所示。

如果将塔机的安装位置选择在 G 轴线的北面，8、14 轴线之间，塔机附着装置可以按常规方式正常安装。

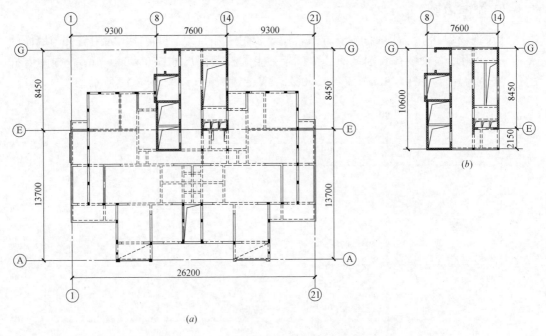

图 8-11 MJ 公司 1-4 号电梯试验车间结构平面图
(a) 1~28 层；(b) 28~33 层

8.5.2 塔机位置及附着装置

施工单位在该楼的西面安装了 1 台 QTZ40 塔机，安装高度 101.50m。安装了 6 套附着装置，最上一套附着装置安装在 29 楼面（标高 81.15m）的混凝土构架梁上，如图 8-12 所示。

该混凝土构架属于排架结构。梁截面 200×400mm，箍筋 Φ8@200（2），上层纵向筋 3Φ14，底层纵向筋 3Φ14，构造筋 G4Φ12。柱截面 200×400mm，纵向筋 6Φ14，箍筋 Φ8@150。C35 混凝土。

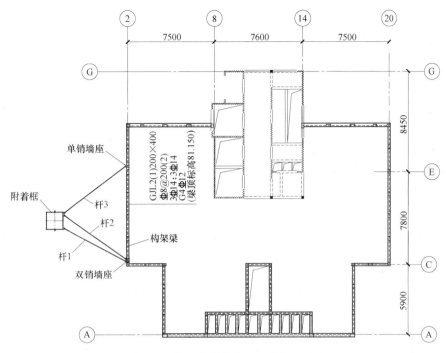

图 8-12　第 6 套附着装置安装位置示意

安装好这套附着装置后，随着塔机的运转，混凝土构架也随之晃动，构架梁的局部部位出现裂缝。施工单位立即停止了该塔机的使用，求助于笔者协助解决塔机附着问题。

经现场勘察分析，如果将这套附着装置的安装位置降低一个楼层，即安装在标高78.25m 的 28 层的楼面上，附着装置以上的塔身自由端长度将达到 25～26m，超出了塔机使用说明书中的规定；如果按使用说明书中要求，降低塔机的自由端高度，第 33 层楼将无法施工；如果将附着装置提高一个楼层，即安装在标高 84.05m 的 30 层楼面上，南面的附墙座无处固定，附着装置无法安装。因此唯一可行的方案就是对这个构架采取加固措施，这是一个非常无奈的选择。

8.5.3　加固方案

北面的单销附墙座原来的安装位置不在 E 轴线的构架柱上，将其移动到梁、柱中心线交点位置。避免在构架梁上产生水平方向、垂直方向的剪力。

南面双销附墙座处于构架梁转角位置，无法移动到 C 轴线位置。保持原来的位置不变。

在构架梁的内侧、两个附墙座的对应位置，各安装一根钢支撑（双肢 12.6 号普通槽钢），以平衡附着杆的正向作用力。钢支撑的上端固定在构架梁上，下端固定在 28 楼楼面上。

北面钢支撑的下端，处于 5/E 轴线混凝土梁的交点处，受力情况较好，用 4 根 M24的螺杆固定钢支撑的底板。南面钢支撑下端的楼面没有梁，受力情况较差，加大钢支撑底板的尺寸，扩大受力范围，用 9 根 M24 螺杆固定钢支撑的底板。构架加固方案如图 8-13所示。

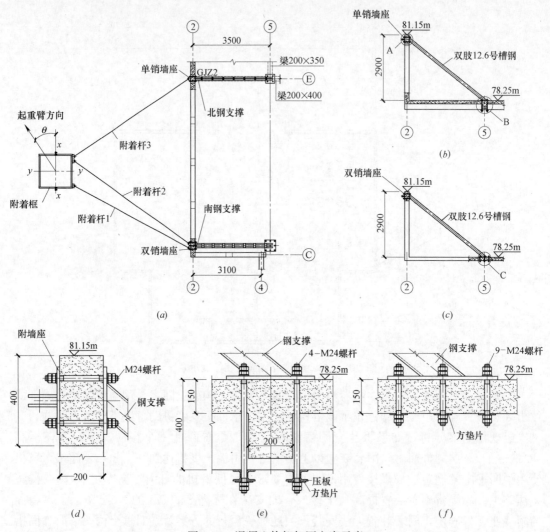

图 8-13　混凝土构架加固方案示意

(a) 支撑杆安装平面图；(b) 北钢支撑安装立面图；(c) 南钢支撑安装立面图；
(d) A 放大；(e) B 放大；(f) C 放大

8.5.4　结构强度验算

(1) 计算附墙座对构架的最大作用力

采用 Excel 软件编程，用电脑计算。为了求得附墙座对构架的最大作用力，分别按起重臂顺时针方向旋转、逆时针方向旋转、非工作状态 3 种工况；再将起重臂在全圆周上的位置分为 16 个工位，每个工位间隔 $\pi/8(22.5°)$，即按 $3\times16=48$ 种状态，计算附墙座对建筑结构的作用力，然后求出这 48 个计算结果中的最大值。附墙座对构架的作用力如图 8-14 所示。计算方法见第 3 章中内容，计算过程省略，计算结果见表 8-1。

(2) 验算钢支撑的稳定性

双销附墙座对构架的正压力 $P_{1y,max}$ 值较大，以 $P_{1y,max}=77.87kN$ 验算南面一根钢支撑的稳定性。钢支撑结构如图 8-15 所示，上部节点心受力状态如图 8-16 所示。

附墙座对构架的最大作用力 表 8-1

附 墙 座	双销附墙座		单销附墙座	
力的代号	$P_{1x,max}$	$P_{1y,max}$	$P_{2x,max}$	$P_{2y,max}$
状态	非工作	非工作	非工作	非工作
起重臂与 x 中心线 之间的夹角 θ	$9\pi/8$ (202.5°)	$5\pi/4$ (225.0°)	$15\pi/8$ (337.5°)	$15\pi/8$ (337.5°)
最大作用力(kN)	43.38	77.87	49.28	74.70

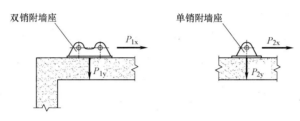

图 8-14　附墙座对混凝土构架的作用力示意

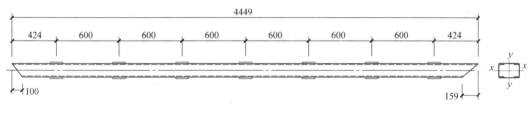

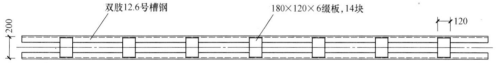

图 8-15　南面一根钢支撑结构示意

钢支撑用双肢 12.6 号普通槽钢制成，计算长度 $l_0=432\text{cm}$，两肢之间的背间距 $a=20\text{cm}$，缀板宽度 $b_z=12\text{cm}$，缀板中心线间距离 $l_z=60\text{cm}$。

单肢 12.6 号槽钢截面面积 $A_0=15.69\text{cm}^2$，惯性矩 $I_{0x}=389\text{cm}^4$，$I_{0y}=38.0\text{cm}^4$，回转半径 $i_{0x}=4.98\text{cm}$，$i_{0y}=1.56\text{cm}$，重心距离 $z_0=1.59\text{cm}$。

x 轴长细比 $\lambda_x=\dfrac{l_0}{i_x}=\dfrac{432}{4.98}=86.8\leqslant [\lambda]=150$，满足要求；

y 轴惯性矩 $I_y=2\left[I_{0y}+A_0\left(\dfrac{a}{2}-z_0\right)^2\right]=2\times\left[38.0+15.69\times\left(\dfrac{20}{2}-1.59\right)^2\right]=2295\text{cm}^4$，

y 轴回转半径 $i_y=\sqrt{\dfrac{I_y}{2A_0}}=\sqrt{\dfrac{2295}{2\times15.69}}=8.55\text{cm}$

y 轴长细比 $\lambda_y=\dfrac{l_0}{i_y}=\dfrac{432}{8.55}=50.5$

单肢长细比 $\lambda_1=\dfrac{l_z-b_z}{i_{0y}}=\dfrac{60-12}{1.56}=30.8$

113

y 轴换算长细比 $\lambda_{0y}=\sqrt{\lambda_y^2+\lambda_1^2}=\sqrt{50.5^2+30.8^2}=59.2\leqslant[\lambda]=150$，满足要求；

南面一根钢支撑的轴向力 $N_1=\dfrac{P_{1y,max}}{\sin 51.6°}=\dfrac{77.87}{\sin 51.6°}=99.36\text{kN}$

因为 $\lambda_x>\lambda_{0y}$，按 $\lambda_x=86.8$，查 b 类截面轴心受压构件稳定系数表，$\varphi=0.642$，

钢支撑稳定性 $\dfrac{N_1}{\varphi A}=\dfrac{99.36\times 10^3}{0.642\times 2\times 15.69\times 10^2}=49.32\text{N/mm}^2\leqslant f=215\text{N/mm}^2$，满足要求。

钢支撑单肢稳定性验算、焊缝和螺栓强度验算、缀板构造要求复核，本书省略。

（3）验算混凝土构架强度

作用于混凝土构架上的外力，除了附墙座和钢支撑的正压（拉）力外，还有两个力：一是附墙座 x 方向的力（图 8-14 中 P_{1x}、P_{2x}），这个力对构架梁产生拉（压）力；二是钢支撑轴向力的竖向分力（图 8-16 中 N_{1y}），这个力对构架柱产生拉（压）力。由于混凝土结构的抗压性能好于抗拉性能，故仅验算构架的正截面受拉承载力。

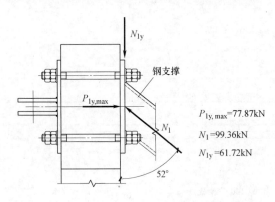

图 8-16　南面一根钢支撑上节点受力示意

另外，南面双销附墙座的安装位置不在 C 轴线上，钢支撑轴向力的竖向分力 N_{1y} 还对构架梁产生剪切作用。因此需要验算构架梁的斜截面承载力。

1）构架梁正截面受拉承载力验算

构架梁的纵向配筋 $6\Phi 14$。HRB400 钢的抗拉强度设计值 $f_y=360\text{N/mm}^2$，钢筋总截面面积 $A_s=924\text{mm}^2$。

$f_y A_s=360\times 924=332.64\text{kN}\geqslant P_{2x,max}=49.28\text{kN}$，满足要求。

2）构架柱正截面受拉承载力验算

构架柱的纵向配筋 $6\Phi 14$。

$$N_{1y}=N_1\cos 51.6°=99.36\times\cos 51.6°=61.72\text{kN}$$

$f_y A_s=360\times 924=332.64\text{kN}\geqslant N_{1y}=61.72\text{kN}$，满足要求。

3）构架梁斜截面承载力验算

构架梁截面宽度 $b=200\text{mm}$，截面高度 $h=400\text{mm}$，纵向钢筋至受拉边缘的距离 $a_s=32\text{mm}$，截面有效高度 $h_0=h-a_s=400-32=368\text{mm}$，C35 混凝土的轴心抗拉强度设计值 $f_t=1.57\text{N/mm}^2$，取截面剪跨比 $\lambda=1.5$。箍筋 $\Phi 8@200$（2），箍筋抗拉强度设计值 $f_{yv}=360\text{N/mm}^2$，箍筋间距 $s=200\text{mm}$，2 肢箍筋的全部截面面积 $A_{sv}=100\text{mm}^2$。

经计算，包含构架梁自重荷载，C 轴线的支座反力较大，$R_{max}=52.39\text{kN}$。

$$V=\frac{1.75}{\lambda+1}f_t bh_0+f_{yv}\frac{A_{sv}}{s}h_0=\frac{1.75}{1.5+1}\times 1.57\times 200\times 368+360\times\frac{100}{200}\times 368=147.1\text{kN}$$

$R_{max}=52.39kN\leqslant V=147.1\text{kN}$，满足要求。

（4）验算混凝土楼板强度

两根钢支撑的底部支承在混凝土楼面上。因为楼板结构情况不同，分别验算。

1）南面钢支撑底部楼板的受冲切承载力验算

钢支撑底板为正方形，边长 $b_t=500$mm。混凝土楼板厚度 $h=150$mm，纵向钢筋至受拉边缘距离 $a_s=25$mm，楼板有效高度 $h_0=h-a_s=150-25=125$mm，冲切破坏锥体斜截面下边长 $b_b=b_t+2h_0=500+2\times125=750$mm，取截面高度影响系数 $\beta_h=1.0$，C35 混凝土 $f_t=1.57$N/mm^2。

计算截面的周长 $u_m=4b_m=4\times\dfrac{b_t+b_b}{2}=4\times\dfrac{500+750}{2}=2500$mm，

经计算，包括钢支撑自重荷载，钢支撑对混凝土楼板的正压力 $F_l=63.4$kN。
$F_l=63.4$kN$\leqslant0.7\beta_h f_t u_m h_0=0.7\times1.0\times1.57\times2500\times125=343.44$kN，满足要求。

2）北面钢支撑底部楼板梁的正截面受弯承载力验算和斜截面承载力验算

北面钢支撑的底部支承在 E 轴线混凝土梁上。梁截面尺寸 200mm×400mm，箍筋Φ8@100/200(2)，上层筋 2Φ16，底层筋 4Φ16，抗扭纵向筋 N2Φ12，C35 混凝土。

C35 混凝土轴心抗压强度设计值 $f_c=16.7$N/mm^2，梁截面宽度 $b=200$mm，有效翼缘计算宽度 $b_f'=l_0/3=1800$mm，梁截面高度 $h=400$mm，纵向普通钢筋至受拉边缘的距离 $a_s=33$mm，截面有效高度 $h_0=h-a_s=400-33=367$mm，受压钢筋 2Φ16，钢筋抗压强度设计值 $f_y'=360$N/mm^2，截面面积 $A_s'=402$mm^2，受压区钢筋合力点至截面受压边缘的距离 $a_s'=33$mm。混凝土受压区高度 $x=2a_s'=2\times33=66$mm。取计算系数 $\alpha_1=1.0$，截面剪跨比 $\lambda=3$。

经计算，包含楼板和钢支撑自重荷载，作用于混凝土梁上的弯矩值 $M=131.3$kN·m，支座最大反力 $R_{max}=81.20$kN。

$$\alpha_1 f_c b_f' x\left(h_0-\frac{x}{2}\right)+f_y' A_s'(h_0-a_s')$$

$$=1.0\times16.7\times1800\times66\times\left(367-\frac{66}{2}\right)+360\times402\times(367-33)=711.0\text{kN·m}$$

$M=131.3$kN·m$\leqslant\alpha_1 f_c b_f' x\left(h_0-\dfrac{x}{2}\right)+f_y' A_s'(h_0-a_s')=711.0$kN·m，满足要求。

$$V=\frac{1.75}{\lambda+1}f_t bh_0+f_{yv}\frac{A_{sv}}{s}h_0=\frac{1.75}{3+1}\times1.57\times200\times367+360\times\frac{100}{200}\times367=116.5\text{kN}$$

$R_{max}=81.2$kN$\leqslant V=116.5$kN，满足要求。

8.6 排架连系梁结构加固方案

8.6.1 工程概况

2007 年建造的 CF 造纸厂热电车间，是边设计边施工工程。初步设计该建筑物中部的除氧煤仓间屋面标高为 24m 左右。在建筑物的东面（另三面均不具备安装塔机的条件）④、⑤轴线间安装 1 台 QTZ40 塔机，在最大独立起升高度（31m）状态，能满足该工程的物料提升需要。塔机位置如图 8-17 所示。

完成上部结构的图纸设计后，除氧煤仓间的建筑标高是 30m，这台塔机的独立高度已不能满足该工程的施工需要。必须在安装附着装置后，再增加 3 节标准节（7.5m），使塔

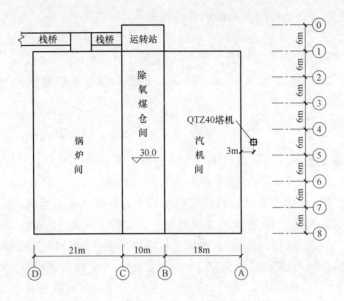

图 8-17　CF 造纸厂热电车间现场平面图

机最大起升高度达到 38.5m 才能完成施工。

靠近塔机的是 A 轴线排架结构，如图 8-18 所示。

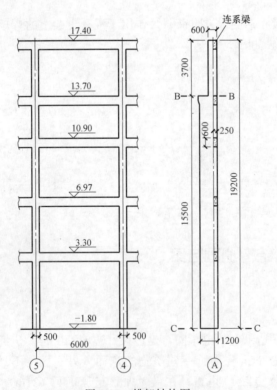

图 8-18　排架结构图

如果把附着装置安装在 B 轴线上，则附着杆的长度达 25m，无论是从工期或经济角度讲都不可行。唯一比较切实可行的方案是，在 A 轴线排架结构的连系梁上安装塔机附着装置。因此需要对排架结构的强度进行验算，确保方案安全、可行。

8.6.2 附着方案

附着装置计划安装在 4、5 轴线间，标高 17.4m 的连系梁上。分别对排架连系梁和排架柱的 B—B 截面、C—C 截面的强度进行验算，排架柱的强度满足要求，但连系梁的强度不满足要求。需要对连系梁采取加强措施。

采用的加强方案是，在连系梁两侧捆绑两根 16a 槽钢制作的钢梁，用以增加连系梁水平方向的抗弯、抗剪强度，如图 8-19 所示。

外侧钢梁的长度超出梁、柱交界截面，塔机对连系梁压力产生的剪力由外侧钢梁承担；内侧钢梁与柱中的埋件焊接，塔机对连系梁拉力产生的剪力通过埋件传递到排架柱上。

忽略连系梁的钢筋混凝土强度不计，按受弯构件验算钢梁的强度，满足要求。设计计算书内容见本书例 7-8。

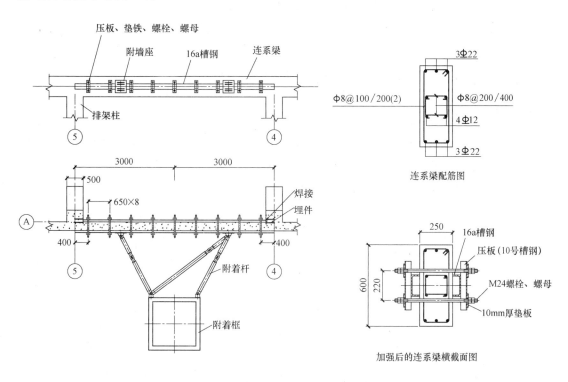

图 8-19　连系梁加强方案附图

8.7　在圆柱形构筑物上安装附着装置

8.7.1　工程概况

QL 雷达站工程，由附楼和主楼塔体组成。附楼顶标高 4.0m，主楼塔体顶标高

46.80m，塔筒外径 5.6m，筒壁厚度 400mm。在塔体的南面安装了 1 台 QTZ40 塔机，如图 8-20 所示。

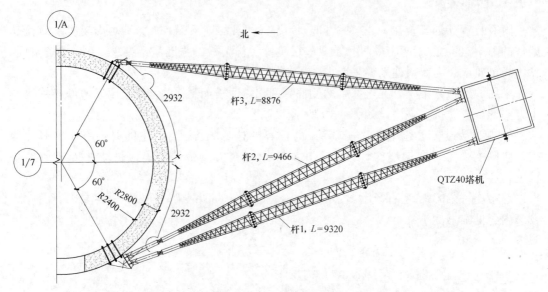

图 8-20　QL 雷达站塔机附着装置安装方案附图

8.7.2　附着方案

塔体是圆柱形构筑物，没有棱角，借助西面附楼上的两个点，用本书第 4 章第 1 节介绍的方法，测量塔机与建筑物的相对位置，绘制受力分析计算图。

塔机至主楼塔体的距离较远，3 根附着杆的长度分别是 $l_1 = 9320$mm、$l_2 = 9466$mm、

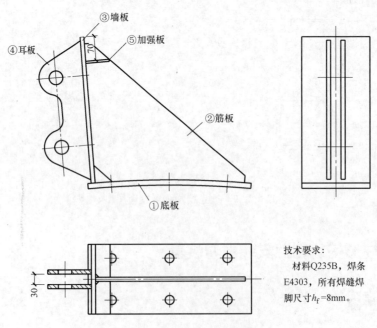

技术要求：
　　材料 Q235B，焊条 E4303，所有焊缝焊脚尺寸 $h_f = 8$mm。

图 8-21　双销附墙座拼焊图

$l_3 = 8876\text{mm}$。由于塔体的外径较小，两附墙座之间的距离无法拉开，附着杆的轴向内力较大。经计算，3 根附着杆的最大轴向内力分别是 $N_{1max} = 52.40\text{kN}$、$N_{2max} = 137.61\text{kN}$、$N_{3max} = 182.25\text{kN}$。

选用 4 肢格构式橄榄形附着杆，杆主肢材料∟40×4 角钢，缀条材料 ϕ10 圆钢，缀条与附着杆中心线之间的夹角 70°。附着杆的强度计算方法见本书第 5 章第 4 节的内容。

为了避免附着杆 1 与附着杆 2 在杆端互相干涉，将双销附墙座做成"L"形，底板做成弧形，与塔体紧密贴合。双销墙座的拼焊图如图 8-21 所示，本书省略零件图。

8.8 在钢构架上安装附着装置

8.8.1 工程概况

2011 年镇江北固山上建造北固楼，需要在北固山北面长江岸边安装一台 TC5613A 型塔机。

北固山的高度约 46m，北固楼的高度约 19m，塔机的安装高度需要超过 70m。TC5613A 型塔机独立状态最大起升高度 40m，因此塔机必须安装附着装置。

施工单位最初准备将附着杆支承在山体上，但需要在山体上打锚杆做地梁，才可以安

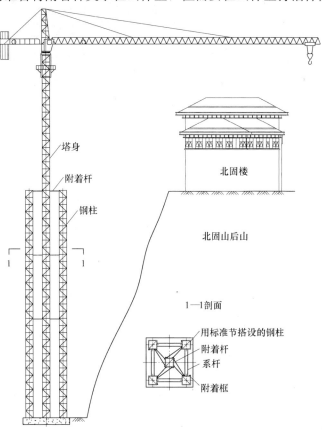

图 8-22 镇江北固山 TC5613A 塔机附着装置安装方法示意

装附墙座。由于北固山是著名的旅游景区，山体和植被破坏以后几乎无法恢复。因此这一方案被否决。

8.8.2　附着方案

经多次对方案进行论证以后，最后采取的方案是：扩大塔机基础的尺寸，在塔机基础中心位置安装塔机，在塔机的四角用塔机标准节竖立 4 根钢柱，钢柱底部用地脚螺栓固定在塔机基础上，钢柱之间用系杆连接，塔机附着杆支承在周围钢柱的附着框上，使塔机塔身与这 4 根钢柱组合成整体。钢柱之间的系杆和附着杆均用 $\phi 127 \times 10$ 无缝钢管制作。如图 8-22 所示。

图 8-23 为北固山北固楼施工现场，TC5613A 塔机附着装置安装方法的照片。

图 8-23　镇江北固山塔机附着装置安装方法照片

9 计算机应用及设计计算书样本

塔机附着装置设计计算过程烦琐，用人工方法计算，费时费力容易出错。很多时间花费在用相同的计算公式、不同的计算数据做着重复的劳动。

在计算机已经相当普及的今天，我们可以用 Excel 软件编制一个计算程序，每次计算时只要输入少量的数据，把大量的计算工作交给计算机去完成。达到加快计算速度、减轻劳动强度、避免计算错误的目的。

Excel 软件系统功能强大、使用方便，大多数工程技术人员只要掌握其基本知识及使用技巧，都能很快学会编程的方法，且运用自如。

起重设备检验人员在检查验收附着装置时，往往要求塔机用户提供附着装置设计计算书。用 Excel 软件编制的程序，可直接以表格的形式打印出设计计算书文本。本章第 2 节将提供附着装置的部分设计计算书样本，供读者在编写计算程序和撰写设计计算书时参考。

9.1 Excel 软件基本知识及使用技巧

本节对 Excel 一些功能作简单介绍，读者要全面了解 Excel 的功能，可阅读有关书籍。

9.1.1 工作簿和工作表

Excel 软件中用来处理和存储工作数据的文件称为工作簿，每个工作簿由若干个工作表组成。每个电子表格被称为工作表。工作簿非常类似于日常工作中使用的活页夹，可以随时将一张张工作表放入其中。

根据这一特点，我们可以把附着装置的计算程序做在若干个工作表中。例如，第 1 个工作表用于计算塔机对附着装置的作用荷载；第 2 个工作表用于计算附着杆的最大轴向内力；第 3 个工作表用于验算附着杆的承载力；第 4 个工作表用于……这样做的好处是，可以把整个计算程序设计成适合设计计算书的文本格式，条理清楚，使用起来更加方便灵活。

为每个工作表起一个名称，名称力求简短且能反映计算目的，以便今后调用。例如，计算塔机对附着装置的作用荷载的工作表，起名为"水平力和扭矩"；计算附着杆最大轴向内力的工作表，起名为"杆内力"；计算圆管实腹式附着杆承载力的工作表，起名为"圆管杆"；计算双肢格构式附着杆承载力的工作表，起名为"双肢杆"等等。

工作表中的数据、计算结果可以在工作表之间互相映射。具体操作时，在某工作表的单元格中输入"="号，再用鼠标点击另一个工作表中相应的单元格，映射工作就自动完成。当源单元格中的数据发生变化时，目的单元格中的数据也相应变化。使用这一功能，可以减少数据输入量，避免发生错误。

9.1.2　单元格地址

Excel 工作表由若干行、若干列构成。Excel 工作表中的列是沿垂直方向的，列号用英文字母命名；行是沿水平方向的，用数字标识。

工作表中由行与列交叉形成的一个个小格被称为单元格。每个单元格有一个地址，用"列号＋行号"表示，如 A1、B2 等等。编写公式时，对使用过程中需要修改的数据，应输入相关的单元格地址，而不是具体的数据。

举例：我们编写一个计算钢筋截面面积的公式，在 C4 单元格中存放钢筋直径数据，在 C5 单元格中输入计算公式"＝PI（）* C4^2/4"，C5 单元格中显示的是钢筋截面面积。当 C4 单元格中存放的数据是"10"时，C5 单元格显示的计算结果是"78.54"；将 C4 单元格中的数据修改为"12"，C5 单元格显示的计算结果立即变化为"113.10"。

正是使用 Excel 的这一功能，使我们把大量的计算工作交给计算机去完成。

9.1.3　文本、数据和公式

书写在相应单元格中，用于显示和打印的内容称为"文本"，包括中文、英文、空格、数学公式、其他字符和符号；用于参与计算的数值称为"数据"；要求计算机执行的计算任务称为"公式"。

举例：在"水平力和扭矩"工作表的 A23 单元格中，输入"扭矩 $M_d=9550P_e\eta/n$"，这是文本而不是公式，因为计算机不认识这个公式，仅供阅读和打印设计计算书使用；而在 C23 单元格中输入的"＝9550* C4* C5/C6/1000"才是公式，显示的是这个公式的计算结果。

公式以"＝"或"＋"号开头。C4 单元格中存放了电动机的功率"7.4"，C5 单元格中存放了回转机构总传动效率"0.9"，C6 单元格中存放了塔机转动速度"0.6"，这些都是数据，用于参与 C23 单元格中公式的计算。

公式中引用的单元格地址不一定用键盘输入，可以用鼠标直接选中那个单元格即可。使用已经编辑好的计算程序时，通常仅修改数据，不修改文本和公式，因此编制好的程序可以多次重复使用。

9.1.4　计算机认识的运算符号

编写计算公式时，计算机认识的乘号是"*"号，不可省略，也不可写成"×"或"·"号。计算机也不认识"÷"号，计算公式中的除号必须写成"/"号。

计算公式中，幂的计算公式输入方法："10^3"应写成"＝10^3"；如果求 C8 单元格中数值的平方，计算公式应写成"＝C8^2"。"^"的输入方法：将键盘切换为英文状态，同时按下"shift＋6"键。

9.1.5　插入行或者删除行不影响已编好的程序

工作表包含若干行。编程时，每行写入一组计算数据或一个计算步骤。

当发现遗漏了某些内容没有写进程序，这时可在某行前面插入几行，公式中的单元格地址随之自动修改。例如，我们在第 4 行的前面插入了一行，公式中原来的单元格地址也随之变化，此时 C24（原来的 C23）单元格中的公式就自动变成了"＝9550＊C5＊C6/C7/1000"，计算结果不变。

同样，我们如果删除掉不需要的行，也不会影响已编好的计算程序。例如，发现第 4 行前面插入的那一行并不需要，把那一行删除，C23 单元格中的公式又自动恢复为"＝9550＊C4＊C5/C6/1000"。

9.1.6　每列完成一项任务

工作表包含若干列，编程时可用一列完成一项任务。例如，在"水平力和扭矩"工作表中，用 A 列书写供阅读和打印的计算项目和公式，用 B 列书写计量单位，用 C 列完成塔机工作状态时的数据计算，用 D 列完成塔机非工作状态时的数据计算。

这里需要再次强调说明的是：A、B 列写入的计算公式和计量单位，从 Excel 的意义讲是"文本"，仅可显示和打印，而不能进行计算，供阅读设计计算书用；C、D⋯⋯若干列中的计算公式是要求计算机执行的，也是隐藏的，显示的是计算结果。如果我们需要编辑隐藏的计算公式时，选中这个单元格，隐藏的计算公式将在编辑栏中显示，即可对其进行编辑。

9.1.7　相同的计算公式可"复制"完成

用不同的数据、相同的公式进行计算时，可以把某一单元格中编写好的公式复制到相应的单元格即可。例如在 C2、D2、E2⋯⋯R2 这 16 个单元格中，分别按等差数列输入 0、22.5、45.0⋯⋯337.5 这 16 个数据，这是将圆周均分为 16 等分的角度数值。要将它们转换为以弧度为单位的数据，只需要在 C3 单元格中输入公式"＝C2＊PI（）/180"，显示的数值是 0.00（保留小数点后 2 位）。然后复制 C3 单元格，粘贴到 D3、E3、F3⋯⋯R3 这 15 个单元格中，这 15 个单元格中的公式就自动编辑完成了。D3 单元格中的公式是"＝D2＊PI（）/180"，显示的数值是 0.39⋯⋯R3 单元格中的公式是"＝R2＊PI（）/180"，显示的数值是 5.89。这一功能大大减轻了编程工作量。

9.1.8　巧用"剪切——粘贴"功能

如果我们对 Excel 表格中的顺序不满意，想把某几行调前或调后，这时可使用"剪切——粘贴"功能进行调整。

例如希望将前面举例中的 4～6 行调整到 10～12 行，这时可选中 10～12 行，鼠标右键，在下拉菜单中选择"插入"，这时就在 10～12 行插入了 3 个空白行。再选中 4～6 行，鼠标右键，在下拉菜单中选择"剪切"；鼠标再选中 A10 单元格，鼠标右键，在下拉菜单中选择"粘贴"，4～6 行中的所有文本、数据、公式就转移到了 10～12 行。C26 单元格中存放的计算公式是"＝9550＊C10＊C11/C12/1000"，显示的计算结果仍然是"106.01"。删除空白的第 4～6 行，扭矩计算公式从 C26 单元格又恢复到 C23 单元格，存放的计算公式是"＝9550＊C7＊C8/C9/1000"，显示的计算结果仍然是"106.01"。

这段文字说起来冗长，实际上操作起来还是很简单的。读者试着操作几次便能熟练掌握。

这里需要特别说明的是，这里只能使用"剪切"而不能使用"复制"，这样可以保持公式中的单元格地址不变。

9.1.9 单元格中的数据尽可能写成公式

如果相同行、不同列单元格中的数据相同，可以在 C 列单元格中写入数据，在 D、E、F……各列相应的单元格中写入计算公式，修改了 C 列单元格中的数据，其它各列相应单元格中的数据也随之变化。

举例：在"杆内力"工作表中，需要在 C10～R10 这 16 个单元格中，输入附着杆 1 的计算长度"16443"，如果在每个单元格中都输入一次，这太麻烦了。我们可仅在 C10 单元格写入"16443"，在 D10 单元格中写入计算公式"=C10"，然后复制 D10 单元格，粘贴到 E10、F10、G10……R10 这 14 个单元格中，这时 E10 单元格中的存放的公式是"=D10"、F10 单元格中存放的公式是"=E10"……这 16 个单元格中显示的全部是"16443"。

如果修改了 C10 单元格中的数据，D10、E10、F10……R10 这 15 个单元格中的数据也在瞬间全部修改。这样做的好处是，减少了修改数据的工作量，也减少了发生错误的可能性。

还有一种情况：如果我们在计算程序中需要用到圆管材料的外径、壁厚、截面面积、截面惯性矩、截面模量、回转半径等数据，如果把这些数据都以数据的形式输入单元格中，在变换了材料规格后，这些数据都要查表后全部重新输入，很麻烦。

但是如果我们把截面面积、截面惯性矩截面模量、回转半径等数据以公式的形式写入单元格，只要修改圆管外径、壁厚两个数据，这些相关数据也随之改变。避免了反复查表反复输入的麻烦，也减少了发生错误的可能性。

举例：将 $\phi114 \times 8$ 无缝钢管的外径数据"114"写入 C3 单元格，壁厚数据"8.0"写入 C4 单元格。在 C5 单元格中写入内径计算公式"=C3-2*C4"；在 C6 单元格中写入截面面积计算公式"=PI（）*（C3^2-C5^2）/4"；在 C7 单元格中写入截面惯性矩计算公式"=PI（）*（C3^4-C5^4）/64"；在 C8 单元格中写入截面模量计算公式"=2*C7/C3"；在 C9 单元格中写入截面回转半径计算公式"=SQRT（C7/C6）"。C3～C9 这 7 个单元格中显示的数值分别是：114、8.0、98、2664、3.76E+06（科学记数，表示 3.76×10^6，下同）、6.60E+04、37.6。

如果将 $\Phi114 \times 8$ 无缝钢管改为 $\Phi146 \times 5.5$ 无缝钢管，只需要将 C3 单元格中的数据修改为"146"，C4 单元格中的数据修改为"5.5"，C5～C9 这 5 个单元格中显示的数值则分别变更为：135、2428、6.00E+06、8.22E+04、49.7。省去了反复查表、输入的麻烦。

9.1.10 运算符和优先次序

编写计算公式需要用到的运算符有算术运算符和比较运算符两种。

算术运算符有：+（加）、-（减）、*（乘）、/（除）、%（百分比运算）、^（指数运算）。算术运算的优先次序是先指数运算后乘除运算最后加减运算。同级运算按从左到右的顺序计算，如有括号，括号内的运算优先。括号符号全部使用圆括号"（）"，计算机不认识大括号"｛｝"和中括号"［］"。

比较运算符有：＝（等于）、＞（大于）、＞＝（大于等于）、＜（小于）、＜＝（小于等于）、＜＞（不等于）。比较运算得到逻辑值的结果，当满足比较条件时，显示为"TRUE"或"满足"（编程者设定），不满足比较条件时，显示为"FALSE"或"不满足"。

9.1.11　π 的输入方法

π 是一个无理数，如果我们在单元格中直接输入"3.14"，精确度是小数点后 2 位；如果我们输入"3.14159"，精确度是小数点后 5 位；但是如果我们在单元格中写入计算公式"＝PI（）"，精确度是小数点后 15 位。这样做的好处是避免了记忆这个无理数的麻烦，也可以提高计算的精确程度。

9.1.12　Excel 的函数功能

Excel 有很强大的函数功能，可以进行数学计算、逻辑运算和判断。使用函数时，可点击 Excel 菜单中的 fx（插入函数）键，在跳出来的对话框中选择需要的函数，确认后在下一个对话框中输入函数参数即可。现选择常用的一些函数加以说明：

（1）三角函数。计算机计算三角函数值时，角度值必须以弧度为计量单位，因此在计算三角函数值时应将度数单位转换成弧度单位，$1\pi＝180°$。例如计算 $\sin70°$ 的三角函数值时，在 C12 单元格中输入"70"，在 C13 单元格中输入"＝sin（C12*PI（）/180）"，输出计算结果 0.9397······

（2）平方根。如果我们编写计算公式需要用到无理数 $\sqrt{2}$ 时，则写入"＝SQRT（2）"即可；要求计算机执行计算公式 $c＝\sqrt{3^2＋4^2}$ 时，则在相应的单元格中输入"＝SQRT（C4^2＋C8^2）"，式中 C4、C8 分别是存放数据 3、4 的单元格地址。

以上这两个公式也可写成"＝2^0.5"和"＝（C4^2＋C8^2）^（1/2）"的格式，计算结果相同。

（3）选择一组数据中的最大值、最小值。这个函数功能可以在很大的一组数据中选择出最大值或者最小值。

举例：如果在 C29 单元格中输入函数公式"＝MAX（C26：R26，C27：R27，C28：R28）"，就可以把 C26～R26、C27～R27、C28～R28，这 48 个单元格中的最大值选择出来，放置在 C29 单元格中。如果要选择最小值，只需要将 C29 单元格中的函数公式修改为"＝MIN（C26：R26，C27：R27，C28：R28）"，即可选择出最小值。如果这 48 个数据发生变化，选择结果也相应发生变化。

这里需要说明的是，公式中的逗号"，"和冒号"："应在英文状态下输入。如果在中文状态下输入的逗号"，"和冒号"："，计算机将不认识。

（4）根据判断条件选择相应数值。

举例：如果在 C55 单元格中输入函数公式"＝IF（C52＜＝0.215，C53，C54）"，这个公式表示：如果 C52 中的数据小于等于 0.215，则 C55＝C53；如果 C52 中的数据大于0.215，则 C55＝C54。这一功能在计算"稳定系数 φ"时特别适用，避免了查表的麻烦。

（5）求绝对值。计算书中有时要将负值转换成正值，这就是求绝对值。例如附着杆轴向内力的计算结果可能有正值也有负值，正值表示压力，负值表示拉力。当我们需要将拉力值变换成正值时，就需要用到绝对值函数。如果 C26 单元格中的数值是"－27.38"，在 C27 单元格写入计算公式"＝ABS（C26）"［注意：公式中的小括号不可缺省］；显示计算结果是"27.38"，负数转换成了正数。

（6）取整。有些数据必须是整数，这就需要对单元格中的数据进行取整处理。

举例：如果在 C30 单元格中写入函数公式"＝INT（C28/C29）"，这个函数式将 C28 单元格中数据除以 C29 单元格中数据的计算结果，去掉小数位保留整数位。当 C28 单元格中存放"8"，C29 单元格中存放"3"时，C30 单元格中显示的计算结果是"2"。如果我们希望 C30 单元格中的数据按"四舍五入"的方式处理，则将 C30 单元格中的公式修改为"＝INT（C28/C29）＋0.5"，显示计算结果"3"。

（7）判断计算结果。

举例：如果在 C54 单元格中写入附着杆长细比符合性判定公式"＝IF（C53＜＝150，"满足"，"不满足"）"。当 C53 中的长细比计算结果小于 150 时，C54 单元格中就显示"满足"；当长细比大于 150 时，C54 单元格中就显示"不满足"。

当计算书中所有计算结果都显示"满足"时，说明附着杆设计满足要求；当出现"不满足"时，则需要修改某些数据，重新计算。这一功能符合计算书的格式，也便于我们对计算结果进行检查。

9.1.13　单元格中的数据格式

选中 Excel 表格中的部分或全部单元格，鼠标右键，在下拉菜单中点击"设置单元格格式"，在跳出来的对话框中，可以把单元格中的文字、数据或计算结果，设计成你满意的格式，例如字体、保留小数位数、数值格式、对齐方式等等。

在 A、B 列中，书写供阅读的数学公式、计量单位时，往往要将某个字母或数字设置成上标或下标。例如，"m^2"中的 2 是上标，"N_{max}"中的 max 是下标。要设计它们为上标或下标时，用鼠标选中"2"或者"max"，鼠标右键，在下拉菜单中点击"设置单元格格式"，在跳出来的对话框中勾选"上标"或"下标"即可。

9.1.14　单元格的行高、列宽

编辑程序过程中，我们经常要做的一个工作是调整单元格的行高或列宽，否则就不能获得满意的文本格式。调整的方法有两种：一是用鼠标直接拖拽，二是用鼠标选中某几行或某几列，然后选择菜单中的"开始——格式——行高"或"开始——格式——列宽"进行调整。

9.1.15　程序的重复使用

已编制好的计算程序可以多次重复使用，否则就失去了编程的意义。每次使用时，只要把已编制好的程序，使用"另存为"功能，另起一个文件名，点击"保存"，就复制成一个新的文件，然后修改新文件中的概述和某些单元格中数据，计算机自动完成计算后，一份新的设计计算书便可打印出来。

9.2 设计计算书样本

本节提供部分设计计算书样本，为方便书写和排版，将 Excel 工作表转换成 Word 表格格式，供读者在编程或撰写设计计算书时参考使用。

塔机对附着装置作用荷载计算的计算书样本　　　　　　　　　　　　表 9-1

计算项目及公式	单位	工作状态	非工作状态
1. 已知条件			
塔机额定起重力矩 $M_Q=$	kN·m	630	630
回转电机等效功率 $P_e=$	kW	7.4	0.0
回转机构总效率(取值 $0.85\sim0.90$) $\eta=$		0.90	0.00
塔机回转速度 $n=$	r/min	0.60	0.00
变幅小车和吊钩重力 $G_C=$	kN	4.30	4.30
最大起重量 $Q_{max}=$	kN	60	0
最大起升荷载的质量 $m_H=$	kg	6000	0
变幅小车运行速度 $v=$	m/min	40.0	0.0
变幅小车起(制)动时间(取值 $4\sim6s$) $t=$	s	4	0
计算风压: $p_w=250N/m^2$, $p_N=600N/m^2$	N/m²	250	600
风压高度变化系数 $K_h=$			1.75
空气动力系数 $C=$		2.0	2.0
吊物上风荷载的空气动力系数,按 $C_Q=2.4$ 取值		2.4	2.4
综合考虑结构充实率、挡风系数等因数,取值 $\varphi=$		0.5	0.5
塔身截面宽度 $b=$	m	1.60	1.60
基础顶面至第 1 附着点高度 $h_1=$	m	23.8	23.8
附着点至塔顶顶端高度 $h_2=$	m	36.4	36.4
附着点至吊臂铰点高度 $h_3=$	m	29.4	29.4
2. 计算作用于附着装置的水平力和扭矩			
作用于塔身的均布风荷载: $q_w=250b$, $q_N=K_h p_n b$	kN/m	0.40	1.68
吊物迎风面积 $A_Q=0.0005m_H$, 小于 $0.8m^2$ 时,取 $A_Q=0.8m^2$	m²	3.0	0
集中荷载 $P=\dfrac{n^2 M}{2\times894}+\dfrac{(G_C+Q_{max})v}{60gt}+p_w C_Q A_Q$	kN	3.02	0.00
水平力　$H=\dfrac{q_w h_1}{8}\left(3+8\dfrac{h_2}{h_1}+6\dfrac{h_2^2}{h_1^2}\right)+\dfrac{P}{2}\left(2+3\dfrac{h_3}{h_1}\right)+\dfrac{3M_Q}{4h_1}$ $H_N=\dfrac{q_{wN} h_1}{8}\left(3+8\dfrac{h_2}{h_1}+6\dfrac{h_2^2}{h_1^2}\right)-\dfrac{3M_Q}{4h_1}$	kN	63.30	126.44

续表

计算项目及公式	单位	工作状态	非工作状态
扭矩 $M_d = \dfrac{9550 P_e \cdot \eta}{n}$ $M_{dN} = 0$	kN·m	106.01	0.00

3 杆附着方式附着杆轴向内力最大值计算的计算书样本 表 9-2

计算项目及公式	单位	杆1	杆2	杆3
1. 扭矩和水平力				
工作状态水平力 $H=$	kN	63.30	63.30	63.30
非工作状态水平力 $H_N=$	kN	126.44	126.44	126.44
工作状态扭矩 $M_d=$	kN.m	106.01	106.01	106.01
非工作状态扭矩 $M_{dN}=$	kN.m	0.00	0.00	0.00
2. 在受力分析计算图中，量取力臂长度尺寸				
力臂 $r_{ix}=$	mm	−744	853	−6557
力臂 $r_{iy}=$	mm	−801	−805	5545
力臂 $r_i=$	mm	−1036	1175	6330
3. 计算附着杆轴向内力最大值				
角度1：$\theta_{i1}=\arctan(-r_{iy}/r_{ix})$	rad	0.822	−0.756	−0.702
角度2：$\theta_{i2}=\arctan(-r_{iy}/r_{ix})+\pi$	rad	3.963	2.385	2.440
工逆：$N_{in}=-(r_{ix}H\cos\theta_{i1}+r_{iy}H\sin\theta_{i1}+M_d)/r_i$	kN	35.51	−153.38	69.13
工逆：$N_{in}=-(r_{ix}H\cos\theta_{i2}+r_{iy}H\sin\theta_{i2}+M_d)/r_i$	kN	169.08	−27.02	−102.62
工顺：$N_{is}=-(r_{ix}H\cos\theta_{i1}+r_{iy}H\sin\theta_{i1}-M_d)/r_i$	kN	−169.08	27.02	102.62
工顺：$N_{is}=-(r_{ix}H\cos\theta_{i2}+r_{iy}H\sin\theta_{i2}-M_d)/r_i$	kN	−35.51	153.38	−69.13
非工：$N_{iN}=-(r_{ix}H_N\cos\theta_{i1}+r_{iy}H_N\sin\theta_{i1})/r_i$	kN	−133.40	−126.20	171.53
非工：$N_{iN}=-(r_{ix}H_N\cos+\theta_{i2}+r_{iy}H_N\sin\theta_{i2})/r_i$	kN	133.40	126.20	−171.53
最大值 $N_{imax}=\text{MAX}(N_{in}, N_{is}, N_{iN})$	kN	169.08	153.38	171.53

说明：在受力分析计算图中量取力臂长度尺寸时，力矩按逆时针方向旋转时，力臂数据取正值；按顺时针方向旋转时，力臂数据取负值。

4 杆附着方式附着杆轴向内力最大值计算书样本

表 9-3

计算项目及公式	单位	θ值（等差值 d=π/8）															
水平力 H 与塔身 x 中心线之间的夹角 θ=	°	0	22.5	45	67.5	90	112.5	135	157.5	180	202.5	225	247.5	270	292.5	315	337.5
	rad	0.00	0.39	0.79	1.18	1.57	1.96	2.36	2.75	3.14	3.53	3.93	4.32	4.71	5.11	5.50	5.89
1. 扭矩和水平力																	
工作状态水平力 $H=$	kN	63.30	63.30	63.30	63.30	63.30	63.30	63.30	63.30	63.30	63.30	63.30	63.30	63.30	63.30	63.30	63.30
非工作状态水平力 $H_N=$	kN	126.4	126.4	126.4	126.4	126.4	126.4	126.4	126.4	126.4	126.4	126.4	126.4	126.4	126.4	126.4	126.4
工作状态扭矩 $M_d=$	kN.m	106.0	106.0	106.0	106.0	106.0	106.0	106.0	106.0	106.0	106.0	106.0	106.0	106.0	106.0	106.0	106.0
非工作状态扭矩 $M_{dN}=$	kN.m	0.00	0.00	0.00	0.00	0.00	0.00	0.00	0.00	0.00	0.00	0.00	0.00	0.00	0.00	0.00	0.00
2. 在受力分析计算图中，量取有关尺寸																	
杆 1 长度 $l_1=$	mm	5603	5603	5603	5603	5603	5603	5603	5603	5603	5603	5603	5603	5603	5603	5603	5603
杆 2 长度 $l_2=$	mm	3870	3870	3870	3870	3870	3870	3870	3870	3870	3870	3870	3870	3870	3870	3870	3870
杆 3 长度 $l_3=$	mm	3039	3039	3039	3039	3039	3039	3039	3039	3039	3039	3039	3039	3039	3039	3039	3039
杆 4 长度 $l_4=$	mm	4712	4712	4712	4712	4712	4712	4712	4712	4712	4712	4712	4712	4712	4712	4712	4712
杆 1 与 x 中心线之间的夹角 $\beta_1=$	rad	1.17	1.17	1.17	1.17	1.17	1.17	1.17	1.17	1.17	1.17	1.17	1.17	1.17	1.17	1.17	1.17
杆 2 与 x 中心线之间的夹角 $\beta_2=$	rad	1.00	1.00	1.00	1.00	1.00	1.00	1.00	1.00	1.00	1.00	1.00	1.00	1.00	1.00	1.00	1.00
杆 3 与 x 中心线之间的夹角 $\beta_3=$	rad	0.89	0.89	0.89	0.89	0.89	0.89	0.89	0.89	0.89	0.89	0.89	0.89	0.89	0.89	0.89	0.89
杆 4 与 x 中心线之间的夹角 $\beta_4=$	rad	1.13	1.13	1.13	1.13	1.13	1.13	1.13	1.13	1.13	1.13	1.13	1.13	1.13	1.13	1.13	1.13
力臂长度 $r_{2x}=$	mm	-3971	-3971	-3971	-3971	-3971	-3971	-3971	-3971	-3971	-3971	-3971	-3971	-3971	-3971	-3971	-3971
力臂长度 $r_{2y}=$	mm	-3303	-3303	-3303	-3303	-3303	-3303	-3303	-3303	-3303	-3303	-3303	-3303	-3303	-3303	-3303	-3303
力臂长度 $r_2=$	mm	-5138	-5138	-5138	-5138	-5138	-5138	-5138	-5138	-5138	-5138	-5138	-5138	-5138	-5138	-5138	-5138
力臂长度 $r_{12}=$	mm	-5873	-5873	-5873	-5873	-5873	-5873	-5873	-5873	-5873	-5873	-5873	-5873	-5873	-5873	-5873	-5873
力臂长度 $r_{3x}=$	mm	1527	1527	1527	1527	1527	1527	1527	1527	1527	1527	1527	1527	1527	1527	1527	1527
力臂长度 $r_{3y}=$	mm	-724	-724	-724	-724	-724	-724	-724	-724	-724	-724	-724	-724	-724	-724	-724	-724
力臂长度 $r_3=$	mm	-1464	-1464	-1464	-1464	-1464	-1464	-1464	-1464	-1464	-1464	-1464	-1464	-1464	-1464	-1464	-1464
力臂长度 $r_{13}=$	mm	-1364	-1364	-1364	-1364	-1364	-1364	-1364	-1364	-1364	-1364	-1364	-1364	-1364	-1364	-1364	-1364
力臂长度 $r_{4x}=$	mm	229	229	229	229	229	229	229	229	229	229	229	229	229	229	229	229
力臂长度 $r_{4y}=$	mm	108	108	108	108	108	108	108	108	108	108	108	108	108	108	108	108
力臂长度 $r_4=$	mm	1304	1304	1304	1304	1304	1304	1304	1304	1304	1304	1304	1304	1304	1304	1304	1304
力臂长度 $r_{14}=$	mm	-1101	-1101	-1101	-1101	-1101	-1101	-1101	-1101	-1101	-1101	-1101	-1101	-1101	-1101	-1101	-1101

计算项目及公式	单位									θ 值（等差值 $d=\pi/8$）							
水平力 H 与塔身 x 中心线之间的夹角 $\theta=$	°	0	22.5	45	67.5	90	112.5	135	157.5	180	202.5	225	247.5	270	292.5	315	337.5
	rad	0.00	0.39	0.79	1.18	1.57	1.96	2.36	2.75	3.14	3.53	3.93	4.32	4.71	5.11	5.50	5.89
3. 计算外力作用下的轴向内力																	
$T_1=0$	kN	0.00	0.00	0.00	0.00	0.00	0.00	0.00	0.00	0.00	0.00	0.00	0.00	0.00	0.00	0.00	0.00
工逆：$T_2=-(r_{2x}H\cos\theta+r_{2y}H\sin\theta+M_d)/r_2$	kN	-48.9	-60.8	-63.3	-56.3	-40.7	-18.9	5.8	29.6	48.9	60.8	63.4	56.3	40.7	18.9	-5.8	-29.6
工顺：$T_2=-(r_{2x}H\cos\theta+r_{2y}H\sin\theta-M_d)/r_2$	kN	-48.9	-60.8	-63.4	-56.3	-40.7	-18.9	5.8	29.6	48.9	60.8	63.3	56.3	40.7	18.9	-5.8	-29.6
非工：$T_2=-(r_{2x}H_N\cos\theta+r_{2y}H_N\sin\theta)/r_2$	kN	-97.7	-121.4	-126.6	-112.5	-81.3	-37.7	11.6	59.2	97.7	121.4	126.6	112.5	81.3	37.7	-11.6	-59.2
工逆：$T_3=-(r_{3x}H\cos\theta+r_{3y}H\sin\theta-M_d)/r_3$	kN	66.1	49.1	24.6	-3.6	-31.2	-54.1	-68.8	-72.9	-65.9	-48.9	-24.5	3.7	31.4	54.3	68.9	73.1
工顺：$T_3=-(r_{3x}H\cos\theta+r_{3y}H\sin\theta+M_d)/r_3$	kN	65.9	48.9	24.5	-3.7	-31.4	-54.3	-68.9	-73.1	-66.1	-49.1	-24.6	3.6	31.2	54.1	68.8	72.9
非工：$T_3=-(r_{3x}H_N\cos\theta+r_{3y}H_N\sin\theta)/r_3$	kN	131.9	97.9	49.0	-7.3	-62.6	-108.3	-137.5	-145.8	-131.9	-97.9	-49.0	7.3	62.6	108.3	137.5	145.8
工逆：$T_4=-(r_{4x}H\cos\theta+r_{4y}H\sin\theta-M_d)/r_4$	kN	-11.2	-12.3	-11.6	-9.2	-5.3	-0.7	4.1	8.2	11.0	12.2	11.5	9.0	5.1	0.5	-4.2	-8.4
工顺：$T_4=-(r_{4x}H\cos\theta+r_{4y}H\sin\theta+M_d)/r_4$	kN	-11.0	-12.2	-11.5	-9.0	-5.1	-0.5	4.2	8.4	11.2	12.3	11.6	9.2	5.3	0.7	-4.1	-8.2
非工：$T_4=-(r_{4x}H_N\cos\theta+r_{4y}H_N\sin\theta)/r_4$	kN	-22.2	-24.5	-23.1	-18.1	-10.4	-1.1	8.3	16.5	22.2	24.5	23.1	18.1	10.4	1.1	-8.3	-16.5
4. 在 $X_1=1$ 作用下，计算其他 3 杆内力																	
基本未知力 $T_1^0=X_1=1$		1.00	1.00	1.00	1.00	1.00	1.00	1.00	1.00	1.00	1.00	1.00	1.00	1.00	1.00	1.00	1.00
$T_2^0=-X_1r_{134}/r_2$		-1.14	-1.14	-1.14	-1.14	-1.14	-1.14	-1.14	-1.14	-1.14	-1.14	-1.14	-1.14	-1.14	-1.14	-1.14	-1.14
$T_3^0=-X_1r_{124}/r_3$		-0.93	-0.93	-0.93	-0.93	-0.93	-0.93	-0.93	-0.93	-0.93	-0.93	-0.93	-0.93	-0.93	-0.93	-0.93	-0.93
$T_4^0=-X_1r_{123}/r_4$		0.84	0.84	0.84	0.84	0.84	0.84	0.84	0.84	0.84	0.84	0.84	0.84	0.84	0.84	0.84	0.84

续表

计算项目及公式	单位	θ值（等差值 d=π/8）															
水平力H与塔身x中心线之间的夹角θ=	°	0	22.5	45	67.5	90	112.5	135	157.5	180	202.5	225	247.5	270	292.5	315	337.5
	rad	0.00	0.39	0.79	1.18	1.57	1.96	2.36	2.75	3.14	3.53	3.93	4.32	4.71	5.11	5.50	5.89

5. 计算载变位,单位变位和杆的轴向内力

计算项目及公式	单位	0	22.5	45	67.5	90	112.5	135	157.5	180	202.5	225	247.5	270	292.5	315	337.5
工作状态: $\Delta_P EA = T_1^0 T_1 l_1 + T_2^0 T_2 l_2 + T_3^0 T_3 l_3 + T_4^0 T_4 l_4$	kN·m	-15	81	164	223	247	234	185	108	14	-82	-166	-224	-249	-235	-186	-109
非工作状态: $\Delta_{PN} EA = T_1^0 T_1 l_1 + T_2^0 T_2 l_2 + T_3^0 T_3 l_3 + T_4^0 T_4 l_4$	kN·m	-29	162	329	446	495	469	371	217	29	-162	-329	-446	-495	-469	-371	-217
$\delta_1 EA = (T_1^0)^2 l_1 + (T_2^0)^2 l_2 + (T_3^0)^2 l_3 + (T_4^0)^2 l_4$	m	17	17	17	17	17	17	17	17	17	17	17	17	17	17	17	17
工作状态: $X_1 = -\Delta_P/\delta_1$	kN	0.9	-4.8	-9.9	-13.4	-14.8	-14.1	-11.1	-6.5	-0.8	4.9	9.9	13.5	14.9	14.1	11.2	6.6
非工作状态: $X_{1N} = -\Delta_{PN}/\delta_1$	kN	1.8	-9.7	-19.8	-26.8	-29.7	-28.1	-22.3	-13.0	-1.8	9.7	19.8	26.8	29.7	28.1	22.3	13.0

6. 计算总轴向内力

计算项目及公式	单位	0	22.5	45	67.5	90	112.5	135	157.5	180	202.5	225	247.5	270	292.5	315	337.5
工逆: $N_1 = X_1$	kN	0.9	-4.8	-9.9	-13.4	-14.8	-14.1	-11.1	-6.5	-0.8	4.9	9.9	13.5	14.9	14.1	11.2	6.6
工顺: $N_1 = X_1$	kN	0.9	-4.8	-9.9	-13.4	-14.8	-14.1	-11.1	-6.5	-0.8	4.9	9.9	13.5	14.9	14.1	11.2	6.6
非工: $N_{1N} = X_{1N}$	kN	1.8	-9.7	-19.8	-26.8	-29.7	-28.1	-22.3	-13.0	-1.8	9.7	19.8	26.8	29.7	28.1	22.3	13.0
最大值: $N_{1max}=$	kN	29.74															
工逆: $N_2 = T_2^0 X_1 + T_2$	kN	-50.0	-55.2	-52.1	-41.0	-23.7	-2.8	18.5	37.1	49.9	55.2	52.0	41.0	23.7	2.7	-18.6	-37.1
工逆: $N_2 = T_2^0 X_1 + T_2$	kN	-50.0	-55.3	-52.1	-41.0	-23.7	-2.8	18.5	37.0	49.9	55.1	52.0	40.9	23.6	2.7	-18.6	-37.1
非工: $N_{2N} = T_2^0 X_{1N} + T_2$	kN	-99.7	-110.2	-104.0	-81.9	-47.3	-5.5	37.1	74.1	99.7	110.2	104.0	81.9	47.3	5.5	-37.1	-74.1
最大值: $N_{2max}=$	kN	110.25															

续表

计算项目及公式	单位	θ值（等差值 d=π/8）															
水平力 H 与塔身 x 中心线之间的夹角 $\theta=$	°	0	22.5	45	67.5	90	112.5	135	157.5	180	202.5	225	247.5	270	292.5	315	337.5
	rad	0.00	0.39	0.79	1.18	1.57	1.96	2.36	2.75	3.14	3.53	3.93	4.32	4.71	5.11	5.50	5.89
工逆：$N_3=T_3^0X_1+T_3$	kN	65.2	53.6	33.8	8.9	-17.4	-41.0	-58.4	-66.9	-65.2	-53.5	-33.7	-8.8	17.5	41.1	58.5	67.0
工顺：$N_3=T_3^0X_1+T_3$	kN	65.1	53.5	33.7	8.7	-17.6	-41.2	-58.5	-67.0	-65.3	-53.7	-33.9	-8.9	17.3	41.0	58.3	66.8
非工：$N_{3N}=T_3^0X_{1N}+T_3$	kN	130.2	107.0	67.4	17.6	-34.8	-82.0	-116.9	-133.7	-130.2	-107.0	-67.4	-17.6	34.8	82.0	116.7	133.7
最大值：$N_{3max}=$	kN	133.66															
工逆：$N_4=T_4^0X_1+T_4$	kN	-10.4	-16.4	-20.0	-20.4	-17.8	-12.5	-5.3	2.7	10.3	16.3	19.9	20.3	17.7	12.4	5.2	-2.8
工顺：$N_4=T_4^0X_1+T_4$	kN	-10.3	-16.3	-19.8	-20.3	-17.7	-12.3	-5.1	2.9	10.5	16.5	20.0	20.5	17.9	12.6	5.4	-2.7
非工：$N_{4N}=T_4^0X_{1N}+T_4$	kN	-20.7	-32.7	-39.8	-40.7	-35.5	-24.9	-10.5	5.5	20.7	32.7	39.8	40.7	35.5	24.9	10.5	-5.5
最大值：$N_{4max}=$	kN	40.75															
7. 检查计算结果的正确性																	
工逆：$\Sigma X=0$	kN	0.00	0.00	0.00	0.00	0.00	0.00	0.00	0.00	0.00	0.00	0.00	0.00	0.00	0.00	0.00	0.00
工顺：$\Sigma X=0$	kN	0.00	0.00	0.00	0.00	0.00	0.00	0.00	0.00	0.00	0.00	0.00	0.00	0.00	0.00	0.00	0.00
非工：$\Sigma X=0$	kN	0.00	0.00	0.00	0.00	0.00	0.00	0.00	0.00	0.00	0.00	0.00	0.00	0.00	0.00	0.00	0.00
工逆：$\Sigma Y=0$	kN	0.00	0.00	0.00	0.00	0.00	0.00	0.00	0.00	0.00	0.00	0.00	0.00	0.00	0.00	0.00	0.00
工顺：$\Sigma Y=0$	kN	0.00	0.00	0.00	0.00	0.00	0.00	0.00	0.00	0.00	0.00	0.00	0.00	0.00	0.00	0.00	0.00
非工：$\Sigma Y=0$	kN	0.00	0.00	0.00	0.00	0.00	0.00	0.00	0.00	0.00	0.00	0.00	0.00	0.00	0.00	0.00	0.00

说明：在受力分析计算图中量取力臂长度尺寸时，力矩按逆时针方向旋转时，力臂数据取正值；按顺时针方向旋转时，力臂数据取负值。

实腹式（圆管）附着杆设计计算书样本   表 9-4

计算项目及公式	单位	杆 1	杆 2	杆 3
1. 基本参数				
钢管外径 $D=$	mm	114	114	114
钢管壁厚 $t=$	mm	8	8	8
Q235 抗拉、抗压、抗弯强度设计值（$\leqslant 16$）$f=$	N/mm²	215	215	215
Q235 抗剪强度设计值（$>16\sim40$）$f_v=$	N/mm²	120	120	120
Q235 屈服强度 $f_y=$	N/mm²	235	235	235
Q235 弹性模量 $E=$	N/mm²	2.06E+05	2.06E+05	2.06E+05
GB 50017—2003 表 5.2.1，截面塑性发展系数 $\gamma_x=\gamma_y=$		1.15	1.15	1.15
GB/T 13752—2017 表 21，风压高度变化系数 $K_h=$		1.70	1.70	1.70
GB/T 13752—2017 表 20，非工作状态风压值 $p_n=$	N/m²	600	600	600
GB/T 13752—2017 附录 B，空气动力系数 $C=$		1.02	1.02	1.02
GB/T 13752—2017 表 24，总安全系数 $\gamma_f=$		1.22	1.22	1.22
截面影响系数 $\eta=$		0.70	0.70	0.70
角焊缝抗拉、抗压、抗剪强度设计值 $f_f^w=$	N/mm²	160	160	160
正面角焊缝强度增大系数 $\beta_f=$		1.22	1.22	1.22
2. 附着杆轴向内力及长度				
附着杆轴向力标准值 $N_k=N_{1max}$、N_{2max}、N_{3max}	N	62575	78175	118188
附着杆轴向力设计值 $N=\gamma_f N_k$	N	76342	95373	144190
受力分析计算图中量取，附着杆长度 $L=$	mm	3863	4272	3787
3. 计算相关数据				
钢管内径 $d=D-2t$	mm	98	98	98
钢管截面面积 $A=\pi(D^2-d^2)/4$	mm²	2664	2664	2664
每 m 钢管重力 $G=9.81\times7.85\times10^{-3}A$	N/m	205.16	205.16	205.16
附着杆自重载荷标准值 $q_{kx}=1.1G$	N/m	225.67	225.67	225.67
附着杆自重荷载设计值 $q_x=\gamma_f q_{kx}$	N/m	275.32	275.32	275.32
附着杆自重弯矩 $M_x=q_x L^2/8$	N.m	513.52	627.96	493.53
作用于附着杆的风荷载标准值 $q_{ky}=K_h P_n CD$	N/m	118.61	118.61	118.61
附着杆承受的风荷载设计值 $q_y=\gamma_f q_{ky}$	N/m	144.70	144.70	144.70
风力对附着杆形成的弯矩 $M_y=q_y L^2/8$	N·m	269.89	330.03	259.38
圆管截面惯性矩 $I=\pi(D^4-d^4)/64$	mm⁴	3.76E+06	3.76E+06	3.76E+06
圆管截面模量 $W=2I/D$	mm³	6.60E+04	6.60E+04	6.60E+04
4. 验算附着杆强度				
GB 50017—2003 公式 5.2.1：$\sigma=N/A+M_x/\gamma_x/W+M_y/\gamma_y/W$	N/mm²	39.0	48.4	64.0
附着杆强度是否满足要求？（$\sigma\leqslant f$?）		满足	满足	满足
5. 校核附着杆刚度				
附着杆回转半径 $i=(I/A)^{0.5}$	mm	37.6	37.6	37.6

计算项目及公式	单位	杆1	杆2	杆3
附着杆长细比 $\lambda = L/i$		102.8	113.7	100.8
$\lambda \leqslant 150$?		满足	满足	满足
6. 验算附着杆稳定性				
$\lambda(f_y/235)^{0.5}$		102.8	113.7	100.8
$\lambda_n = \lambda(f_y/E)^{0.5}/\pi$		1.105	1.222	1.083
查 GB 50017—2003 表 C-5, a 类系数 $\alpha_1 =$		0.410	0.410	0.410
查 GB 50017—2003 表 C-5, a 类系数 $\alpha_2 =$		0.986	0.986	0.986
查 GB 50017—2003 表 C-5, a 类系数 $\alpha_3 =$		0.152	0.152	0.152
$\varphi_1 = 1 - \alpha_1\lambda_n^2$		0.499	0.388	0.519
$\varphi_2 = \{(\alpha_2+\alpha_3\lambda_n+\lambda_n^2) - [(\alpha_2+\alpha_3\lambda_n+\lambda_n^2)^2 - 4\lambda_n^2]^{0.5}\}/(2\lambda_n^2)$		0.616	0.537	0.632
稳定系数: 如果 $\lambda_n \leqslant 0.215$, $\varphi=\varphi_1$, 否则 $\varphi=\varphi_2$		0.616	0.537	0.632
参数 $N'_E = \pi^2 EA/1.1/\lambda^2$	N	4.66E+05	3.81E+05	4.85E+05
稳定性 $\sigma_x = N/\varphi/A + M_x/[\gamma_x W(1-0.8N/N'_E)] + \eta M_y/W$	N/mm²	57.1	80.6	96.9
$\sigma_x \leqslant f$?		满足	满足	满足
稳定性 $\sigma_y = N/\varphi/A + \eta M_x/W + M_y/[\gamma_y W(1-0.8N/N'_E)]$	N/mm²	56.0	78.8	95.4
$\sigma_y \leqslant f$?		满足	满足	满足
7. 验算连接耳板的抗拉、抗剪、承压强度				
耳板厚度 $t =$	mm	20	20	20
耳板宽度 $b =$	mm	110	110	110
耳板数量 $n =$	块	1	1	1
销孔直径 $d =$	mm	36	36	36
销孔两侧面受剪切面的长度 $c =$	mm	52	52	52
耳板受拉截面面积 $A_L = (b-d)t$	mm²	1480	1480	1480
耳板承受的拉应力 $\sigma = N/A_L$	N/mm²	51.6	64.4	97.4
$\sigma \leqslant f$?		满足	满足	满足
耳板两侧受剪截面面积 $A_J = 2ct$	mm²	2080	2080	2080
耳板承受的剪应力 $\tau = N/A_J$	N/mm²	36.7	45.9	69.3
$\tau \leqslant f_v$?		满足	满足	满足
耳板销孔承压面积 $A_y = dt$	mm²	720	720	720
耳板销孔承压应力 $\sigma = N/A_y$	N/mm²	106.0	132.5	200.3
$\sigma \leqslant f$?		满足	满足	满足
8. 验算端板与圆管连接焊缝强度				
焊脚高度 $h_f =$	mm	8	8	8
直角角焊缝的有效厚度 $h_e = 0.7h_f$	mm	5.6	5.6	5.6

计算项目及公式	单位	杆1	杆2	杆3
焊缝计算长度 $l_w = \pi D$	mm	358	358	358
焊缝数量 $n_f =$	条	1	1	1
焊缝承受的拉应力 $\sigma_f = N/n/h_e/l_w$	N/mm^2	38.1	47.6	71.9
$\sigma_f \leqslant \beta_f f_f^w$?		满足	满足	满足
9. 验算耳板与端板的连接焊缝强度				
焊脚高度 $h_f =$	mm	8	8	8
角焊缝的有效厚度 $h_e = 0.7 h_f$	mm	5.6	5.6	5.6
连接耳板宽度 $b =$	mm	110	110	110
焊缝计算长度 $l_w = b - 2 h_f$	mm	94	94	94
连接焊缝数量 $n_f =$	条	2	2	2
焊缝承受的拉应力 $\sigma_f = N/n/h_e/l_w$	N/mm^2	72.5	90.6	137.0
$\sigma_f \leqslant \beta_f f_f^w$?		满足	满足	满足

实腹式（槽钢对拼）附着杆设计计算书样本　　表 9-5

计算项目及公式	单位	杆1	杆2	杆3
1. 基本参数				
14a 槽钢截面高度 $h =$	mm	140	140	140
14a 槽钢截面宽度 $b =$	mm	58	58	58
14a 槽钢截面面积 $A_0 =$	mm^2	1851	1851	1851
14a 槽钢 x 轴截面惯性矩 $I_{0x} =$	mm^4	5.64E+06	5.64E+06	5.64E+06
14a 槽钢 y 轴截面惯性矩 $I_{0y} =$	mm^4	5.32E+05	5.32E+05	5.32E+05
14a 槽钢重心距离 $Z_0 =$	mm	17.1	17.1	17.1
Q235 抗拉、抗压、抗弯强度设计值 $f =$	N/mm^2	215	215	215
Q235 屈服强度 $f_y =$	N/mm^2	235	235	235
Q235 弹性模量 $E =$	N/mm^2	2.06E+05	2.06E+05	2.06E+05
GB/T 13752—2017 表21，风压高度变化系数 $K_h =$		1.63	1.63	1.63
GB/T 13752—2017 表20，非工作状态风压值 $p_n =$	N/m^2	600	600	600
GB/T 13752—2017 附录B，空气动力系数 $C =$		1.76	1.76	1.76
GB/T 13752—2017 表24，总安全系数 $\gamma_f =$		1.22	1.22	1.22
GB 50017—2003 表5.2.1，截面塑性发展系数 $\gamma_x =$		1.05	1.05	1.05
GB 50017—2003 表5.2.1，截面塑性发展系数 $\gamma_y =$		1.00	1.00	1.00
截面影响系数 $\eta =$		0.70	0.70	0.70
2. 附着杆内力和长度				
附着杆轴向力标准值 $N = N_{1max}、N_{2max}、N_{3max}$	N	99500	30477	82068
附着杆轴向力设计值 $N = \gamma_f N_k$	N	121389	37182	100123
受力分析计算图中量取，附着杆长度 $L =$	mm	6010	6287	5473

计算项目及公式	单位	杆1	杆2	杆3
3. 计算相关数据				
两个槽钢背间距 $a=2b$	mm	116	116	116
附着杆截面面积 $A=2A_0$	mm^2	3702	3702	3702
x 轴截面模量 $W_x=4I_{0x}/h$	mm^3	1.61E+05	1.61E+05	1.61E+05
y 轴截面惯性矩 $I_y=2[I_{0y}+A_0(a/2-Z_0)^2]$	mm^4	7.26E+06	7.26E+06	7.26E+06
y 轴截面模量 $W_y=2I_y/a$	mm^3	1.25E+05	1.25E+05	1.25E+05
每 m 附着杆重力 $G_0=9.81\times7.85\times A/1000$	N/m	285.09	285.09	285.09
重力设计值 $q_x=\gamma_f q_{kx}$	N/m	347.80	347.80	347.80
重力弯矩设计值 $M_x=q_x L^2/8$	N·m	1570.4	1718.2	1302.3
风荷载标准值 $q_{ky}=K_h P_n Ch$	N/m	285.60	285.60	285.60
风荷载设计值 $q_y=\gamma_f q_{ky}$	N/m	348.43	348.43	348.43
风荷载弯矩 $M_y=q_y L^2/8$	N·m	1573.2	1721.3	1304.6
4. 验算附着杆强度				
$\sigma=N/A+M_x/\gamma_x/W_x+M_y/\gamma_y/W_y$	N/mm^2	54.6	34.0	45.2
$\sigma\leqslant f$?		满足	满足	满足
5. 校核附着杆刚度				
x 轴回转半径 $i_x=(I_x/A)^{0.5}$	mm	55.2	55.2	55.2
x 轴长细比 $\lambda_x=L/i_x$		108.9	113.9	99.2
$\lambda_x\leqslant150$?		满足	满足	满足
y 轴回转半径 $i_y=(I_y/A)^{0.5}$	mm	44.3	44.3	44.3
y 轴长细比 $\lambda_y=L/i_y$		135.7	142.0	123.6
$\lambda_y\leqslant150$?		满足	满足	满足
6. 验算 x 轴稳定性				
查 GB 50017—2003 表 C-5, b 类系数 $\alpha_1=$		0.650	0.650	0.650
查 GB 50017—2003 表 C-5, b 类系数 $\alpha_2=$		0.965	0.965	0.965
查 GB 50017—2003 表 C-5, b 类系数 $\alpha_3=$		0.300	0.300	0.300
$\lambda_x(f_y/235)^{0.5}=$		108.9	113.9	99.2
$\lambda_n=\lambda_{0x}(f_y/E)^{0.5}/\pi$		1.171	1.224	1.066
$\varphi_1=1-\alpha_1\lambda_n^2$		0.109	0.026	0.261
$\varphi_2=\{(\alpha_2+\alpha_3\lambda_n+\lambda_n^2)-[(\alpha_2+\alpha_3\lambda_n+\lambda_n^2)^2-4\lambda_n^2]^{0.5}\}/(2\lambda_n^2)$		0.500	0.470	0.560
稳定系数:如果 $\lambda_n\leqslant0.215$, $\varphi_x=\varphi_1$, 否则 $\varphi_x=\varphi_2$		0.500	0.470	0.560
参数 $N'_{Ex}=\pi^2EA/1.1/\lambda_{0x}^2$	N	5.77E+05	5.28E+05	6.96E+05
稳定性 $\sigma_x=N/\varphi_x/A+M_x/[\gamma_x W_x(1-0.8N/N'_{EX})]+\eta M_y/W_y$	N/mm^2	85.6	41.8	64.3
$\sigma_x\leqslant f$?		满足	满足	满足

计算项目及公式	单位	杆 1	杆 2	杆 3
7. 验算 y 轴稳定性				
$\lambda_y(f_y/235)^{0.5}=$		135.7	142.0	123.6
$\lambda_n=\lambda_{0y}(f_y/E)^{0.5}/\pi$		1.459	1.527	1.329
$\varphi_1=1-\alpha_1\lambda_n^2$		-0.384	-0.515	-0.148
$\varphi_2=\{(\alpha_2+\alpha_3\lambda_n+\lambda_n^2)-[(\alpha_2+\alpha_3\lambda_n+\lambda_n^2)^2-4\lambda_n^2]^{0.5}\}/(2\lambda_n^2)$		0.362	0.337	0.418
稳定系数:如果 $\lambda_n\leqslant0.215$,$\varphi=\varphi_1$,否则 $\varphi=\varphi_2$		0.362	0.337	0.418
参数 $N'_E=\pi^2EA/1.1/\lambda_{0y}^2$	N	3.71E+05	3.39E+05	4.48E+05
稳定性 $\sigma_y=N/\varphi/A+\eta Mx/Wx+M_y/[\gamma_yW_y(1-0.8N/N'_{Ey})]$	N/mm²	114.4	52.4	83.0
$\sigma_y\leqslant f$?		满足	满足	满足

说明:耳板强度和焊缝强度计算方法与表 9-4 类似,本处不再写出。

双肢格构式附着杆设计计算书样本 表 9-6

计算项目及公式	单位	杆 1	杆 2	杆 3
1. 基本参数				
14a 槽钢截面高度 $h=$	mm	140	140	140
14a 槽钢截面宽度 $b=$	mm	58	58	58
14a 槽钢截面面积 $A_0=$	mm²	1851	1851	1851
14a 槽钢 x 轴截面惯性矩 $I_{0x}=$	mm⁴	5.64E+06	5.64E+06	5.64E+06
14a 槽钢 y 轴截面惯性矩 $I_{0y}=$	mm⁴	5.32E+05	5.32E+05	5.32E+05
14a 槽钢重心距离 $Z_0=$	mm	17.1	17.1	17.1
缀板宽度 $b_p=$	mm	80	80	80
缀板厚度 $t_p=$	mm	8	8	8
缀板间距 $l=$	mm	700	700	700
GB/T 13752—2017 表 24,总安全系数 $\gamma_f=$		1.22	1.22	1.22
Q235 抗拉、抗压、抗弯强度设计值 $f=$	N/mm²	215	215	215
Q235 屈服强度 $f_y=$	N/mm²	235	235	235
Q235 弹性模量 $E=$	N/mm²	2.06E+05	2.06E+05	2.06E+05
GB/T 13752—2017 表 21,风压高度变化系数 $K_h=$		1.70	1.70	1.70
GB/T 13752—2017 表 20,非工作状态风压值 $p_n=$	N/m²	600	600	600
GB/T 13752—2017 附录 B,空气动力系数 $C=$		2.00	2.00	2.00
查 GB 50017—2003 表 5.2.1,截面塑性发展系数 $\gamma_x=$		1.05	1.05	1.05
查 GB 50017—2003 表 5.2.1,截面塑性发展系数 $\gamma_y=$		1.00	1.00	1.00
2. 附着杆轴向内力和长度				
附着杆轴向力标准值 $N=N_{1max}$、N_{2max}、N_{3max}	N	97316	108769	183280
附着杆轴向力设计值 $N=\gamma_fN_k$	N	118726	132698	223602
受力分析计算图中量取,附着杆长度 $L=$	mm	6341	6749	6293

计算项目及公式	单位	杆1	杆2	杆3
3. 计算相关数据				
两个槽钢背间距 $a=h$	mm	140	140	140
附着杆截面面积 $A=2A_0$	mm²	3702	3702	3702
x 轴截面模量 $W_x=4I_{0x}/h$	mm³	1.61E+05	1.61E+05	1.61E+05
y 轴截面惯性矩 $I_y=2[I_{0y}+A_0(a/2-Z_0)^2]$	mm⁴	1.14E+07	1.14E+07	1.14E+07
y 轴截面模量 $W_y=2I_y/a$	mm³	1.63E+05	1.63E+05	1.63E+05
每 m 附着杆重力 $G_0=9.81\times7.85\times A/1000$	N/m	285.09	285.09	285.09
重力标准值 $q_{kx}=1.1G_0$	N/m	313.59	313.59	313.59
重力设计值 $q_x=\gamma_f q_{kx}$	N/m	382.58	382.58	382.58
重力弯矩 $M_x=q_x L^2/8$	N·m	1923.01	2178.56	1894.14
风荷载标准值 $q_{ky}=K_h P_n Ch$	N/m	285.60	285.60	285.60
风荷载设计值 $q_y=\gamma_f q_{ky}$	N/m	348.43	348.43	348.43
风荷载弯矩 $M_y=q_y L^2/8$	N·m	1751.35	1984.09	1725.06
4. 计算附着杆强度				
$\sigma=N/A_0+M_x/\gamma_x/W_x+M_y/\gamma_y/W_y$	N/mm²	54.2	60.9	82.2
$\sigma\leqslant f$?		满足	满足	满足
5. 校核附着杆刚度				
x 轴回转半径 $i_x=(I_x/A)^{0.5}$	mm	55.2	55.2	55.2
x 轴长细比 $\lambda_x=L/i_x$		114.9	122.3	114.0
$\lambda_x\leqslant150$?		满足	满足	满足
y 轴回转半径 $i_y=(I_y/A)^{0.5}$	mm	55.6	55.6	55.6
y 轴长细比 $\lambda_y=L/i_y$		114.2	121.5	113.3
分肢回转半径 $i_1=(I_{0y}/A_0)^{0.5}$	mm	17.0	17.0	17.0
分肢长细比 $\lambda_1=(l-d_p)/i_1$		36.6	36.6	36.6
y 轴换算长细比 $\lambda_{0y}=(\lambda_y^2+\lambda_1^2)^{0.5}$		119.9	126.9	119.0
$\lambda_{0y}\leqslant150$?		满足	满足	满足
$\lambda_1\leqslant40$?		满足	满足	满足
$\lambda_{max}=\max(\lambda_x,\lambda_{0y})$		119.9	126.9	119.0
如果 $\lambda_{max}<50$，取 $\lambda_{max}=50$		119.9	126.9	119.0
$\lambda_1\leqslant0.5\lambda_{max}$?		满足	满足	满足
6. 验算整体稳定性				
查 GB 50017—2003 表 C-5,表 C-5,b 类系数 $\alpha_1=$		0.650	0.650	0.650
查 GB 50017—2003 表 C-5,表 C-5,b 类系数 $\alpha_2=$		0.965	0.965	0.965
查 GB 50017—2003 表 C-5,表 C-5,b 类系数 $\alpha_3=$		0.300	0.300	0.300
$\lambda_{0y}^{0.5}(f_y/235)=$		119.9	126.9	119.0
$\lambda_n=\lambda_{0y}(f_y/E)^{0.5}/\pi$		1.289	1.364	1.280

计算项目及公式	单位	杆1	杆2	杆3
$\varphi_1 = 1 - \alpha_1 \lambda_n{}^2$		-0.079	-0.210	-0.065
$\varphi_2 = \{(\alpha_2 + \alpha_3 \lambda_n + \lambda_n{}^2) - [(\alpha_2 + \alpha_3 \lambda_n + \lambda_n{}^2)^2 - 4\lambda_n{}^2]^{0.5}\}/(2\lambda_n{}^2)$		0.437	0.402	0.442
稳定系数：如果 $\lambda_n \leqslant 0.215, \varphi_y = \varphi_1$，否则 $\varphi_y = \varphi_2$		0.437	0.402	0.442
参数 $N'_{Ey} = \pi^2 EA/1.1/\lambda_{0y}{}^2$	N	4.76E+05	4.25E+05	4.83E+05
整体稳定性 $\sigma = N/\varphi_y/A + M_x/W_x + M_y/W_y/(1 - \varphi_y N/N'_{Ey})$	N/mm²	97.3	116.6	161.8
$\sigma \leqslant f$?		满足	满足	满足
7. 验算分肢稳定性				
主肢轴向力 $N_1 = N/2 + M_y/(a - 2Z_0)$	N	75916	85102	128106
作用于分肢1的弯矩 $M_{x1} = M_x/2$	N·m	961.5	1089.3	947.1
$\lambda_1 (f_y/235)^{0.5} =$		36.6	36.6	36.6
$\lambda_n = \lambda_1 (f_y/E)^{0.5}/\pi$		0.393	0.393	0.393
$\varphi_1 = 1 - \alpha_1 \lambda_n{}^2$		0.900	0.900	0.900
$\varphi_2 = \{(\alpha_2 + \alpha_3 \lambda_n + \lambda_n{}^2) - [(\alpha_2 + \alpha_3 \lambda_n + \lambda_n{}^2)^2 - 4\lambda_n{}^2]^{0.5}\}/(2\lambda_n{}^2)$		0.912	0.912	0.912
稳定系数：如果 $\lambda_n \leqslant 0.215, \varphi = \varphi_1$，否则 $\varphi = \varphi_2$		0.912	0.912	0.912
分肢对 x 轴长细比 $\lambda_{x1} = (l_p - d_p)/i_1$		11.2	11.2	11.2
参数 $N'_{Ex1} = \pi^2 EA_0/1.1/\lambda_{x1}{}^2$	N	2.71E+07	2.71E+07	2.71E+07
分肢稳定 $\sigma = N_1/\varphi/A_0 + M_{x1}/\gamma_{x1}/W_{x1}/(1 - 0.8N_1/N'_{Ex1})$	N/mm²	56.4	63.3	87.1
$\sigma \leqslant f$?		满足	满足	满足
8. 复核缀板构造要求				
缀板宽度 $b_p \geqslant 2(a - 2Z_0)/3$?		满足	满足	满足
缀板厚度 $t_p \geqslant (a - 2z_0)/40$?		满足	满足	满足
分肢线刚度 $= I_{0y}/l$	mm³	760	760	760
缀板宽度方向惯性矩 $I_p = t_p b_p{}^3/12$	mm⁴	3.41E+05	3.41E+05	3.41E+05
2块缀板线刚度之和 $= 2I_p/(a - 2z_0)$	mm³	6.45E+03	6.45E+03	6.45E+03
缀板线刚度/分肢线刚度>6?		满足	满足	满足

4 肢格构式附着杆设计计算书样本 表 9-7

计算项目及公式	单位	杆1	杆2	杆3
1. 基本参数				
格构杆中截面宽度 $B_{max} =$	mm	300	300	300
格构杆端截面宽度 $B_{min} =$	mm	130	130	130
∟ 50×5 角钢肢宽 $b =$	mm	50	50	50
∟ 50×5 角钢肢厚 $t =$	mm	5	5	5
∟ 50×5 角钢截面面积 $A_0 =$	mm²	480	480	480

计算项目及公式	单位	杆1	杆2	杆3
∟50×5 角钢毛截面惯性矩 $I_x=$	mm⁴	1.12E+05	1.12E+05	1.12E+05
∟50×5 角钢最小回转半径 $i_{min}=$	mm	9.80	9.80	9.80
∟50×5 角钢重心距离 $Z_0=$	mm	14.2	14.2	14.2
∟50×5 角钢毛截面模量 $W_x^{max}=I/Z_0$	mm³	7894	7894	7894
缀条圆钢直径 $d=$	mm	12	12	12
缀条与附着杆轴线之间的夹角 $\theta=$	°	60	60	60
Q235 抗拉、抗压、抗弯强度设计值 $f=$	N/mm²	215	215	215
Q235 屈服强度 $f_y=$	N/mm²	235	235	235
Q235 弹性模量 $E=$	N/mm²	2.06E+05	2.06E+05	2.06E+05
GB/T 13752—2017 表21,风压高度变化系数 $K_h=$		1.67	1.67	1.67
GB/T 13752—2017 表20,非工作状态风压值 $p_n=$	N/m²	600	600	600
GB/T 13752—2017 附录B,空气动力系数 $C=$		0.72	0.72	0.72
GB/T 13752—2017 表24,总安全系数 $\gamma_f=$		1.22	1.22	1.22
截面影响系数 $\eta=$		0.70	0.70	0.70
4肢角钢构件截面塑性发展系数 $\gamma_x=\gamma_y=$		1.00	1.00	1.00
实腹圆管构件截面塑性发展系数 $\gamma_x=\gamma_y=$		1.15	1.15	1.15
C级螺栓抗拉强度设计值 $f_t^b=$	N/mm²	170	170	170
M16 螺栓有效截面面积 $A_e=$	mm²	157	157	157
角焊缝抗拉、抗压、抗剪强度设计值 $f_f^w=$	N/mm²	160	160	160
2. 附着杆轴向内力及长度				
附着杆轴向力标准值 $N_k=N_{1max}、N_{2max}、N_{3max}$	N	120491	12059	112430
附着杆轴向力设计值 $N=\gamma_f N_k$	N	146999	14712	137164
受力分析计算图中量取,附着杆长度 $L=$	mm	10857	11766	11663
3. 计算相关数据				
4根主肢角钢总截面面积 $A=4A_0$	mm²	1920	1920	1920
每m角钢重力 $G_0=9.81×7.85×A_0/1000$	N/m	37.0	37.0	37.0
缀条圆钢截面积 $A_1=\pi d^2/4$	mm²	113	113	113
缀条毛截面惯性矩 $I_x=\pi d^4/64$	mm⁴	1018	1018	1018
缀条回转半径 $i=(I/A_1)^{0.5}$	mm	3.0	3.0	3.0
每m缀条重力 $G_1=9.81×7.85×A_1/1000$	N/m	8.71	8.71	8.71
每m附着杆重力 $G=4(G_0+G_1/\cos\theta)$	N/m	218	218	218
附着杆自重载荷标准值 $q_x=1.1G$	N/m	239.3	239.3	239.3
附着杆自重载荷设计值 $q_x=\gamma_f q_x$	N/m	291.9	291.9	291.9
附着杆自重弯矩 $M_x=q_x L^2/8$	N·m	4301.7	5052	4964
销孔中心至格构杆端1-1截面的长度 $l'=$	mm	1100.0	1100.0	1100.0

计算项目及公式	单位	杆1	杆2	杆3
格构杆端 1-1 截面自重弯矩 $M_{xmin}=q_x l'(L-l')/2$	N·m	1566.7	1712.6	1696.1
作用于附着杆的风荷载标准值 $q_{ky}=K_h P_n CB_{max}$	N/m	216.4	216.4	216.4
每 m 附着杆承受的风力设计值 $q_y=\gamma_f q_y$	N/m	264.0	264	264
风力对附着杆的作用弯矩 $M_y=q_y L^2/8$	N·m	3890.9	4570	4490
1-1 截面风荷载弯矩 $M_{ymin}=q_y l'(L-l')/2$	N.m	1417.0	1549.0	1534.1
中部截面惯性矩 $I_{max}=4[I_x+A_0(B_{max}/2-Z_0)^2]$	mm⁴	3.59E+07	3.59E+07	3.59E+07
1-1 截面惯性矩 $I_{min}=4[I_x+A_0(B_{min}/2-Z_0)^2]$	mm⁴	5.40E+06	5.40E+06	5.40E+06
附着杆中部毛截面模量 $W=2I/B_{max}$	mm³	2.39E+05	2.39E+05	2.39E+05
1-1′截面模量 $W_{min}=2I_{min}/B_{min}$	mm³	8.31E+04	8.31E+04	8.31E+04
4. 计算附着杆强度				
$\sigma=N/A+M_x/\gamma_x/W+M_y/\gamma_y/W$	N/mm²	110.8	47.9	111.0
中间截面强度是否满足要求？($\sigma \leqslant f$?)		满足	满足	满足
$\sigma=N/A+M_{xmin}/\gamma_x/W_{min}+M_{ymin}/\gamma_y/W_{min}$	N/mm²	112.5	46.9	110.3
1-1 截面强度是否满足要求？($\sigma \leqslant f$?)		满足	满足	满足
5. 校核附着杆刚度				
附着杆回转半径 $i=(I/A)^{0.5}$	mm	136.7	136.7	136.7
$I_{min}/I_{max}=$		0.151	0.151	0.151
B_{max} 截面长度 $a=$	mm	5000	5000	5000
锥形格构杆长度 $l=$	mm	9000	9000	9000
$m=a/l$		0.556	0.556	0.556
查本书表 5-1，$\mu_2=$		1.04	1.04	1.04
附着杆长细比 $\lambda=\mu_2 L/i$		82.6	89.5	88.8
换算长细比 $\lambda_0=[\lambda^2+40(A/2A_1)]^{0.5}$		84.7	91.4	90.7
$\lambda_0 \leqslant 150$?		满足	满足	满足
6. 验算整体稳定性				
查 GB 50017 表 C-5，b 类系数 $\alpha_1=$		0.650	0.650	0.650
查表 GB 50017C-5，b 类系数 $\alpha_2=$		0.965	0.965	0.965
查 GB 50017 表 C-5，b 类系数 $\alpha_3=$		0.300	0.300	0.300
$\lambda(f_y/235)^{0.5}=$		84.7	91.4	90.7
$\lambda_n=\lambda(f_y/E)^{0.5}/\pi$		0.910	0.983	0.975
$\varphi_1=1-\alpha_1\lambda_n^2$		0.462	0.372	0.383
$\varphi_2=\{(\alpha_2+\alpha_3\lambda_n+\lambda_n^2)-[(\alpha_2+\alpha_3\lambda_n+\lambda_n^2)^2-4\lambda_n^2]^{0.5}\}/(2\lambda_n^2)$		0.657	0.612	0.617
稳定系数 $\varphi=$		0.657	0.612	0.617
参数 $N'_E=\pi^2 EA/1.1/\lambda_0^2$	N	4.95E+05	4.25E+05	4.32E+05

计算项目及公式	单位	杆1	杆2	杆3
整体稳定 $\sigma_x = N/\varphi/A + M_x/W + M_y/W/(1-\varphi N/N'_E)$	N/mm²	154.8	53.2	160.0
整体稳定性是否满足要求?($\sigma \leqslant f$?)		满足	满足	满足
7. 验算分肢稳定性				
主肢轴向力 $N_1 = N/4 + (M_x + M_y)/(B_{max} - 2Z_0)$	kN	66.9	39.1	69.1
缀条节点间主肢最大间距 $l_0 = 2(B_{max} - 2Z_0)/\tan\theta$	mm	314	314	314
长细比 $\lambda_1 = l_0/i_{min}$		32.0	32.0	32.0
$\lambda_1 \leqslant 0.7\lambda_0$?		满足	满足	满足
$\lambda_1(f_y/235)^{0.5} =$		32.0	32.0	32.0
$\lambda_n = \lambda_1/\pi(f_y/E)^{0.5} =$		0.344	0.344	0.344
$\varphi_1 = 1 - \alpha_1\lambda_n^2$		0.923	0.923	0.923
$\varphi_2 = \{(\alpha_2 + \alpha_3\lambda_n + \lambda_n^2) - [(\alpha_2 + \alpha_3\lambda_n + \lambda_n^2)^2 - 4\lambda_n^2]^{0.5}\}/(2\lambda_n^2)$		0.929	0.929	0.929
稳定系数 $\varphi =$		0.929	0.929	0.929
分肢稳定性 $\sigma = N_1/\varphi/A_0$	N/mm²	150.1	87.7	155.0
单肢稳定性是否满足要求?($\sigma \leqslant f$?)		满足	满足	满足
8. 验算缀条稳定性				
按内力分析计算剪力 $V_1 = q_x L/2$	N	1585	1717	1702
按 GB 50017 式 5.1.6 计算剪力 $V_2 = Af(f_y/235)^{0.5}/85$	N	4856	4856	4856
取两个剪力值中的大值 $V = \max(V_1, V_2)$	N	4856	4856	4856
缀条内力 $N_L = V/(2\sin\theta)$	N	2804	2804	2804
缀条计算长度 $l_0 = (B_{max} - 2Z_0)/\sin\theta$	mm	314	314	314
缀条长细比 $\lambda = l_0/i$		105	105	105
查 GB 50017 表 C-5,a 类系数 $\alpha_1 =$		0.410	0.410	0.410
查 GB 50017 表 C-5,a 类系数 $\alpha_2 =$		0.986	0.986	0.986
查 GB 50017 表 C-5,a 类系数 $\alpha_3 =$		0.152	0.152	0.152
$\lambda(f_y/235)^{0.5} =$		104.5	104.5	104.5
$\lambda_n = \lambda/\pi(f_y/E)^{0.5} =$		1.124	1.124	1.124
$\varphi_1 = 1 - \alpha_1\lambda_n^2$		0.482	0.482	0.482
$\varphi_2 = \{(\alpha_2 + \alpha_3\lambda_n + \lambda_n^2) - [(\alpha_2 + \alpha_3\lambda_n + \lambda_n^2)^2 - 4\lambda_n^2]^{0.5}\}/(2\lambda_n^2)$		0.603	0.603	0.603
稳定系数 $\varphi =$		0.603	0.603	0.603
缀条稳定性 $\sigma = N_L/\varphi/A_1$	N/mm²	41.1	41.1	41.1
缀条稳定性是否满足要求?($\sigma \leqslant f$?)		满足	满足	满足
9. 验算法兰连接螺栓强度				
M16 螺栓抗拉承载力设计值 $N_t^b = f_t^b A_e$	kN	26.69	26.69	26.69
法兰连接螺栓数量 $n =$	根	12	12	12
法兰连接螺栓间距 $y_1 =$	mm	370	370	370

计算项目及公式	单位	杆1	杆2	杆3
法兰连接螺栓间距 $y_2=$	mm	250	250	250
法兰连接螺栓间距 $y_3=$	mm	120	120	120
连接螺栓最大拉力 $N_{max}=N/n+M_x y_1/\Sigma y_i{}^2+M_y y_1/\Sigma y_i{}^2$	kN	16.57	6.30	16.42
$N_{max} \leqslant N_t{}^b$?		满足	满足	满足
10. 验算法兰与主肢角钢的连接焊缝强度				
焊脚高度 $h_f=$	mm	5	5	5
直角角焊缝的有效厚度 $h_e=0.7h_f$	mm	3.5	3.5	3.5
焊缝计算长度 $l_w=l-2h_f$	mm	53	53	53
每个法兰连接焊缝数量 $n_f=$	条	8	8	8
焊缝承受的剪应力 $\tau=N/n/h_e/l_w$	N/mm^2	99.1	9.9	92.4
$\tau \leqslant f_f^w$?		满足	满足	满足

附录 1　钢材、焊缝、螺栓的强度设计值

钢材的强度设计值（N/mm²）　　　　　　　　　　　　　　　　　　附表 1-1

钢材		抗拉、抗压 和抗弯 f	抗剪 f_v	端面承压 （刨平顶紧） f_{ce}
牌号	厚度或直径 （mm）			
Q235 钢	≤16	215	125	325
	>16～40	205	120	
	>40～60	200	115	
	>60～100	190	110	
Q345 钢	≤16	310	180	400
	>16～35	295	170	
	>35～50	265	155	
	>50～100	250	145	

注：表中厚度系指计算点的钢材厚度，对轴心受拉和轴心受压构件系指截面中较厚板件的厚度。

焊缝的强度设计值（N/mm²）　　　　　　　　　　　　　　　　　　附表 1-2

焊接方法和 焊条型号	构件钢材		对接焊缝				角焊缝
	牌号	厚度或 直径 （mm）	抗压 f_c^w	焊缝质量为下列 等级时，抗拉 f_t^w		抗剪 f_v^w	抗拉、抗压 和抗剪 f_f^w
				一级、二级	三级		
自动焊、半自动焊和 E43 型焊条的手工焊	Q235 钢	≤16	215	215	185	125	160
		>16～40	205	205	175	120	
		>40～60	200	200	170	115	
		>60～100	190	190	160	110	
自动焊、半自动焊和 E50 型焊条的手工焊	Q345 钢	≤16	310	310	265	180	200
		>16～35	295	295	250	170	
		>35～50	265	265	225	155	
		>50～100	250	250	210	145	

注：1. 自动焊和半自动焊所采用的焊丝和焊剂，应保证其熔敷金属的力学性能不低于现行国家标准《埋弧焊用碳钢焊丝和焊剂》GB/T 5293 和《低合金钢埋弧焊用焊剂》GB/T 12470 中相关的规定。

2. 焊缝质量等级应符合现行国家标准《钢结构工程施工质量验收规范》GB 50205 的规定。其中厚度小于 8mm 钢材的对接焊缝，不应采用超声波探伤确定焊缝质量等级。

3. 对接焊缝在受压区的抗弯强度设计值取 f_c^w，在受拉区的抗弯强度设计值取 f_t^w。

4. 表中厚度系指计算点的钢材厚度，对轴心受拉和轴心受压构件系指截面中较厚板件的厚度。

螺栓连接强度设计值（N/mm²）　　　　　　　　　　附表 1-3

螺栓的性能等级、锚栓和构件钢材的牌号		普通螺栓						锚栓	承压型连接高强度螺栓		
		C级螺栓			A级、B级螺栓						
		抗拉 f_t^b	抗剪 f_v^b	承压 f_c^b	抗拉 f_t^b	抗剪 f_v^b	承压 f_c^b	抗拉 f_t^a	抗拉 f_t^b	抗剪 f_v^b	承压 f_c^b
普通螺栓	4.6级、4.8级	170	140	—	—	—	—	—	—	—	—
	5.6级	—	—	—	210	190	—	—	—	—	—
	8.8级	—	—	—	400	320	—	—	—	—	—
锚栓	Q235 钢	—	—	—	—	—	—	140	—	—	—
	Q345 钢	—	—	—	—	—	—	180	—	—	—
承压型连接高强度螺栓	8.8级	—	—	—	—	—	—	—	400	250	—
	10.9级	—	—	—	—	—	—	—	500	310	—
构件	Q235 钢	—	—	305	—	—	405	—	—	—	470
	Q345 钢	—	—	385	—	—	510	—	—	—	590
	Q390 钢	—	—	400	—	—	530	—	—	—	615
	Q420 钢	—	—	425	—	—	560	—	—	—	655

注：1. A 级螺栓用于 $d \leqslant 24mm$ 和 $l \leqslant 10d$ 或 $l \leqslant 150mm$（按较小值）的螺栓；B 级螺栓用于 $d > 24mm$ 或 $l > 10d$ 或 $l > 150mm$（按较小值）的螺栓。d 为公称直径，l 为螺杆公称长度。

2. A、B 级螺栓孔的精度和孔壁表面粗糙度，C 级螺栓孔的允许偏差和孔壁表面粗糙度，均应符合现行国家标准《钢结构工程施工质量验收规范》GB 50205 的要求。

钢材和钢铸件的物理性能指标　　　　　　　　　附表 1-4

弹性模量 E（N/mm²）	剪变模量 G（N/mm²）	线膨胀系数 α（以每℃计）	质量密度 ρ（kg/m³）
206×10^3	79×10^3	12×10^{-6}	7850

附录2 型钢规格及截面特性表

钢管规格及截面特性表 附表2-1

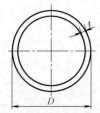

d——钢管内径，$d=D-2t$；
A——截面面积，$A=\pi(D^2-d^2)/4$；
I——截面惯性矩，$I=\pi(D^4-d^4)/64$；
W——截面模量，$W=2I/D$；
i——截面回转半径，$i=\sqrt{I/A}$。

外径 D	壁厚 t		截面面积	每米质量	截 面 特 性		
	无缝	焊接			I	W	i
mm	mm	mm	cm²	kg/m	cm⁴	cm³	cm
30.0		2.0	1.76	1.38	1.73	1.16	0.99
		2.5	2.16	1.70	2.06	1.37	0.98
34.0		2.0	2.01	1.58	2.58	1.52	1.13
		2.5	2.47	1.94	3.09	1.82	1.12
38.0		2.0	2.26	1.78	3.68	1.93	1.27
	2.5	2.5	2.79	2.19	4.41	2.32	1.26
	3.0		3.30	2.59	5.09	2.68	1.24
	3.5		3.79	2.98	5.70	3.00	1.23
40.0		2.0	2.39	1.87	4.32	2.16	1.35
		2.5	2.95	2.31	5.20	2.60	1.33
42.0		2.0	2.51	1.97	5.04	2.40	1.42
	2.5	2.5	3.10	2.44	6.07	2.89	1.40
	3.0		3.68	2.89	7.03	3.35	1.38
	3.5		4.23	3.32	7.91	3.77	1.37
	4.0		4.78	3.75	8.71	4.15	1.35
45.0		2.0	2.70	2.12	6.26	2.78	1.52
	2.5	2.5	3.34	2.62	7.56	3.36	1.51
	3.0	3.0	3.96	3.11	8.77	3.90	1.49
	3.5		4.56	3.58	9.89	4.40	1.47
	4.0		5.15	4.04	10.93	4.86	1.46
50.0	2.5		3.73	2.93	10.55	4.22	1.68
	3.0		4.43	3.48	12.28	4.91	1.67
	3.5		5.11	4.01	13.90	5.56	1.65
	4.0		5.78	4.54	15.41	6.16	1.63
	4.5		6.43	5.05	16.81	6.72	1.62
	5.0		7.07	5.55	18.11	7.25	1.60

续表

外径 D	壁厚 t		截面面积	每米质量	截 面 特 性		
	无缝	焊接			I	W	i
mm	mm	mm	cm²	kg/m	cm⁴	cm³	cm
51.0		2.0	3.08	2.42	9.26	3.63	1.73
		2.5	3.81	2.99	11.23	4.40	1.72
		3.0	4.52	3.55	13.08	5.13	1.70
		3.5	5.22	4.10	14.81	5.81	1.68
54.0		2.0	3.27	2.56	11.06	4.10	1.84
		2.5	4.04	3.18	13.44	4.98	1.82
	3.0	3.0	4.81	3.77	15.68	5.81	1.81
	3.5	3.5	5.55	4.36	17.79	6.59	1.79
	4.0		6.28	4.93	19.76	7.32	1.77
	4.5		7.00	5.49	21.61	8.00	1.76
	5.0		7.70	6.04	23.34	8.64	1.74
57.0		2.0	3.46	2.71	13.08	4.59	1.95
		2.5	4.28	3.36	15.93	5.59	1.93
	3.0	3.0	5.09	4.00	18.61	6.53	1.91
	3.5	3.5	5.88	4.62	21.14	7.42	1.90
	4.0		6.66	5.23	23.52	8.25	1.88
	4.5		7.42	5.83	25.76	9.04	1.86
	5.0		8.17	6.41	27.86	9.78	1.85
	5.5		8.90	6.99	29.84	10.47	1.83
60.0		2.0	3.64	2.86	15.34	5.11	2.05
		2.5	4.52	3.55	18.70	6.23	2.03
	3.0	3.0	5.37	4.22	21.88	7.29	2.02
	3.5	3.5	6.21	4.88	24.88	8.29	2.00
	4.0		7.04	5.52	27.73	9.24	1.98
	4.5		7.85	6.16	30.41	10.14	1.97
	5.0		8.64	6.78	32.94	10.98	1.95
	5.5		9.42	7.39	35.32	11.77	1.94
	6.0		10.18	7.99	37.56	12.52	1.92
63.5		2.0	3.86	3.03	18.29	5.76	2.18
		2.5	4.79	3.76	22.32	7.03	2.16
	3.0	3.0	5.70	4.48	26.15	8.24	2.14
	3.5	3.5	6.60	5.18	29.79	9.33	2.12
	4.0		7.48	5.87	33.24	10.47	2.11
	4.5		8.34	6.55	36.50	11.50	2.09
	5.0		9.19	7.21	39.60	12.47	2.08
	5.5		10.02	7.87	42.52	13.39	2.06
	6.0		10.84	8.51	45.28	14.26	2.04
68.0	3.0		6.13	4.81	32.42	9.54	2.30
	3.5		7.09	5.57	36.99	10.88	2.28
	4.0		8.04	6.31	41.34	12.16	2.27
	4.5		8.98	7.05	45.47	13.37	2.25
	5.0		9.90	7.77	49.41	14.53	2.23
	5.5		10.80	8.48	53.14	15.63	2.22
	6.0		11.69	9.17	56.68	16.67	2.20

外径 D	壁厚 t		截面面积	每米质量	截 面 特 性		
	无缝	焊接			I	W	i
mm	mm	mm	cm²	kg/m	cm⁴	cm³	cm
70.0		2.0	4.27	3.35	24.72	7.06	2.41
		2.5	5.30	4.16	30.23	8.64	2.39
	3.0	3.0	6.31	4.96	35.50	10.14	2.37
	3.5	3.5	7.31	5.74	40.53	11.58	2.35
	4.0		8.29	6.51	45.33	12.95	2.34
	4.5	4.5	9.26	7.27	49.89	14.26	2.32
	5.0		10.21	8.01	54.24	15.50	2.30
	5.5		11.14	8.75	58.38	16.68	2.29
	6.0		12.06	9.47	62.31	17.80	2.27
	7.0		13.85	10.88	69.58	19.88	2.24
73.0	3.0		6.60	5.18	40.48	11.09	2.48
	3.5		7.64	6.00	46.26	12.67	2.46
	4.0		8.67	6.81	51.78	14.19	2.44
	4.5		9.68	7.60	57.04	15.63	2.43
	5.0		10.68	8.38	62.07	17.01	2.41
	5.5		11.66	9.16	66.87	18.32	2.39
	6.0		12.63	9.91	71.43	19.57	2.38
	7.0		14.51	11.39	79.92	21.90	2.35
76.0		2.0	4.65	3.65	31.85	8.38	2.62
		2.5	5.77	4.53	39.03	10.27	2.60
	3.0	3.0	6.88	5.40	45.91	12.08	2.58
	3.5	3.5	7.97	6.26	52.50	13.82	2.57
	4.0	4.0	9.05	7.10	58.81	15.48	2.55
	4.5	4.5	10.11	7.93	64.85	17.07	2.53
	5.0		11.15	8.75	70.62	18.59	2.52
	5.5		12.18	9.56	76.14	20.04	2.50
	6.0		13.19	10.36	81.41	21.42	2.48
	7.0		15.17	11.91	91.23	24.01	2.45
83.0		2.0	5.09	4.00	41.76	10.06	2.86
		2.5	6.32	4.96	51.26	12.35	2.85
		3.0	7.54	5.92	60.40	14.56	2.83
	3.5	3.5	8.74	6.86	69.19	16.67	2.81
	4.0	4.0	9.93	7.79	77.64	18.71	2.80
	4.5	4.5	11.10	8.71	85.76	20.67	2.78
	5.0		12.25	9.62	93.56	22.54	2.76
	5.5		13.39	10.51	101.04	24.35	2.75
	6.0		14.51	11.39	108.22	26.08	2.73
	7.0		16.71	13.12	121.69	29.32	2.70
	8.0		18.85	14.80	134.04	32.30	2.67

外径 D	壁厚 t		截面面积	每米质量	截面特性		
	无缝	焊接			I	W	i
mm	mm	mm	cm²	kg/m	cm⁴	cm³	cm
89.0		2.0	5.47	4.29	51.75	11.63	3.08
		2.5	6.79	5.33	63.59	14.29	3.06
		3.0	8.11	6.36	75.02	16.86	3.04
	3.5	3.5	9.40	7.38	86.05	19.34	3.03
	4.0	4.0	10.68	8.38	96.68	21.73	3.01
	4.5	4.5	11.95	9.38	106.92	24.03	2.99
	5.0		13.19	10.36	116.79	26.24	2.98
	5.5		14.43	11.33	126.29	28.38	2.96
	6.0		15.65	12.28	135.43	30.43	2.94
	7.0		18.03	14.16	152.67	34.31	2.91
	8.0		20.36	15.98	168.59	37.88	2.88
95.0		2.0	5.84	4.59	63.20	13.31	3.29
		2.5	7.26	5.70	77.76	16.37	3.27
		3.0	8.67	6.81	91.83	19.33	3.25
	3.5	3.5	10.06	7.90	105.45	22.20	3.24
	4.0		11.44	8.98	118.60	24.97	3.22
	4.5		12.79	10.04	131.31	27.64	3.20
	5.0		14.14	11.10	143.58	30.23	3.19
	5.5		15.46	12.14	155.43	32.72	3.17
	6.0		16.78	13.17	166.86	35.13	3.15
	7.0		19.35	15.19	188.51	39.69	3.12
	8.0		21.87	17.16	208.62	43.92	3.09
102.0		2.0	6.28	4.93	78.57	15.41	3.54
		2.5	7.81	6.13	96.77	18.97	3.52
		3.0	9.33	7.32	114.42	22.43	3.50
	3.5	3.5	10.83	8.50	131.52	25.79	3.48
	4.0	4.0	12.32	9.67	148.09	29.04	3.47
	4.5	4.5	13.78	10.82	164.14	32.18	3.45
	5.0	5.0	15.24	11.96	179.68	35.23	3.43
	5.5		16.67	13.09	194.72	38.18	3.42
	6.0		18.10	14.21	209.28	41.03	3.40
	7.0		20.89	16.40	236.96	46.46	3.37
	8.0		23.62	18.55	262.83	51.53	3.34
	10.0		28.90	22.69	309.40	60.67	3.27
108.0		3.0	9.90	7.77	136.49	25.28	3.71
		3.5	11.49	9.02	157.02	29.08	3.70
	4.0	4.0	13.07	10.26	176.95	32.77	3.68
	4.5		14.63	11.49	196.30	36.35	3.66
	5.0		16.18	12.70	215.06	39.83	3.65
	5.5		17.71	13.90	233.26	43.20	3.63
	6.0		19.23	15.09	250.91	46.46	3.61
	7.0		22.21	17.44	284.58	52.70	3.58
	8.0		25.13	19.73	316.17	58.55	3.55
	10.0		30.79	24.17	373.45	69.16	3.48

外径 D	壁厚 t		截面面积	每米质量	截 面 特 性		
	无缝	焊接			I	W	i
mm	mm	mm	cm²	kg/m	cm⁴	cm³	cm
114.0		3.0	10.46	8.21	161.24	28.29	3.93
		3.5	12.15	9.54	185.63	32.57	3.91
	4.0	4.0	13.82	10.85	209.35	36.73	3.89
	4.5	4.5	15.48	12.15	232.41	40.77	3.87
	5.0	5.0	17.12	13.44	254.81	44.70	3.86
	5.5		18.75	14.72	276.58	48.52	3.84
	6.0		20.36	15.98	297.73	52.23	3.82
	7.0		23.53	18.47	338.19	59.33	3.79
	8.0		26.64	20.91	376.30	66.02	3.76
	10.0		32.67	25.65	445.82	78.21	3.69
121.0		3.0	11.12	8.73	193.69	32.01	4.17
		3.5	12.92	10.14	223.17	36.89	4.16
	4.0	4.0	14.70	11.54	251.87	41.63	4.14
	4.5		16.47	12.93	279.83	46.25	4.12
	5.0		18.22	14.30	307.05	50.75	4.11
	5.5		19.96	15.67	333.54	55.13	4.09
	6.0		21.68	17.02	359.32	59.39	4.07
	7.0		25.07	19.68	408.80	67.57	4.04
	8.0		28.40	22.29	455.57	75.30	4.01
	10.0		34.87	27.37	541.43	89.49	3.94
127.0		3.0	11.69	9.17	224.75	35.39	4.39
		3.5	13.58	10.66	259.11	40.80	4.37
	4.0	4.0	15.46	12.13	292.61	46.08	4.35
	4.5	4.5	17.32	13.59	325.29	51.23	4.33
	5.0	5.0	19.16	15.04	357.14	56.24	4.32
	5.5		20.99	16.48	388.19	61.13	4.30
	6.0		22.81	17.90	418.44	65.90	4.28
	7.0		26.39	20.72	476.63	75.06	4.25
	8.0		29.91	23.48	531.80	83.75	4.22
	10.0		36.76	28.85	633.55	99.77	4.15
	12.0		43.35	34.03	724.50	114.09	4.09
133.0	4.0	4.0	16.21	12.73	337.53	50.76	4.56
	4.5	4.5	18.17	14.26	375.42	56.45	4.55
	5.0	5.0	20.11	15.78	412.40	62.02	4.53
	5.5		22.03	17.29	448.50	67.44	4.51
	6.0		23.94	18.79	483.72	72.74	4.50
	7.0		27.71	21.75	551.58	82.94	4.46
	8.0		31.42	24.66	616.11	92.65	4.43
	10.0		38.64	30.33	735.59	110.62	4.36
	12.0		45.62	35.81	843.04	126.77	4.30

续表

外径 D	壁厚 t		截面面积	每米质量	截面特性		
	无缝	焊接			I	W	i
mm	mm	mm	cm²	kg/m	cm⁴	cm³	cm
140.0		4.0	17.09	13.42	395.47	56.50	4.81
	4.5	4.5	19.16	15.04	440.12	62.87	4.79
	5.0	5.0	21.21	16.65	483.76	69.11	4.78
	5.5	5.5	23.24	18.24	526.40	75.20	4.76
	6.0		25.26	19.83	568.06	81.15	4.74
	7.0		29.25	22.96	648.51	92.64	4.71
	8.0		33.18	26.04	725.21	103.60	4.68
	10.0		40.84	32.06	867.86	123.98	4.61
	12.0		48.25	37.88	996.95	142.42	4.55
	14.0		55.42	43.50	1113.34	159.05	4.48
146.0	5.0		22.15	17.39	551.10	75.49	4.99
	5.5		24.28	19.06	599.95	82.19	4.97
	6.0		26.39	20.72	647.73	88.73	4.95
	7.0		30.57	24.00	740.12	101.39	4.92
	8.0		34.68	27.23	828.41	113.48	4.89
	10.0		42.73	33.54	993.16	136.05	4.82
	12.0		50.52	39.66	1142.94	156.57	4.76
	14.0		58.06	45.57	1278.70	175.16	4.69
152.0	5.0	5.0	23.09	18.13	624.43	82.16	5.20
	5.5	5.5	25.31	19.87	680.06	89.48	5.18
	6.0		27.52	21.60	734.52	96.65	5.17
	7.0		31.89	25.03	839.99	110.52	5.13
	8.0		36.19	28.41	940.97	123.81	5.10
	10.0		44.61	35.02	1129.99	148.68	5.03
	12.0		52.78	41.43	1302.58	171.39	4.97
	14.0		60.70	47.65	1459.73	192.07	4.90
159.0	5.0		24.19	18.99	717.88	90.30	5.45
	6.0		28.84	22.64	845.19	106.31	5.41
	7.0		33.43	26.24	967.41	121.69	5.38
	8.0		37.95	29.79	1084.67	136.44	5.35
	10.0		46.81	36.75	1304.88	164.14	5.28
	12.0		55.42	43.50	1506.88	189.54	5.21
	14.0		63.77	50.06	1691.69	212.79	5.15
168.0	5.0		25.60	20.10	851.14	101.33	5.77
	6.0		30.54	23.97	1003.12	119.42	5.73
	7.0		35.41	27.79	1149.36	136.83	5.70
	8.0		40.21	31.57	1290.01	153.57	5.66
	10.0		49.64	38.97	1555.13	185.13	5.60
	12.0		58.81	46.17	1799.60	214.24	5.53
	14.0		67.73	53.17	2024.53	241.02	5.47
	16.0		76.40	59.98	2230.98	265.59	5.40

续表

外径 D	壁厚 t		截面面积	每米质量	截面特性		
	无缝	焊接			I	W	i
mm	mm	mm	cm²	kg/m	cm⁴	cm³	cm
180.0	5.0		27.49	21.58	1053.17	117.02	6.19
	6.0		32.80	25.75	1242.72	138.08	6.16
	7.0		38.04	29.87	1425.63	158.40	6.12
	8.0		43.23	33.93	1602.04	178.00	6.09
	10.0		53.41	41.92	1936.01	215.11	6.02
	12.0		63.33	49.72	2245.84	249.54	5.95
	14.0		73.01	57.31	2532.74	281.42	5.89
	16.0		82.44	64.71	2797.86	310.87	5.83
194.0	5.0		29.69	23.31	1326.54	136.76	6.68
	6.0		35.44	27.82	1567.21	161.57	6.65
	7.0		41.12	32.28	1800.08	185.57	6.62
	8.0		46.75	36.70	2025.31	208.79	6.58
	10.0		57.81	45.38	2453.5	252.94	6.51
	12.0		68.61	53.86	2853.25	294.15	6.45
	14.0		79.17	62.15	3225.71	332.55	6.38
	16.0		89.47	70.24	3572.19	368.27	6.32
	18.0		99.53	78.13	3893.94	401.44	6.25
203.0	6.0		37.13	29.15	1803.07	177.64	6.97
	8.0		49.01	38.47	2333.37	229.89	6.90
	10.0		60.63	47.60	2830.72	278.89	6.83
	12.0		72.01	56.52	3296.49	324.78	6.77
	14.0		83.13	65.25	3732.07	367.69	6.70
	16.0		94.00	73.79	4138.78	407.76	6.64
	18.0		104.62	82.12	4517.93	445.12	6.57
219.0	6.0		40.15	31.52	2278.74	208.10	7.53
	8.0		53.03	41.63	2955.43	269.90	7.47
	10.0		65.66	51.54	3593.29	328.15	7.40
	12.0		78.04	61.26	4193.81	383.00	7.33
	14.0		90.16	70.78	4758.50	434.57	7.26
	16.0		102.04	80.10	5288.81	483.00	7.20
	18.0		113.66	89.23	5786.15	528.42	7.13
	20.0		125.04	98.15	6251.93	570.95	7.07
245.0	7.0		52.34	41.09	3709.06	302.78	8.42
	8.0		59.56	46.76	4186.87	341.79	8.38
	10.0		73.83	57.95	5105.63	416.79	8.32
	12.0		87.84	68.95	5976.67	487.89	8.25
	14.0		101.60	79.76	6801.68	555.24	8.18
	16.0		115.11	90.36	7582.30	618.96	8.12
	18.0		128.37	100.77	8320.17	679.20	8.05
	20.0		141.37	110.98	9016.86	736.07	7.99

续表

外径 D	壁厚 t		截面面积	每米质量	截面 特 性		
	无缝	焊接			I	W	i
mm	mm	mm	cm²	kg/m	cm⁴	cm³	cm
273.0	8.0		66.60	52.28	5851.71	428.70	9.37
	10.0		82.62	64.86	7154.09	524.11	9.31
	12.0		98.39	77.24	8396.14	615.10	9.24
	14.0		113.91	89.42	9579.75	701.81	9.17
	16.0		129.18	101.41	10706.79	784.38	9.10
	18.0		144.20	113.20	11779.08	862.94	9.04
	20.0		158.96	124.79	12798.44	937.61	8.97
299.0	8.0		73.14	57.41	7747.42	518.22	10.29
	10.0		90.79	71.27	9490.15	634.79	10.22
	12.0		108.20	84.93	11159.52	746.46	10.16
	14.0		125.35	98.40	12757.61	853.35	10.09
	16.0		142.25	111.67	14286.48	955.62	10.02
	18.0		158.90	124.74	15748.16	1053.39	9.96
	20.0		175.30	137.61	17144.64	1146.80	9.89

方形冷弯空心型钢规格及截面特性表　　　　　　　　　　附表 2-2

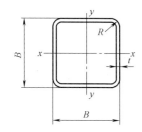

B——边长；t——壁厚；R——外圆弧半径；
A——截面面积；I——截面惯性矩；W——截面模量；
i——回转半径。

边长 B	壁厚 t	截面面积 A	每米质量	截面特性		
				惯性矩 I_x	截面模量 W_x	回转半径 i_x
mm	mm	cm²	kg/m	cm⁴	cm³	cm
20	1.2	0.865	0.679	0.498	0.498	0.759
	1.5	1.052	0.826	0.583	0.583	0.744
	1.75	1.199	0.941	0.642	0.642	0.732
	2.0	1.340	1.050	0.692	0.692	0.720
25	1.2	1.105	0.867	1.025	0.820	0.963
	1.5	1.352	1.061	1.216	0.973	0.948
	1.75	1.548	1.215	1.357	1.086	0.936
	2.0	1.736	1.363	1.482	1.186	0.923
30	1.5	1.652	1.296	2.195	1.463	1.152
	1.75	1.898	1.490	2.470	1.646	1.140
	2.0	2.136	1.677	2.721	1.814	1.128
	2.5	2.589	2.032	3.154	2.102	1.103
	3.0	3.008	2.361	3.500	2.333	1.078

边长 B	壁厚 t	截面面积 A	每米质量	截面特性		
				惯性矩 I_x	截面模量 W_x	回转半径 i_x
mm	mm	cm²	kg/m	cm⁴	cm³	cm
40	1.5	2.525	1.767	5.489	2.744	1.561
	1.75	2.598	2.039	6.237	3.118	1.549
	2.0	2.936	2.305	6.939	3.469	1.537
	2.5	3.589	2.817	8.213	4.106	1.512
	3.0	4.208	3.303	9.320	4.660	1.488
	4.0	5.347	4.198	11.064	5.532	1.438
50	1.5	2.852	2.238	11.065	4.426	1.969
	1.75	3.298	2.589	12.641	5.056	1.957
	2.0	3.736	2.933	14.146	5.658	1.945
	2.5	4.589	3.602	16.941	6.776	1.921
	3.0	5.408	4.245	19.463	7.785	1.897
	4.0	6.947	5.454	23.725	9.490	1.847
60	2.0	4.540	3.560	25.120	8.380	2.350
	2.5	5.589	4.387	30.340	10.113	2.329
	3.0	6.608	5.187	35.130	11.710	2.305
	4.0	8.547	6.710	43.539	14.513	2.256
	5.0	10.356	8.129	50.468	16.822	2.207
70	2.5	6.590	5.170	49.400	14.100	2.740
	3.0	7.808	6.129	57.522	16.434	2.714
	4.0	10.147	7.966	72.108	20.602	2.665
	5.0	12.356	9.699	84.602	24.172	2.616
80	2.5	7.589	5.957	75.147	18.787	3.147
	3.0	9.008	7.071	87.838	21.959	3.122
	4.0	11.747	9.222	111.031	27.757	3.074
	5.0	14.356	11.269	131.414	32.853	3.025
90	3.0	10.208	8.013	127.277	28.283	3.531
	4.0	13.347	10.478	161.907	35.979	3.482
	5.0	16.356	12.839	192.903	42.867	3.434
	6.0	19.232	15.097	220.420	48.982	3.385
100	4.0	11.947	11.734	226.337	45.267	3.891
	5.0	18.356	14.409	271.071	54.214	3.842
	6.0	21.632	16.981	311.415	62.283	3.794
110	4.0	16.548	12.990	305.94	55.625	4.300
	5.0	20.356	15.980	367.95	66.900	4.252
	6.0	24.033	18.866	424.57	77.194	4.203
120	4.0	18.147	14.246	402.260	87.043	4.708
	5.0	22.356	17.549	485.441	80.906	4.659
	6.0	26.432	20.749	562.094	93.683	4.611
	8.0	34.191	26.840	696.639	116.106	4.513

边长 B	壁厚 t	截面面积 A	每米质量	截面特性		
				惯性矩 I_x	截面模量 W_x	回转半径 i_x
mm	mm	cm²	kg/m	cm⁴	cm³	cm
130	4.0	19.748	15.502	516.97	79.534	5.117
	5.0	24.356	19.120	625.68	96.258	5.068
	6.0	28.833	22.634	726.64	111.79	5.020
	8.0	36.842	28.921	882.86	135.82	4.895
140	4.0	21.347	16.758	651.598	53.085	5.524
	5.0	26.356	20.689	790.523	112.931	5.476
	6.0	31.232	24.517	920.359	131.479	5.428
	8.0	40.591	31.864	1153.735	164.819	5.331
150	4.0	22.948	18.014	807.82	107.71	5.933
	5.0	28.356	22.259	982.12	130.95	5.885
	6.0	33.633	26.402	1145.9	152.79	5.837
	8.0	43.242	33.945	1411.8	188.25	5.714
160	4.0	24.547	19.270	987.152	123.394	6.314
	5.0	30.356	23.829	1202.317	150.289	6.293
	6.0	36.032	28.285	1405.408	175.676	6.245
	8.0	46.991	36.888	1776.496	222.062	6.148
170	4.0	26.148	20.526	1191.3	140.15	6.750
	5.0	32.356	25.400	1453.3	170.97	6.702
	6.0	38.433	30.170	1701.6	200.18	6.654
	8.0	49.642	38.969	2118.2	249.2	6.532
180	4.0	27.70	21.800	1422	158	7.16
	5.0	34.40	27.000	1737	193	7.11
	6.0	40.80	32.100	2037	226	7.06
	8.0	52.80	41.500	2546	283	6.94
190	4.0	29.30	23.00	1680	176	7.57
	5.0	36.40	28.50	2055	216	7.52
	6.0	43.20	33.90	2413	254	7.47
	8.0	56.00	44.00	3208	319	7.35
200	4.0	30.90	24.30	1968	197	7.97
	5.0	38.40	30.10	2410	241	7.93
	6.0	45.60	35.80	2833	283	7.88
	8.0	59.20	46.50	3566	357	7.76
	10	72.60	57.00	4251	425	7.65

边长 B	壁厚 t	截面面积 A	每米质量	截面特性		
				惯性矩 I_x	截面模量 W_x	回转半径 i_x
mm	mm	cm²	kg/m	cm⁴	cm³	cm
220	5.0	42.4	33.2	3238	294	8.74
	6.0	50.4	39.6	3813	347	8.70
	8.0	65.6	51.5	4828	439	8.58
	10	80.6	63.2	5782	526	8.47
	12	93.7	73.5	6487	590	8.32
250	5.0	48.4	38.0	4805	384	9.97
	6.0	57.6	45.2	5672	454	9.92
	8.0	75.2	59.1	7229	578	9.80
	10	92.6	72.7	8707	697	9.70
	12	108	84.8	9859	789	9.55
280	5.0	54.4	42.7	6810	486	11.2
	6.0	64.8	50.9	8054	575	11.1
	8.0	84.8	66.6	10317	737	11.0
	10	104.6	82.1	12479	891	10.9
	12	122.5	96.1	14232	1017	10.8
300	6.0	69.6	54.7	9964	664	12.0
	8.0	91.2	71.6	12801	853	11.8
	10	113	88.4	15519	1035	11.7
	12	132	104	17767	1184	11.6
350	6.0	81.6	64.1	16008	915	14.0
	8.0	107	84.2	20618	1182	13.9
	10	133	104	25189	1439	13.8
	12	156	123	29054	1660	13.6
400	8.0	123	96.7	31269	1564	15.9
	10	153	120	38216	1911	15.8
	12	180	141	44319	2216	15.7
	14	208	163	50414	2521	15.6
450	8.0	139	100	44966	1999	18.0
	10	173	135	55100	2449	17.9
	12	204	160	64164	2851	17.7
	14	236	185	73210	3254	17.6

附表 2-3

热轧普通槽钢规格及截面特性表

符号 h—高度；b—腿宽度；d—腹板厚度；t—翼缘平均厚度；r—内圆弧半径；r₁—腿端圆弧半径；I—截面惯性矩；W—截面模量；S_x—半截面面积矩；i—回转半径；Z₀—重心距离。

型号	尺寸						截面面积	每米质量	$x-x$				$y-y$			y_1-y_1	Z_0
	h	b	d	t	r	r_1			I_x	W_x	S_x	i_x	I_y	W_y	i_y	I_{y1}	
	mm						cm²	kg/m	cm⁴	cm³	cm³	cm	cm⁴	cm³	cm	cm⁴	cm
□5	50	37	4.5	7.0	7.0	3.50	6.92	5.44	26.0	10.4	6.4	1.94	8.3	3.5	1.10	20.9	1.35
□6.3	63	40	4.8	7.5	7.5	3.75	8.45	6.63	51.2	16.3	9.8	2.46	11.9	4.6	1.19	28.3	1.39
□8	80	43	5.0	8.0	8.0	4.00	10.24	8.04	101.3	25.3	15.1	3.14	16.6	5.8	1.27	37.4	1.42
□10	100	48	5.3	8.5	8.5	4.20	12.74	10.00	198.3	39.7	23.5	3.94	25.6	7.8	1.42	54.9	1.52
□12.6	126	53	5.5	9.0	9.0	4.50	15.69	12.31	388.5	61.7	36.4	4.98	38.0	10.3	1.56	77.8	1.59
□14a	140	58	6.0	9.5	9.5	4.75	18.51	14.53	563.7	80.5	47.5	5.52	53.2	13.0	1.70	107.2	1.71
□14b	140	60	8.0	9.5	9.5	4.75	21.31	16.73	609.4	87.1	52.4	5.35	61.2	14.1	1.69	120.6	1.67
□16a	160	63	6.5	10.0	10.0	5.00	21.95	17.23	866.2	108.3	63.9	6.28	73.4	16.3	1.83	144.1	1.79
□16	160	65	8.5	10.0	10.0	5.00	25.15	19.75	934.5	116.8	70.3	6.10	83.4	17.6	1.82	160.8	1.75

续表

型号	尺寸 h (mm)	b	d	t	r	r_1	截面面积 cm²	每米质量 kg/m	$x-x$ I_x cm⁴	W_x cm³	S_x cm³	i_x cm	$y-y$ I_y cm⁴	W_y cm³	i_y cm	y_1-y_1 I_{y1} cm⁴	Z_0 cm
⊏18a	180	68	7.0	10.5	10.5	5.25	25.69	20.17	1272.7	141.4	83.5	7.04	98.6	20.0	1.96	189.7	1.88
⊏18		70	9.0	10.5	10.5	5.25	29.29	22.99	1379.9	152.2	91.6	6.84	111.0	21.5	1.95	210.1	1.84
⊏20a	200	73	7.0	11.0	11.0	5.50	28.83	22.63	1780.4	178.0	104.7	7.86	128.0	24.2	2.11	244.0	2.01
⊏20		75	9.0	11.0	11.0	5.50	32.83	25.77	1913.7	191.4	114.7	7.64	143.6	25.9	2.09	268.4	1.95
⊏22a	220	77	7.0	11.5	11.5	5.75	31.84	24.99	2393.9	217.6	127.6	8.67	157.8	28.2	2.23	298.2	2.10
⊏22		79	9.0	11.5	11.5	5.75	36.24	28.45	2571.3	233.8	139.7	8.42	176.5	30.1	2.21	326.3	2.03
⊏25a	250	78	7.0	12.0	12.0	6.00	34.91	27.40	3359.1	268.7	157.8	9.81	175.9	30.7	2.24	324.8	2.07
⊏25b		80	9.0	12.0	12.0	6.00	39.91	31.33	3619.5	289.6	173.5	9.52	196.4	32.7	2.22	355.1	1.99
⊏25c		82	11.0	12.0	12.0	6.00	44.91	35.25	3880.0	310.4	189.1	9.30	215.9	34.6	2.19	386.6	1.96
⊏28a	280	82	7.5	12.5	12.5	6.25	40.02	31.42	4752.5	339.5	200.2	10.90	217.9	35.7	2.33	393.3	2.09
⊏28b		84	9.5	12.5	12.5	6.25	45.62	35.81	5118.4	365.6	219.8	10.59	241.5	37.9	2.30	428.5	2.02
⊏28c		86	11.5	12.5	12.5	6.25	51.22	40.21	5484.3	391.7	239.4	10.35	264.1	40.0	2.27	467.3	1.99
⊏32a	320	88	8.0	14.0	14.0	7.00	48.50	38.07	7510.6	469.4	276.9	12.44	304.7	46.4	2.51	547.5	2.24
⊏32b		90	10.0	14.0	14.0	7.00	54.90	43.10	8056.8	503.5	302.5	12.11	335.6	49.1	2.47	592.9	2.16
⊏32c		92	12.0	14.0	14.0	7.00	61.30	48.12	8602.9	537.7	328.1	11.85	365.0	51.6	2.44	642.7	2.13
⊏36a	360	96	9.0	16.0	16.0	8.00	60.89	47.80	11874.1	659.7	389.9	13.96	455.0	63.6	2.73	818.5	2.44
⊏36b		98	11.0	16.0	16.0	8.00	68.09	53.45	12651.7	702.9	422.3	13.63	496.7	66.9	2.70	880.5	2.37
⊏36c		100	13.0	16.0	16.0	8.00	75.29	59.10	13429.3	746.1	454.7	13.36	536.6	70.0	2.67	948.0	2.34
⊏40a	400	100	10.5	18.0	18.0	9.00	75.04	58.91	17577.7	878.9	524.4	15.30	592.0	78.8	2.81	1057.9	2.49
⊏40b		102	12.5	18.0	18.0	9.00	83.04	65.19	18644.4	932.2	564.4	14.98	640.6	82.6	2.78	1135.8	2.44
⊏40c		104	14.5	18.0	18.0	9.00	91.04	71.47	19711.0	985.6	604.4	14.71	687.8	86.2	2.75	1220.3	2.42

热轧轻型槽钢规格及截面特性表

附表 2-4

符号 h—高度;b—腿宽度;d—腹板厚度;t—翼缘平均厚度;r—内圆弧半径;r_1—腿端圆弧半径;I—截面惯性矩;W—截面模量;S_x—半截面面积矩;i—回转半径;Z_0—重心距离。

| 型号 | 尺寸 mm | | | | | | 截面面积 cm² | 每米质量 kg/m | x—x | | | | y—y | | | y_1—y_1 | Z_0 |
	h	b	d	t	r	r_1			I_x cm⁴	W_x cm³	S_x cm³	i_x cm	I_y cm⁴	W_y cm³	i_y cm	I_{y1} cm⁴	cm
⸢5	50	32	4.4	7.0	6.0	2.50	6.16	4.84	22.8	9.1	5.6	1.92	5.6	2.8	0.95	13.9	1.16
⸢6.5	65	36	4.4	7.2	6.0	2.50	7.51	5.90	48.6	15.0	9.0	2.54	8.7	3.7	1.08	20.2	1.24
⸢8	80	40	4.5	7.4	6.5	2.50	8.98	7.05	89.4	22.4	13.3	3.16	12.8	4.8	1.19	28.2	1.31
⸢10	100	46	4.5	7.6	7.0	3.00	10.94	8.59	173.9	34.8	20.4	3.99	20.4	6.6	1.37	43.0	1.44
⸢12	120	52	4.8	7.8	7.5	3.00	13.28	10.43	303.9	50.6	29.6	4.76	31.2	8.5	1.53	62.8	1.54
⸢14	140	58	4.9	8.1	8.0	3.00	15.65	12.28	491.1	70.2	40.8	5.60	45.4	11.0	1.70	89.2	1.67
⸢14a	140	62	4.9	8.7	8.0	3.00	16.98	13.33	544.8	77.8	45.1	5.66	57.5	13.3	1.84	116.9	1.87
⸢16	160	64	5.0	8.4	8.5	3.50	18.12	14.22	747.0	93.4	54.1	6.42	63.3	13.8	1.87	122.2	1.80
⸢16a	160	68	5.0	9.0	8.5	3.50	19.54	15.34	823.3	102.9	59.4	6.49	78.8	16.4	2.01	157.1	2.00
⸢18	180	70	5.1	8.7	9.0	3.50	20.71	16.25	1086.3	120.7	69.8	7.24	86.0	17.0	2.04	163.6	1.94
⸢18a	180	74	5.1	9.3	9.0	3.50	22.23	17.45	1190.7	132.3	76.1	7.32	105.4	20.0	2.18	206.7	2.14

续表

型号	尺寸						截面面积	每米质量	x—x				y—y			y_1—y_1	Z_0
	h	b	d	t	r	r_1			I_x	W_x	S_x	i_x	I_y	W_y	i_y	I_{y1}	
	mm						cm²	kg/m	cm⁴	cm³	cm³	cm	cm⁴	cm³	cm	cm⁴	cm
⌐ 20	200	76	5.2	9.0	9.5	4.00	23.40	18.37	1522.0	152.2	87.8	8.07	113.4	20.5	2.20	213.3	2.07
⌐ 20a		80	5.2	9.7	9.5	4.00	25.16	19.75	1672.4	167.2	95.9	8.15	138.6	24.2	2.35	269.3	2.28
⌐ 22	220	82	5.4	9.5	10.0	4.00	26.72	20.97	2109.5	191.8	110.4	8.89	150.6	25.1	2.37	281.4	2.21
⌐ 22a		87	5.4	10.2	10.0	4.00	28.81	22.62	2327.3	211.6	121.1	8.99	187.1	30.0	2.55	361.3	2.46
⌐ 24	240	90	5.6	10.0	10.5	4.00	30.64	24.05	2901.1	241.8	138.8	9.73	207.6	31.6	2.60	387.4	2.42
⌐ 24a		95	5.6	10.7	10.5	4.00	32.89	25.82	3181.2	265.1	151.3	9.83	253.8	37.2	2.78	488.5	2.67
⌐ 27	270	95	6.0	10.5	11.0	4.50	35.23	27.66	4163.3	308.4	177.6	10.87	261.8	37.3	2.73	477.5	2.47
⌐ 30	300	100	6.5	11.0	12.0	5.00	40.47	31.77	5808.3	387.2	224.0	11.98	326.6	43.6	2.84	582.9	2.52
⌐ 33	330	105	7.0	11.7	13.0	5.00	46.52	36.52	7984.1	483.9	280.9	13.10	410.1	51.8	2.97	722.2	2.59
⌐ 36	360	110	7.5	12.6	14.0	6.00	53.37	41.90	10815.5	600.9	349.6	14.24	513.5	61.8	3.10	898.2	2.68
⌐ 40	400	115	8.0	13.5	15.0	6.00	61.53	48.30	15219.6	761.0	444.3	15.73	642.3	73.4	3.23	1109.2	2.75

附表 2-5

热轧等肢角钢规格及截面特性表

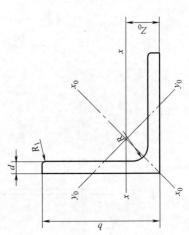

符号　b——肢宽；d——肢厚；R——内圆弧半径；R_1——肢尖内弧半径（$R_1=d/3$）；
I——截面惯性矩；W——截面模量；i——回转半径；Z_0——重心距离。

续表

型号	尺寸 b (mm)	尺寸 d (mm)	尺寸 R	截面面积 A (cm²)	每米质量 (kg/m)	惯性矩 I_x (cm⁴)	截面模量 W_x^{max} (cm³)	截面模量 W_x^{min} (cm³)	回转半径 i_x (cm)	回转半径 i_{x0} (cm)	回转半径 i_{y0} (cm)	重心距 Z_0 (cm)
∟20×3	20	3	3.5	1.13	0.89	0.40	0.66	0.29	0.59	0.75	0.39	0.60
4	20	4	3.5	1.46	1.15	0.50	0.78	0.36	0.58	0.73	0.38	0.64
∟25×3	25	3	3.5	1.43	1.12	0.82	1.12	0.46	0.76	0.95	0.49	0.73
4	25	4	3.5	1.86	1.46	1.03	1.34	0.59	0.74	0.93	0.43	0.76
∟30×3	30	3	4.5	1.75	1.37	1.46	1.72	0.68	0.91	1.15	0.59	0.85
4	30	4	4.5	2.28	1.79	1.84	2.08	0.87	0.90	1.13	0.58	0.89
∟36×3	36	3	4.5	2.11	1.66	2.58	2.59	0.99	1.11	1.39	0.71	1.00
4	36	4	4.5	2.76	2.16	3.29	3.18	1.28	1.09	1.38	0.70	1.04
5	36	5	4.5	3.38	2.65	3.95	3.68	1.56	1.08	1.36	0.70	1.07
∟40×3	40	3	5.0	2.36	1.85	3.59	3.28	1.23	1.23	1.55	0.79	1.09
4	40	4	5.0	3.09	2.42	4.60	4.05	1.60	1.22	1.54	0.79	1.13
5	40	5	5.0	3.79	2.98	4.53	4.72	1.96	1.21	1.52	0.78	1.17
∟45×3	45	3	5.0	2.66	2.09	5.17	4.25	1.58	1.39	1.76	0.90	1.22
4	45	4	5.0	3.49	2.74	6.65	5.29	2.05	1.38	1.74	0.89	1.26
5	45	5	5.0	4.29	3.37	8.04	6.20	2.51	1.37	1.72	0.88	1.30
6	45	6	5.0	5.08	3.99	9.33	6.99	2.95	1.36	1.71	0.88	1.33
∟50×3	50	3	5.5	2.97	2.33	7.18	5.36	1.96	1.55	1.96	1.00	1.34
4	50	4	5.5	3.90	3.06	9.26	6.70	2.56	1.54	1.94	0.99	1.38
5	50	5	5.5	4.80	3.77	11.21	7.90	3.13	1.53	1.92	0.98	1.42
6	50	6	5.5	5.69	4.46	13.05	8.95	3.68	1.51	1.91	0.98	1.46
∟56×3	56	3	6.0	3.34	2.62	10.19	6.86	2.48	1.75	2.20	1.13	1.48
4	56	4	6.0	4.39	3.45	13.18	8.63	3.24	1.73	2.18	1.11	1.53
5	56	5	6.0	5.42	4.25	16.02	10.22	3.97	1.72	2.17	1.10	1.57
8	56	8	6.0	8.37	6.57	23.63	14.06	6.03	1.68	2.11	1.09	1.68

续表

型号	尺寸 b (mm)	尺寸 d (mm)	尺寸 R	截面面积 A (cm²)	每米质量 (kg/m)	惯性矩 I_x (cm⁴)	截面模量 W_x^{max} (cm³)	截面模量 W_x^{min} (cm³)	回转半径 i_x (cm)	回转半径 i_{x0} (cm)	回转半径 i_{y0} (cm)	重心距 Z_0 (cm)
∟63×4	63	4	7.0	4.98	3.91	19.03	11.22	4.13	1.96	2.46	1.26	1.70
5	63	5	7.0	6.14	4.82	23.17	13.33	5.08	1.94	2.45	1.25	1.74
6	63	6	7.0	7.29	5.72	27.12	15.26	6.00	1.93	2.43	1.24	1.78
8	63	8	7.0	9.51	7.47	34.45	18.59	7.75	1.90	2.39	1.23	1.85
10	63	10	7.0	11.66	9.15	41.09	21.34	9.39	1.88	2.36	1.22	1.93
∟70×4	70	4	8.0	5.57	4.37	26.39	14.16	5.14	2.18	2.74	1.40	1.86
5	70	5	8.0	6.88	5.40	32.21	16.89	6.32	2.16	2.73	1.39	1.91
6	70	6	8.0	8.16	6.41	37.77	19.39	7.48	2.15	2.71	1.38	1.95
7	70	7	8.0	9.42	7.40	43.09	21.68	8.59	2.14	2.69	1.38	1.99
8	70	8	8.0	10.67	8.37	48.17	23.79	9.68	2.13	2.68	1.37	2.03
∟75×5	75	5	9.0	7.41	5.82	39.96	19.73	7.30	2.32	2.92	1.50	2.03
6	75	6	9.0	8.80	6.91	46.91	22.69	8.63	2.31	2.91	1.49	2.07
7	75	7	9.0	10.16	7.98	53.57	25.42	9.93	2.30	2.89	1.48	2.11
8	75	8	9.0	11.50	9.03	59.96	27.93	11.20	2.28	2.87	1.47	2.15
10	75	10	9.0	14.13	11.09	71.98	32.40	13.64	2.26	2.84	1.46	2.22
∟80×5	80	5	9.0	7.91	6.21	48.79	22.70	8.34	2.48	3.13	1.60	2.15
6	80	6	9.0	9.40	7.38	57.35	26.16	9.87	2.47	3.11	1.59	2.19
7	80	7	9.0	10.86	8.53	65.58	29.38	11.37	2.46	3.10	1.58	2.23
8	80	8	9.0	12.30	9.66	73.50	32.36	12.83	2.44	3.08	1.57	2.27
10	80	10	9.0	15.13	11.87	88.43	37.68	15.64	2.42	3.04	1.56	2.35
∟90×6	90	6	10.0	10.64	8.35	82.77	33.99	12.61	2.79	3.51	1.80	2.44
7	90	7	10.0	12.30	9.66	94.83	38.28	14.54	2.78	3.50	1.78	2.48
8	90	8	10.0	13.94	10.95	106.47	42.30	16.42	2.76	3.48	1.78	2.52
10	90	10	10.0	17.17	13.48	128.58	49.57	20.07	2.74	3.45	1.76	2.59
12	90	12	10.0	20.31	15.94	149.22	55.93	23.57	2.71	3.41	1.75	2.67
∟100×6	100	6	12.0	11.93	9.37	114.95	43.04	15.68	3.10	3.91	2.00	2.67
7	100	7	12.0	13.80	10.83	131.86	48.57	18.10	3.09	3.89	1.99	2.71
8	100	8	12.0	15.64	12.28	148.24	53.78	20.47	3.08	3.88	1.98	2.76
10	100	10	12.0	19.26	15.12	179.51	63.29	25.06	3.05	3.84	1.96	2.84
12	100	12	12.0	22.80	17.90	208.90	71.72	29.47	3.03	3.81	1.95	2.91
14	100	14	12.0	26.26	20.61	236.53	79.19	33.73	3.00	3.77	1.94	2.99
16	100	16	12.0	29.63	23.26	262.53	85.81	37.82	2.98	3.74	1.93	3.06

续表

型号	尺寸 b (mm)	d (mm)	R (mm)	截面面积 A (cm²)	每米质量 (kg/m)	惯性矩 I_x (cm⁴)	截面模量 W_x^{max} (cm³)	W_x^{min} (cm³)	回转半径 i_x (cm)	i_{x0} (cm)	i_{y0} (cm)	重心距 Z_0 (cm)
∟110×7	110	7	12.0	15.20	11.93	177.16	59.78	22.05	3.41	4.30	2.20	2.96
8	110	8	12.0	17.24	13.53	199.46	66.36	24.95	3.40	4.28	2.19	3.01
10	110	10	12.0	21.26	16.69	242.19	78.48	30.60	3.38	4.25	2.17	3.09
12	110	12	12.0	25.20	19.78	282.55	89.34	36.05	3.35	4.22	2.15	3.16
14	110	14	12.0	29.06	22.81	320.71	99.07	41.31	3.32	4.18	2.14	3.24
∟125×8	125	8	14.0	19.75	15.50	297.03	88.20	32.52	3.88	4.88	2.50	3.37
10	125	10	14.0	24.37	19.13	361.67	104.81	39.97	3.85	4.85	2.48	3.45
12	125	12	14.0	28.91	22.70	423.16	119.88	47.17	3.83	4.82	2.46	3.53
14	125	14	14.0	33.37	26.19	481.65	133.56	54.16	3.80	4.78	2.45	3.61
∟140×10	140	10	14.0	27.37	21.49	514.65	134.55	50.58	4.34	5.46	2.78	3.82
12	140	12	14.0	32.51	25.52	603.68	154.62	59.80	4.31	5.43	2.77	3.90
14	140	14	14.0	37.57	29.49	688.81	173.02	68.75	4.28	5.40	2.75	3.98
16	140	16	14.0	42.54	33.39	770.24	189.90	77.46	4.26	5.36	2.74	4.06
∟160×10	160	10	16.0	31.50	24.73	779.53	180.77	68.70	4.97	6.27	3.20	4.31
12	160	12	16.0	37.44	29.39	916.58	208.58	78.98	4.95	6.24	3.18	4.39
14	160	14	16.0	43.30	33.99	1048.36	234.37	90.95	4.92	6.20	3.16	4.47
16	160	16	16.0	49.07	38.52	1175.08	258.27	102.63	4.89	6.17	3.14	4.55
∟180×12	180	12	16.0	42.24	33.16	1321	270.0	100.8	5.59	7.05	3.58	4.89
14	180	14	16.0	48.90	38.38	1514	304.6	116.3	5.57	7.02	3.57	4.97
16	180	16	16.0	55.47	43.54	1701	336.9	131.4	5.54	6.98	3.55	5.05
18	180	18	16.0	61.95	48.63	1881	367.1	146.1	5.51	6.94	3.53	5.13
∟200×14	200	14	18.0	54.64	42.89	2104	385.1	144.7	6.20	7.82	3.98	5.46
16	200	16	18.0	62.01	48.68	2366	427.0	163.7	6.18	7.79	3.96	5.54
18	200	18	18.0	69.30	54.40	2621	466.5	182.2	6.15	7.75	3.94	5.62
20	200	20	18.0	76.50	60.06	2867	503.6	200.4	6.12	7.72	3.93	5.69
24	200	24	18.0	90.66	71.17	3338	571.5	235.8	6.07	7.64	3.90	5.84

圆钢规格及截面特性表 附表 2-6

d——圆钢直径；A——截面面积，$A = \pi d^2/4$；

I——截面惯性矩，$I = \pi d^4/64$；W——截面模量，$W = 2I/d$；

i——截面回转半径，$i = \sqrt{I/A} = d/4$。

d	截面面积	每米质量	I	W	i	d	截面面积	每米质量	I	W	i
mm	cm²	kg/m	cm⁴	cm³	cm	mm	cm²	kg/m	cm⁴	cm³	cm
8	0.50	0.39	0.02	0.05	0.20	33	8.55	6.71	5.82	3.53	0.83
9	0.64	0.50	0.03	0.07	0.22	34	9.08	7.13	6.56	3.86	0.85
10	0.79	0.62	0.05	0.10	0.25	35	9.62	7.55	7.37	4.21	0.88
11	0.95	0.75	0.07	0.13	0.28	36	10.18	7.99	8.24	4.58	0.90
12	1.13	0.89	0.10	0.17	0.30	38	11.34	8.90	10.24	5.39	0.95
13	1.33	1.04	0.14	0.22	0.32	40	12.57	9.86	12.57	6.28	1.00
14	1.54	1.21	0.19	0.27	0.35	42	13.85	10.88	15.27	7.27	1.05
15	1.77	1.39	0.25	0.33	0.38	45	15.90	12.48	20.13	8.95	1.12
16	2.01	1.58	0.32	0.40	0.40	48	18.10	14.21	20.06	10.86	1.20
17	2.27	1.78	0.41	0.48	0.43	50	19.63	15.41	30.68	12.27	1.25
18	2.54	2.00	0.52	0.57	0.45	52	21.24	16.67	35.89	13.80	1.30
19	2.84	2.23	0.64	0.67	0.48	55	23.76	18.65	44.92	16.33	1.38
20	3.14	2.47	0.79	0.79	0.50	56	24.63	19.33	48.27	17.24	1.40
21	3.46	2.72	0.95	0.91	0.52	58	26.42	20.74	55.55	19.16	1.45
22	3.80	2.98	1.15	1.05	0.55	60	28.27	22.20	63.62	21.21	1.50
23	4.15	3.26	1.37	1.19	0.58	63	31.17	24.47	77.33	24.55	1.58
24	4.52	3.55	1.63	1.36	0.60	65	33.18	26.05	87.62	26.96	1.63
25	4.91	3.85	1.92	1.53	0.63	68	36.32	28.51	104.96	30.87	1.70
26	5.31	4.17	2.24	1.73	0.65	70	38.48	30.21	117.86	33.67	1.75
27	5.73	4.49	2.61	1.93	0.68	75	44.18	34.68	155.32	41.42	1.88
28	6.16	4.83	3.02	2.16	0.70	80	50.27	39.46	201.06	50.27	2.00
29	6.61	5.10	3.47	2.39	0.73	85	56.75	44.54	256.24	60.29	2.13
30	7.07	5.55	3.98	2.65	0.75	90	63.62	49.94	322.06	71.57	2.25
31	7.53	5.92	4.53	2.92	0.77	95	70.88	55.64	399.82	84.17	2.38
32	8.04	6.31	5.15	3.22	0.80	100	78.54	61.65	490.87	98.17	2.50

钢板每平方米质量表 附表 2-7

厚度	质量	厚度	质量	厚度	质量	厚度	质量	厚度	质量
mm	kg/m²	mm	kg/m²	mm	kg/m²	mm	kg/m²	mm	kg/m²
3.0	23.55	6.0	47.10	12.0	94.20	21.0	164.90	32.0	251.20
3.5	27.48	7.0	54.95	14.0	109.90	24.0	188.40	34.0	266.90
4.0	31.40	8.0	62.80	16.0	125.60	26.0	204.10	36.0	282.60
4.5	35.33	9.0	70.65	18.0	141.30	28.0	219.80	38.0	298.30
5.0	39.25	10.0	78.50	20.0	157.00	30.0	235.50	40.0	314.00

附录3 组合截面特性表

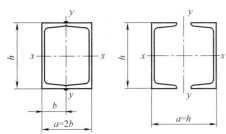

符号 a——两个槽钢背间距离；
           I——截面惯性矩；
           W——截面模量；
           i——回转半径。

型号	两个槽钢截面面积 A	两个槽钢每米质量	$x-x$			$y-y$					
						$a=2b$			$a=h$		
			I_x	W_x	i_x	I_y	W_y	i_y	I_y	W_y	i_y
	cm^2	kg/m	cm^4	cm^3	cm	cm^4	cm^3	cm	cm^4	cm^3	cm
2⊏10	25.49	20.01	396.6	79.32	3.94	325.4	67.8	3.57	359.9	72.0	3.76
2⊏12.6	31.37	24.63	777.1	123.34	4.98	507.8	95.8	4.02	771.9	122.5	4.96
2⊏14a	37.02	29.06	1127.4	161.06	5.52	725.7	125.1	4.43	1142.4	163.2	5.56
2⊏14b	42.62	33.46	1218.9	174.13	5.35	921.5	153.6	4.65	1333.2	190.5	5.59
2⊏16a	43.91	34.47	1732.4	216.56	6.28	1039.9	165.1	4.87	1840.1	230.0	6.47
2⊏16	50.31	39.49	1869.0	233.62	6.10	1301.9	200.3	5.09	2132.0	266.5	6.51
2⊏18a	51.38	40.33	2545.5	282.83	7.04	1440.9	211.9	5.30	2801.9	311.3	7.38
2⊏18	58.58	45.99	2739.9	304.43	6.84	1781.7	254.5	5.52	3225.1	358.3	7.42
2⊏20a	57.66	45.26	3560.8	356.08	7.86	1869.6	256.1	5.69	3937.0	393.7	8.26
2⊏20	65.66	51.54	3827.4	382.74	7.64	2309.7	308.0	5.93	4542.1	454.2	8.32
2⊏22a	63.67	49.98	4787.7	435.25	8.67	2312.3	300.3	6.03	5359.7	487.2	9.17
2⊏22	72.47	56.89	5142.7	467.52	8.42	2850.1	360.8	6.27	6184.8	562.2	9.24

注：见附表 3-2 注。

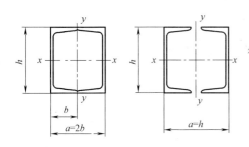

符号 a——两个槽钢背间距离；
           I——截面惯性矩；
           W——截面模量；
           i——回转半径。

续表

型号	两个槽钢截面面积 A	两个槽钢每米质量	$x—x$			$y—y$					
						$a=2b$			$a=h$		
			I_x	W_x	i_x	I_y	W_y	i_y	I_y	W_y	i_y
	cm^2	kg/m	cm^4	cm^3	cm	cm^4	cm^3	cm	cm^4	cm^3	cm
2[10	21.89	17.18	347.7	69.54	3.99	259.4	56.4	3.44	318.2	63.6	3.81
2[12	26.57	20.85	607.7	101.29	4.78	418.3	80.4	3.97	590.9	98.5	4.72
2[14	31.30	24.57	982.2	140.31	5.60	624.7	107.7	4.47	980.0	140.0	5.60
2[14a	33.96	26.66	1089.5	155.64	5.66	751.7	121.2	4.70	1008.7	144.1	5.45
2[16	36.23	28.44	1494.0	186.75	6.42	893.2	139.6	4.97	1519.3	189.9	6.48
2[16a	39.09	30.68	1646.7	205.83	6.49	1058.2	155.6	5.20	1564.8	195.6	6.33
2[18	41.41	32.51	2172.6	241.40	7.24	1232.6	176.0	5.46	2236.0	248.4	7.35
2[18a	44.46	34.90	2381.3	264.59	7.32	1440.9	194.7	5.69	2303.1	255.9	7.20
2[20	46.79	36.73	3044.0	304.40	8.07	1657.7	218.1	5.95	3169.2	316.9	8.23
2[20a	50.33	39.51	3344.9	334.49	8.15	1923.9	240.5	6.18	3276.8	327.7	8.07
2[22	53.44	41.95	4219.0	383.54	8.89	2218.6	270.6	6.44	4430.2	402.7	9.10
2[22a	57.62	45.23	4654.6	423.15	8.99	2617.8	300.9	6.74	4576.5	416.0	8.91

注：1. 附表 3-1、附表 3-2 中的 I_x、W_x、i_x、I_y、W_y、i_y 值按下列公式算得：

$A=2A_0$；$I_x=2I_{0x}$；$W_x=2W_{0x}$；$i_x=i_{0x}$；$I_y=2[I_{0y}+A_0(a/2-Z_0)^2]$；$W_y=2I_y/a$；$i_y=\sqrt{I_y/A}$。

式中　A_0、I_{0x}、I_{0y}、W_{0x}、W_{0y}、i_{0x}、Z_0——分别为单根槽钢的截面面积、截面惯性矩、截面模量、回转半径、重心距离。

2. 当选用的槽钢型号超出附表 3-1、附表 3-2 中的范围时，则组合截面特性值按注 1 所列的公式计算。

四个热轧等肢角钢组合截面特性表　　　　　　　　　　附表 3-3

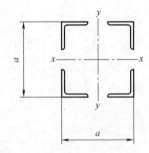

符号　a——两个角钢背间距离(mm)；I——截面惯性矩(cm^4)；

W——截面模量(cm^3)；i——回转半径(cm)。

型号	四个角钢截面面积 A (cm^2)	四个角钢每米质量 (kg/m)	特性名称	组合截面特性值									
				当两角钢背间距离 a(mm)=									
				200	250	300	350	400	450	500	550	600	650
4∟30×3	7.00	5.48	I_x	592	956	1407	1946	2573					
			W_x	59	76	94	111	129					
			i_x	9.2	11.7	14.2	16.7	19.2					
4	9.12	7.16	I_x	679	1127	1689	2365	3156					
			W_x	68	90	113	135	158					
			i_x	8.6	11.1	13.6	16.1	18.6					

型号	四个角钢截面面积 A（cm²）	四个角钢每米质量（kg/m）	特性名称	组合截面特性值 当两角钢背间距离 a(mm)=									
				200	250	300	350	400	450	500	550	600	650
4∟36×3 4 5	8.44	6.64	I_x	694	1127	1665	2308	3057					
			W_x	69	90	111	132	153					
			i_x	9.1	11.6	14.0	16.5	19.0					
	11.04	8.64	I_x	899	1463	2165	3004	3982					
			W_x	90	117	144	172	199					
			i_x	9.0	11.5	14.0	16.5	19.0					
	13.52	10.60	I_x	1094	1782	2639	3665	4861					
			W_x	109	143	176	209	243					
			i_x	9.0	11.5	14.0	16.5	19.0					
4∟40×3	9.44	7.40	I_x		1243	1841	2556	3390	4342				
			W_x		99	123	146	169	193				
			i_x		11.5	14.0	16.5	19.0	21.4				
4∟40×4 5	12.36	9.68	I_x		1616	2396	3331	4420	5663				
			W_x		129	160	190	221	252				
			i_x		11.4	13.9	16.4	18.9	21.4				
	15.16	11.92	I_x		1964	2918	4061	5393	6915				
			W_x		157	195	232	270	307				
			i_x		11.4	13.9	16.4	18.9	21.4				
4∟45×3 4 5 6	10.64	8.36	I_x		1374	2041	2841	3773	4839				
			W_x		110	136	162	189	215				
			i_x		11.4	13.9	16.3	18.8	21.3				
	13.96	10.96	I_x		1790	2662	3708	4929	6324				
			W_x		143	177	212	246	281				
			i_x		11.3	13.8	16.3	18.8	21.3				
	17.16	13.48	I_x		2185	3253	4536	6033	7745				
			W_x		175	217	259	302	344				
			i_x		11.3	13.8	16.3	18.8	21.2				
	20.32	15.96	I_x		2573	3834	5350	7120	9144				
			W_x		206	256	306	356	406				
			i_x		11.3	13.7	16.2	18.7	21.2				
4∟50×3 4 5 6	11.88	9.32	I_x			2245	3131	4165	5348	6679			
			W_x			150	179	208	238	267			
			i_x			13.7	16.2	18.7	21.2	23.7			
	15.60	12.24	I_x			2931	4091	5446	6996	8740			
			W_x			195	234	272	311	350			
			i_x			13.7	16.2	18.7	21.2	23.7			
	19.20	15.08	I_x			3586	5009	6673	8577	10720			
			W_x			239	286	334	381	429			
			i_x			13.7	16.2	18.6	21.1	23.6			
	22.76	17.84	I_x			4225	5908	7876	10128	12664			
			W_x			282	338	394	450	507			
			i_x			13.6	16.1	18.6	21.1	23.6			

型号	四个角钢截面面积A（cm²）	四个角钢每米质量（kg/m）	特性名称	组合截面特性值 当两角钢背间距离 a(mm)=									
				200	250	300	350	400	450	500	550	600	650
4∟56×3 4 5 8	13.36	10.48	I_x			2483	3469	4623	5944	7431			
			W_x			166	198	231	264	297			
			i_x			13.6	16.1	18.6	21.1	23.6			
	17.56	13.80	I_x			3239	4531	6043	7775	9725			
			W_x			216	259	302	346	389			
			i_x			13.6	16.1	18.6	21.0	23.5			
	21.68	17.00	I_x			3974	5566	7428	9561	11966			
			W_x			265	318	371	425	479			
			i_x			13.5	16.0	18.5	21.0	23.5			
	33.48	26.28	I_x			6035	8474	11331	14607	18302			
			W_x			402	484	567	649	732			
			i_x			13.4	15.9	18.4	20.9	23.4			
4∟63×4 5 6 8 10	19.92	15.64	I_x				5049	6747	8694	10890	13336		
			W_x				289	337	386	436	485		
			i_x				15.9	18.4	20.9	23.4	25.9		
	24.56	19.28	I_x				6193	8282	10677	13380	16390		
			W_x				354	414	475	535	596		
			i_x				15.9	18.4	20.9	23.3	25.8		
	29.16	22.88	I_x				7314	9789	12627	15831	19398		
			W_x				418	489	561	633	705		
			i_x				15.8	18.3	20.8	23.3	25.8		
	38.04	29.88	I_x				9455	12669	16359	20524	25165		
			W_x				540	633	727	821	915		
			i_x				15.8	18.2	20.7	23.2	25.7		
	46.64	36.60	I_x				11471	15393	19899	24987	30659		
			W_x				655	770	884	999	1115		
			i_x				15.7	18.2	20.7	23.1	25.6		
4∟70×4 5 6 7 8	22.28	17.48	I_x				5555	7437	9597	12036	14753		
			W_x				317	372	427	481	536		
			i_x				15.8	18.3	20.8	23.2	25.7		
	27.52	21.60	I_x				6818	9135	11796	14801	18150		
			W_x				390	457	524	592	660		
			i_x				15.7	18.2	20.7	23.2	25.7		
	32.64	25.64	I_x				8044	10785	13935	17493	21459		
			W_x				460	539	619	700	780		
			i_x				15.7	18.2	20.7	23.2	25.6		
	37.68	29.60	I_x				9237	12394	16023	20122	24693		
			W_x				528	620	712	805	898		
			i_x				15.7	18.1	20.6	23.1	25.6		
	42.68	33.48	I_x				10407	13975	18076	22712	27880		
			W_x				595	699	803	908	1014		
			i_x				15.6	18.1	20.6	23.1	25.6		

续表

型号	四个角钢截面面积 A（cm²）	四个角钢每米质量（kg/m）	特性名称	组合截面特性值 当两角钢背间距离 a(mm)＝									
				200	250	300	350	400	450	500	550	600	650
4∟75×5 6 7 8 10	29.64	23.28	I_x				7253	9731	12580	15799	19388		
			W_x				414	487	559	632	705		
			i_x				15.6	18.1	20.6	23.1	25.6		
	35.20	27.64	I_x				8568	11504	14880	18695	22951		
			W_x				490	575	661	748	835		
			i_x				15.6	18.1	20.6	23.0	25.5		
	40.64	31.92	I_x				9840	13221	17110	21508	26413		
			W_x				562	661	760	860	960		
			i_x				15.6	18.0	20.5	23.0	25.5		
	46.00	36.12	I_x				11078	14896	19289	24257	29800		
			W_x				633	745	857	970	1084		
			i_x				15.5	18.0	20.5	23.0	25.5		
	56.52	44.36	I_x				13484	18155	23533	29618	36409		
			W_x				771	908	1046	1185	1324		
			i_x				15.4	17.9	20.4	22.9	25.4		
4∟80×5 6 7 8 10	31.64	24.84	I_x				7650	10276	13298	16715	20528		
			W_x				437	514	591	669	746		
			i_x				15.5	18.0	20.5	23.0	25.5		
	37.60	29.52	I_x				9043	12156	15739	19793	24316		
			W_x				517	608	700	792	884		
			i_x				15.5	18.0	20.5	22.9	25.4		
	43.44	34.12	I_x				10391	13979	18111	22785	28002		
			W_x				594	699	805	911	1018		
			i_x				15.5	17.9	20.4	22.9	25.4		
	49.20	38.64	I_x				11706	15760	20429	25713	31612		
			W_x				669	788	908	1029	1150		
			i_x				15.4	17.9	20.4	22.9	25.3		
	60.52	47.48	I_x				14244	19207	24926	31402	38634		
			W_x				814	960	1108	1256	1405		
			i_x				15.3	17.8	20.3	22.8	25.3		
4∟90×6 7 8	42.56	33.40	I_x					13455	17457	21992	27059	32658	
			W_x					673	776	880	984	1089	
			i_x					17.8	20.3	22.7	25.2	27.7	
	49.20	38.64	I_x					15481	20099	25331	31179	37641	
			W_x					774	893	1013	1134	1255	
			i_x					17.7	20.2	22.7	25.2	27.7	
	55.76	43.80	I_x					17463	22685	28604	35220	42533	
			W_x					873	1008	1144	1281	1418	
			i_x					17.7	20.2	22.6	25.1	27.6	

型号	四个角钢截面面积A（cm²）	四个角钢每米质量（kg/m）	特性名称	组合截面特性值 当两角钢背间距离a(mm)=									
				200	250	300	350	400	450	500	550	600	650
4∟90×10 12	68.68	53.92	I_x					21332	27740	35006	43131	52114	
			W_x					1067	1233	1400	1568	1737	
			i_x					17.6	20.1	22.6	25.1	27.5	
	81.24	63.76	I_x					24996	32543	41105	50684	61277	
			W_x					1250	1446	1644	1843	2043	
			i_x					17.5	20.0	22.5	25.0	27.5	
4∟100×6 7 8 10 12 14 16	47.72	37.48	I_x					14791	19225	24254	29881	36103	42922
			W_x					740	854	970	1087	1203	1321
			i_x					17.6	20.1	22.5	25.0	27.5	30.0
	55.20	43.32	I_x					17029	22146	27953	34450	41637	49514
			W_x					851	984	1118	1253	1388	1524
			i_x					17.6	20.0	22.5	25.0	27.5	29.9
	62.56	49.12	I_x					19187	24971	31536	38884	47014	55925
			W_x					959	1110	1261	1414	1567	1721
			i_x					17.5	20.0	22.5	24.9	27.4	29.9
	77.04	60.48	I_x					23404	30495	38550	47567	57548	68491
			W_x					1170	1355	1542	1730	1918	2107
			i_x					17.4	19.9	22.4	24.8	27.3	29.8
	91.20	71.60	I_x					27472	35835	45338	55981	67764	80687
			W_x					1374	1593	1814	2036	2259	2483
			i_x					17.4	19.8	22.3	24.8	27.3	29.7
	105.04	82.44	I_x					31338	40929	51832	64048	77577	92419
			W_x					1567	1819	2073	2329	2586	2844
			i_x					17.3	19.7	22.2	24.7	27.2	29.7
	118.52	93.04	I_x					35061	45840	58101	71844	87068	103773
			W_x					1753	2037	2324	2612	2902	3193
			i_x					17.2	19.7	22.1	24.6	27.1	29.6

注：1. 附表 3-3 中的 I_x、W_x、i_x 值按下列公式算得：

$A=4A_0$；$I_x=4\left[I_{0x}+A_0\left(a/2-Z_0\right)^2\right]$；$W_x=2I_x/a$；$i_x=\sqrt{I_x/A}$。

式中　A_0、I_{0x}、Z_0——分别为单根角钢的截面面积、截面惯性矩、重心距离。

2. 当选用的角钢型号或者两个角钢的背间距离不在附表 3-3 中时，则组合截面特性值按注 1 所列的公式计算。

附录 4 轴心受压构件截面分类及稳定系数

截面形式		对 x 轴	对 y 轴
	轧制	a 类	a 类
	焊接	b 类	b 类
	轧制或焊接	b 类	b 类
	轧制等边角钢	b 类	b 类
	轧制，焊接 （板件宽厚比＞20）	b 类	b 类
	焊接 （板件宽厚比≤20）	c 类	c 类
	格构式	b 类	b 类

a 类截面轴心受压构件的稳定系数 φ   附表 4-2

$\lambda\sqrt{\dfrac{f_y}{235}}$	0	1	2	3	4	5	6	7	8	9
0	1.000	1.000	1.000	1.000	0.999	0.999	0.998	0.998	0.997	0.996
10	0.995	0.994	0.993	0.992	0.991	0.989	0.988	0.986	0.985	0.983
20	0.981	0.979	0.977	0.976	0.974	0.972	0.970	0.968	0.966	0.964
30	0.963	0.961	0.959	0.957	0.955	0.952	0.950	0.948	0.946	0.944
40	0.941	0.939	0.937	0.934	0.932	0.929	0.927	0.924	0.921	0.919
50	0.916	0.913	0.910	0.907	0.904	0.900	0.897	0.894	0.890	0.886
60	0.883	0.879	0.875	0.871	0.867	0.863	0.858	0.854	0.849	0.844
70	0.839	0.834	0.829	0.824	0.818	0.813	0.807	0.801	0.795	0.789
80	0.783	0.776	0.770	0.763	0.757	0.750	0.743	0.736	0.728	0.721
90	0.714	0.706	0.699	0.691	0.684	0.676	0.668	0.661	0.653	0.645
100	0.638	0.630	0.622	0.615	0.607	0.600	0.592	0.585	0.577	0.570
110	0.563	0.555	0.548	0.541	0.534	0.527	0.520	0.514	0.507	0.500
120	0.494	0.488	0.481	0.475	0.469	0.463	0.457	0.451	0.445	0.440
130	0.434	0.429	0.423	0.418	0.412	0.407	0.402	0.397	0.392	0.387
140	0.383	0.378	0.373	0.369	0.364	0.360	0.356	0.351	0.347	0.343
150	0.339	0.335	0.331	0.327	0.323	0.320	0.316	0.312	0.309	0.305
160	0.302	0.298	0.295	0.292	0.289	0.285	0.282	0.279	0.276	0.273
170	0.270	0.267	0.264	0.262	0.259	0.256	0.253	0.251	0.248	0.246
180	0.243	0.241	0.238	0.236	0.233	0.231	0.229	0.226	0.224	0.222
190	0.220	0.218	0.215	0.213	0.211	0.209	0.207	0.205	0.203	0.201
200	0.199	0.198	0.196	0.194	0.192	0.190	0.189	0.187	0.185	0.183
210	0.182	0.180	0.179	0.177	0.175	0.174	0.172	0.171	0.169	0.168
220	0.166	0.165	0.164	0.162	0.161	0.159	0.158	0.157	0.155	0.154
230	0.153	0.152	0.150	0.149	0.148	0.147	0.146	0.144	0.143	0.142
240	0.141	0.140	0.139	0.138	0.136	0.135	0.134	0.133	0.132	0.131
250	0.130	—	—	—	—	—	—	—	—	—

注：见附表 4-4 注。

b 类截面轴心受压构件的稳定系数 φ   附表 4-3

$\lambda\sqrt{\dfrac{f_y}{235}}$	0	1	2	3	4	5	6	7	8	9
0	1.000	1.000	1.000	0.999	0.999	0.998	0.997	0.996	0.995	0.994
10	0.992	0.991	0.989	0.987	0.985	0.983	0.981	0.978	0.976	0.973
20	0.970	0.967	0.963	0.960	0.957	0.953	0.950	0.946	0.943	0.939
30	0.936	0.932	0.929	0.925	0.922	0.918	0.914	0.910	0.906	0.903
40	0.899	0.895	0.891	0.887	0.882	0.878	0.874	0.870	0.865	0.861
50	0.856	0.852	0.847	0.842	0.838	0.833	0.828	0.823	0.818	0.813
60	0.807	0.802	0.797	0.791	0.786	0.780	0.774	0.769	0.763	0.757
70	0.751	0.745	0.739	0.732	0.726	0.720	0.714	0.707	0.701	0.694
80	0.688	0.681	0.675	0.668	0.661	0.655	0.648	0.641	0.635	0.628
90	0.621	0.614	0.608	0.601	0.594	0.588	0.581	0.575	0.568	0.561
100	0.555	0.549	0.542	0.536	0.529	0.523	0.517	0.511	0.505	0.499

$\lambda\sqrt{\dfrac{f_y}{235}}$	0	1	2	3	4	5	6	7	8	9
110	0.493	0.487	0.481	0.475	0.470	0.464	0.458	0.453	0.447	0.442
120	0.437	0.432	0.426	0.421	0.416	0.411	0.406	0.402	0.397	0.392
130	0.387	0.383	0.378	0.374	0.370	0.365	0.361	0.357	0.353	0.349
140	0.345	0.341	0.337	0.333	0.329	0.326	0.322	0.318	0.315	0.311
150	0.308	0.304	0.301	0.298	0.295	0.291	0.288	0.285	0.282	0.279
160	0.276	0.273	0.270	0.267	0.265	0.262	0.259	0.256	0.254	0.251
170	0.249	0.246	0.244	0.241	0.239	0.236	0.234	0.232	0.229	0.227
180	0.225	0.223	0.220	0.218	0.216	0.214	0.212	0.210	0.208	0.206
190	0.204	0.202	0.200	0.198	0.197	0.195	0.193	0.191	0.190	0.188
200	0.186	0.184	0.183	0.181	0.180	0.178	0.176	0.175	0.173	0.172
210	0.170	0.169	0.167	0.166	0.165	0.163	0.162	0.160	0.159	0.158
220	0.156	0.155	0.154	0.153	0.151	0.150	0.149	0.148	0.146	0.145
230	0.144	0.143	0.142	0.141	0.140	0.138	0.137	0.136	0.135	0.134
240	0.133	0.132	0.131	0.130	0.129	0.128	0.127	0.126	0.125	0.124
250	0.123	—	—	—	—	—	—	—	—	—

注：见附表 4-4 注。

c 类截面轴心受压构件的稳定系数 φ

附表 4-4

$\lambda\sqrt{\dfrac{f_y}{235}}$	0	1	2	3	4	5	6	7	8	9
0	1.000	1.000	1.000	0.999	0.999	0.998	0.997	0.996	0.995	0.993
10	0.992	0.990	0.988	0.986	0.983	0.981	0.978	0.976	0.973	0.970
20	0.966	0.959	0.953	0.947	0.940	0.934	0.928	0.921	0.915	0.909
30	0.902	0.896	0.890	0.884	0.877	0.871	0.865	0.858	0.852	0.846
40	0.839	0.833	0.826	0.820	0.814	0.807	0.801	0.794	0.788	0.781
50	0.775	0.768	0.762	0.755	0.748	0.742	0.735	0.729	0.722	0.715
60	0.709	0.702	0.695	0.689	0.682	0.676	0.669	0.662	0.656	0.649
70	0.643	0.636	0.629	0.623	0.616	0.610	0.604	0.597	0.591	0.584
80	0.578	0.572	0.566	0.559	0.553	0.547	0.541	0.535	0.529	0.523
90	0.517	0.511	0.505	0.500	0.494	0.488	0.483	0.477	0.472	0.467
100	0.463	0.458	0.454	0.449	0.445	0.441	0.436	0.432	0.428	0.423
110	0.419	0.415	0.411	0.407	0.403	0.399	0.395	0.391	0.387	0.383
120	0.379	0.375	0.371	0.367	0.364	0.360	0.356	0.353	0.349	0.346
130	0.342	0.339	0.335	0.332	0.328	0.325	0.322	0.319	0.315	0.312
140	0.309	0.306	0.303	0.300	0.297	0.294	0.291	0.288	0.285	0.282
150	0.280	0.277	0.274	0.271	0.269	0.266	0.264	0.261	0.258	0.256
160	0.254	0.251	0.249	0.246	0.244	0.242	0.239	0.237	0.235	0.233
170	0.230	0.228	0.226	0.224	0.222	0.220	0.218	0.216	0.214	0.212
180	0.210	0.208	0.206	0.205	0.203	0.201	0.199	0.197	0.196	0.194
190	0.192	0.190	0.189	0.187	0.186	0.184	0.182	0.181	0.179	0.178
200	0.176	0.175	0.173	0.172	0.170	0.169	0.168	0.166	0.165	0.163

$\lambda\sqrt{\dfrac{f_y}{235}}$	0	1	2	3	4	5	6	7	8	9
210	0.162	0.161	0.159	0.158	0.157	0.156	0.154	0.153	0.152	0.151
220	0.150	0.148	0.147	0.146	0.145	0.144	0.143	0.142	0.140	0.139
230	0.138	0.137	0.136	0.135	0.134	0.133	0.132	0.131	0.130	0.129
240	0.128	0.127	0.126	0.125	0.124	0.124	0.123	0.122	0.121	0.120
250	0.119	—	—	—	—	—	—	—	—	—

注：1　附表 4-2 至附表 4-4 中的 φ 值系按下列公式算得：

当 $\lambda_n=\dfrac{\lambda}{\pi}\sqrt{f_y/E}\leqslant 0.215$ 时：$\varphi=1-\alpha_1\lambda_n^2$

当 $\lambda_n>0.215$ 时：$\varphi=\dfrac{1}{2\lambda_n^2}\left[(\alpha_2+\alpha_3\lambda_n+\lambda_n^2)-\sqrt{(\alpha_2+\alpha_3\lambda_n+\lambda_n^2)^2-4\lambda_n^2}\right]$

表中，α_1、α_2、α_3 为系数，根据截面分类，按附表 4-5 采用。

2　当构件中的 $\lambda\sqrt{f_y/235}$ 值超出附表 4-2 至附表 4-4 的范围时，则 φ 值按注 1 所列的公式计算。

系数 α_1、α_2、α_3　　　　　　附表 4-5

截面类别		α_1	α_2	α_3
a 类		0.41	0.986	0.152
b 类		0.65	0.965	0.300
c 类	$\lambda_n\leqslant 1.05$	0.73	0.906	0.595
	$\lambda_n>1.05$		1.216	0.302

附录5 螺纹连接

普通螺栓螺纹尺寸及承载力设计值

规格	螺距 t	公称直径（大径）D、d	中径 D_2、d_2	小径 D_1、d_1	有效截面面积 A_e	抗拉 N_t^b	抗剪 N_v^b
	mm	mm	mm	mm	mm²	kN	kN
优选的螺纹规格							
M10	1.5	10	9.026	8.376	55.10	9.37	11.00
M12	1.75	12	10.863	10.106	80.21	13.64	15.83
M16	2	16	14.701	13.835	150.33	25.56	28.15
M20	2.5	20	18.376	17.294	234.90	39.93	43.98
M24	3	24	22.051	20.752	338.23	57.50	63.33
M30	3.5	30	27.727	26.211	539.58	91.73	98.96
M36	4	36	33.402	31.670	787.75	133.92	142.50
M42	4.5	42	39.077	37.129	1082.72	184.06	193.96
M48	5	48	44.752	42.587	1424.44	242.15	253.34
M56	5.5	56	52.428	50.046	1967.11	334.41	344.82
M64	6	64	60.103	57.505	2597.17	441.52	450.38
非优选的螺纹规格							
M14	2	14	12.701	11.835	110.01	18.70	21.55
M18	2.5	18	16.376	15.294	183.71	31.23	35.63
M22	2.5	22	20.376	19.294	292.37	49.70	53.22
M27	3	27	25.051	23.752	443.09	75.33	80.16
M33	3.5	33	30.727	29.211	670.17	113.93	119.74
M39	4	39	36.402	34.670	944.06	160.49	167.24
M45	4.5	45	42.077	40.129	1264.76	215.01	222.66
M52	5	52	48.752	46.587	1704.59	289.78	297.32
M60	5.5	60	56.428	54.046	2294.12	390.00	395.84
M68	6	68	64.103	61.505	2971.06	505.08	508.44

注：1. 抗拉承载力计算公式 $N_t^b = \frac{1}{4}\pi d_1^2 f_t^b$，抗剪承载力计算公式 $N_v^b = \frac{1}{4}\pi d^2 f_v^b$。

2. $f_t^b = 170 \text{N/mm}^2$，$f_v^b = 140 \text{N/mm}^2$

螺栓的最大、最小容许距离 附表 5-2

名称	位置和方向				最大容许距离 （取两者中的较小值）	最小容许距离
中心间距	外排（垂直内力方向或顺内力方向）				$8d_0$ 或 $12t$	$3d_0$
	中间排	垂直内力方向			$16d_0$ 或 $24t$	
		顺内力方向	构件受压力		$12d_0$ 或 $18t$	
			构件受拉力		$16d_0$ 或 $24t$	
	沿对角线方向				—	
中心至构件边缘距离	垂直内力方向	顺内力方向				$2d_0$
		剪切边或手工气割边			$4d_0$ 或 $8t$	$1.5d_0$
		轧制边、自动气割或锯割边	高强度螺栓			
			其他螺栓			$1.2d_0$

注：1. d_0 为螺栓的孔径，t 为外层较薄板件的厚度。
　　2. 钢板边缘与刚性构件（如角钢、槽钢等）相连的螺栓的最大间距，可按中间排的数值采用。

热轧角钢和不等边角钢螺栓孔距规线表 附表 5-3

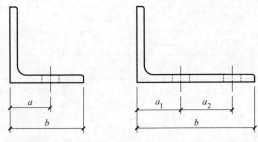

肢宽	单排		双排错列			双排并列		
b (mm)	a (mm)	最大孔径 (mm)	a_1 (mm)	a_2 (mm)	最大孔径 (mm)	a_1 (mm)	a_2 (mm)	最大孔径 (mm)
45	25	11.0						
50	30	13.0						
56	30	15.0						
63	35	17.0						
70	40	19.0						
75	45	21.5						
80	45	21.5						
90	50	23.5						
100	55	23.5						
110	60	25.5						
125	70	25.5	55	35	23.5			
140			60	45	23.5	55	60	19.0
160			60	65	25.5	60	70	23.5
180						65	80	25.5
200						80	80	25.5

热轧槽钢孔距规线表

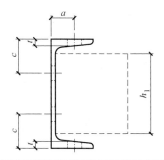

普通槽钢							轻型槽钢						
型号	翼缘			腹板			型号	翼缘			腹板		
	a	t	最大孔径	c	h_1	最大孔径		a	t	最大孔径	c	h_1	最大孔径
	mm							mm					
⌷5	20	7.1	11		26	——	⌷5	20	6.8	9		22	
⌷6.3	22	7.5	11		32		⌷6.5	20	7.2	11		37	
⌷8	25	7.9	13		47		⌷8	25	7.1	11		50	
⌷10	28	8.4	13	35	63	11	⌷10	30	7.1	13	30	68	9
⌷12.6	30	8.9	17	45	85	13	⌷12	30	7.6	17	40	86	13
⌷14	35	9.4	17	45	99	17	⌷14	35	7.7 (8.5)	17	45	104 (102)	15
⌷16	35	10.1	21.5	50	117	21.5	⌷16	40	7.8 (8.6)	19	45	122 (120)	17
⌷18	40	10.5	21.5	55	135	21.5	⌷18	40 (45)	8.0 (8.8)	21.5 (23.5)	50	140 (138)	19
⌷20	45	10.7	21.5	55	153	21.5	⌷20	45 (50)	8.6 (9.0)	23.5	55	158 (156)	21.5
⌷22	45	11.4	21.5	60	171	21.5	⌷22	50	8.9 (9.8)	23.5 (25.5)	60	175 (173)	23.5
⌷25	50	11.7	21.5	60	197	21.5	⌷24	50 (60)	9.8 (9.7)	25.5	65	192 (190)	25.5
⌷28	50	12.4	25.5	65	225	25.5	⌷27	60	9.6	25.5	65	220	25.5
⌷32	50	14.2	25.5	70	260	25.5	⌷30	60	10.3	25.5	65	247	25.5
⌷36	60	15.7	25.5	75	291	25.5	⌷33	60	11.3	25.5	70	273	25.5
⌷40	60	17.9	25.5	75	323	25.5	⌷36	70	11.5	25.5	70	300	25.5
							⌷40	70	12.7	25.5	75	335	25.5

注：1. 表中 t——翼缘在规线处的厚度；h_1——连接件的最大高度。

2. 表中括号内的数值用于轻型槽钢 a 型。

六角头螺栓 C级 (GB/T 5780—2016)　　　　　附表 5-5

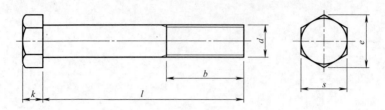

标记示例:螺纹规格为 M12、公称长度 l＝80mm、性能等级为 4.8 级、表面不经处理、产品等级为 C 级的六角头螺栓的标记:螺栓　GB/T 5780 M12×80

优选的螺纹规格							
螺纹规格 d		M5	M6	M8	M10	M12	M16	M20
螺距 P		0.8	1	1.25	1.5	1.75	2	2.5
e		8.63	10.89	14.20	17.59	19.85	26.17	32.95
k		3.5	4	5.3	6.4	7.5	10	12.5
s		8.00	10.00	13.00	16.00	18.00	24.00	30.00
b 参考	l≤125	16	18	22	26	30	38	46
	125<l≤200	22	24	28	32	36	44	52
	l>200	35	37	41	45	49	57	65
l 范围		25~50	30~60	40~80	45~100	55~120	65~160	80~200

螺纹规格 d		M24	M30	M36	M42	M48	M56	M64
螺距 P		3	3.5	4	4.5	5	5.5	6
e		39.55	50.85	60.79	71.30	82.60	93.56	104.86
k		15	18.7	22.5	26	30	35	40
s		36.0	46.0	55.0	65.0	75.0	85.0	95.0
b 参考	l≤125	54	66					
	125<l≤200	60	72	84	96	108		
	l>200	73	85	97	109	121	137	153
l 范围		100~240	120~300	140~360	180~420	200~480	240~500	260~500

非优选的螺纹规格						
螺纹规格 d		M14	M18	M22	M27	M33
螺距 P		2	2.5	2.5	3	3.5
e		22.78	29.56	37.29	45.20	55.37
k		8.8	11.5	14	17	21
s		21.00	27.00	34.00	41.00	50.00
b 参考	l≤125	34	42	50	60	
	125<l≤200	40	48	56	66	78
	l>200	53	61	69	79	91
l 范围		60~140	80~180	90~220	110~260	150~320

非优选的螺纹规格				
螺纹规格 d	M39	M45	M52	M60	
螺距 P	4	4.5	5	5.5	
e	66.44	76.95	88.25	99.21	
k	25	28	33	38	
s	60.0	70.0	80.0	90.0	

b 参考	$l \leqslant 125$				
	$125 < l \leqslant 200$	90	102	116	
	$l > 200$	103	115	129	145
l 范围		$150 \sim 400$	$180 \sim 440$	$200 \sim 500$	$240 \sim 500$

1 型六角螺母 C 级（GB/T 41—2016）

附表 5-6

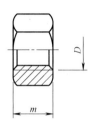 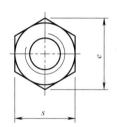

标记示例：螺纹规格为 M12、性能等级为 5 级、表面不经处理、产品等级为 C 级的 1 型六角螺母的标记：螺母 GB/T 41　M12

优选的螺纹规格								
螺纹规格 D		M5	M6	M8	M10	M12	M16	M20
螺距 P		0.8	1	1.25	1.5	1.75	2	2.5
e		8.63	10.89	14.20	17.59	19.85	26.17	32.95
m	max	5.60	6.40	7.90	9.50	12.20	15.90	19.00
	min	4.40	4.90	6.40	8.00	10.40	14.10	16.90
s		8.00	10.00	13.00	16.00	18.00	24.00	30.00
螺纹规格 d		M24	M30	M36	M42	M48	M56	M64
螺距 P		3	3.5	4	4.5	5	5.5	6
e		39.55	50.85	60.79	71.30	82.60	93.56	104.86
m	max	22.30	26.40	31.90	34.90	38.90	45.90	52.40
	min	20.20	24.30	29.40	32.40	36.40	43.40	49.40
s		36.00	46.00	55.00	65.00	75.00	85.00	95.00
非优选的螺纹规格								
螺纹规格 d		M14	M18	M22	M27	M33		
螺距 P		2	2.5	2.5	3	3.5		
e		22.78	29.56	37.29	45.20	55.37		

续表

		非优选的螺纹规格				
m	max	13.90	16.90	20.20	24.70	29.50
	min	12.10	15.10	18.10	22.60	27.40
s		21.00	27.00	34.00	41.00	50.00
螺纹规格 d		M39	M45	M52	M60	
螺距 P		4	4.5	5	5.5	
e		66.44	76.95	88.25	99.21	
m	max	34.30	36.90	42.90	48.90	
	min	31.80	34.40	40.40	46.40	
s		60.00	70.00	80.00	90.00	

平垫圈（GB/T 95—2002） 附表 5-7

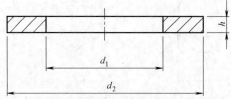

标记示例：标准系列、公称规格为 12mm、硬度等级为 100HV 级、不经表面处理、产品等级为 C 级的平垫圈的标记：垫圈 GB/T 95 12

		优 选 尺 寸						
公称规格 d		5	6	8	10	12	16	20
内径 d_1	公称 min	5.5	6.6	9	11	13.5	17.5	22
	max	5.8	6.96	9.36	11.43	13.93	17.93	22.52
外径 d_2	公称 max	10	12	16	20	24	30	37
	min	9.1	10.9	14.9	18.7	22.7	28.7	35.4
厚度 h	公称	1	1.6	1.6	2	2.5	3	3
	max	1.2	1.9	1.9	2.3	2.8	3.6	3.6
	min	0.8	1.3	1.3	1.7	2.2	2.4	2.4
公称规格 d		24	30	36	42	48	56	64
内径 d_1	公称 min	26	33	39	45	52	62	70
	max	26.52	33.62	40	46	53.2	63.2	71.2
外径 d_2	公称 max	44	56	66	78	92	105	115
	min	42.4	54.1	64.1	76.1	89.8	102.8	112.8
厚度 h	公称	4	4	5	8	8	10	10
	max	4.6	4.6	6	9.2	9.2	11.2	11.2
	min	3.4	3.4	4	6.8	6.8	8.8	8.8

非 优 选 尺 寸									
公称规格 d		14	18	22	27	33	39	45	52	60
内径 d_1	公称 min	15.5	20	24	30	36	42	48	56	66
	max	15.93	20.43	24.52	30.52	37	43	49	57.2	67.2
外径 d_2	公称 max	28	34	39	50	60	72	85	98	110
	min	26.7	32.4	37.4	48.4	58.1	70.1	82.8	95.8	107.8
厚度 h	公称	2.5	3	3	4	5	6	8	8	10
	max	2.8	3.6	3.6	4.6	6	7	9.2	9.2	11.2
	min	2.2	2.4	2.4	3.4	4	5	6.8	6.8	8.8

附录6 钢筋和混凝土强度设计值

普通钢筋强度设计值（N/mm²） 附表 6-1

牌　　号	符号	抗拉强度设计值 f_y	抗压强度设计值 f'_y
HPB 300	Φ	270	270
HRB 335、HRBF 335	Φ	300	300
HRB 400、HRBF 400、RRB 400	Φ	360	360
HRB 500、HRBF 500	Φ	435	435

混凝土轴心抗压强度设计值（N/mm²） 附表 6-2

强度	混凝土强度等级													
	C15	C20	C25	C30	C35	C40	C45	C50	C55	C60	C65	C70	C75	C80
f_c	7.2	9.6	11.9	14.3	16.7	19.1	21.1	23.1	25.3	27.5	29.7	31.8	33.8	35.9

混凝土轴心抗拉强度设计值（N/mm²） 附表 6-3

强度	混凝土强度等级													
	C15	C20	C25	C30	C35	C40	C45	C50	C55	C60	C65	C70	C75	C80
f_t	0.91	1.10	1.27	1.43	1.57	1.71	1.80	1.89	1.96	2.04	2.09	2.14	2.18	2.22

参考文献

1. 中华人民共和国国家标准. 塔式起重机设计规范 [S] (GB/T 13752—2017). 北京：中国标准出版社，2017

2. 中华人民共和国国家标准. 塔式起重机安全规程 [S] (GB 5144—2006). 北京：中国标准出版社，2006

3. 中华人民共和国国家标准. 塔式起重机 [S] (GB/T 5031—2008). 北京：中国标准出版社，2008

4. 中华人民共和国国家标准. 建筑结构荷载规范 [S] (GB 50009—2012). 北京：中国建筑工业出版社，2012

5. 中华人民共和国国家标准. 钢结构设计规范 [S] (GB 500017—2003). 北京：中国计划出版社，2003

6. 中华人民共和国国家标准. 混凝土结构设计规范 [S] (GB 50010—2010). 北京：中国建筑工业出版社，2011

7. 中华人民共和国行业标准. 建筑施工塔式起重机安装、使用、拆卸安全技术规程 [S] (JGJ 196—2010). 北京：中国建筑工业出版社，2010

8. 中华人民共和国建设部令. 建筑起重机械安全监督管理规定（第 166 号），2008

9. 宋铭奇. 建筑机械结构力学与钢结构 [M]. 北京：中国建筑工业出版社，1980

10. 李帼昌等. 钢结构设计原理 [M]. 北京：人民交通出版社，2007

11. 严尊湘. 塔式起重机基础工程设计施工手册 [M]. 北京：中国建筑工业出版社，2011

12. 严尊湘. 塔式起重机、施工升降机安全使用 100 问 [M]. 北京：中国建筑工业出版社，2014

13. 严尊湘. 塔机附着处的建筑结构强度验算及加强 [J]. 建筑安全，2007，12

14. 严尊湘等. 建筑物排架结构上塔机附着一例 [J]. 建筑机械化，2008，2

15. 严尊湘. 塔式起重机附着撑杆的设计计算 [J]. 建筑机械化，2009，5

16. 严尊湘等. Excel 在塔机附着撑杆设计中的应用 [J]. 建筑机械化，2009，8

17. 严尊湘. 塔式起重机四附着杆最大内力的计算 [J]. 建筑机械化，2012，8

18. 徐俊奇等. 塔机附着装置支承处的建筑结构加固方案一例 [J]. 建筑机械化，2016，9